序　言

我一生都在与机床的生产和销售打交道。这些年，我感受最深的是机床在工业革命中所起的重要作用。关于这个我至爱的行业，本人觉得奇怪甚至有点不公平的是，那些大声赞美技术创新、将之视为人类智慧和匠心结晶的人，却没有给予促使这些伟大发明成为可能的幕后工程师任何赞美之词，尽管这么说可能让人感觉我对这个行业过于偏袒了。事实上，如果没有人发明并创新机床，世界上就不会有蒸汽涡轮机、汽车、自行车、飞机、收音机、洗衣机这些东西，更不会有文明进步所高度依赖的绝大多数工业品和家庭用品。很长时间以来，机床制造商的名字和工作一直局限于车间的四面墙内，他们的聪明才智从未得到广大公众的认可。

早就应该向这些不为人知的“幕后男孩”致敬了。我很高兴看到这本书的出版，它及时弥补了这个空白。然而，我必须先提个醒，虽然发明机床的先驱们配得上任何赞美之词，但这本书并不是简单地给他们罗列清单，然后进行一番阿谀奉承。本书清晰地归纳了机床发展的简史，这是史上首次对这个行业进行专业梳理。

塞缪尔·斯迈尔斯教授和罗教授对英国 19 世纪中叶前的机床发展史已经进行了相当充分的介绍，但在此之后还没有人涉足这个领域。因此，我们需要一个现代的斯迈尔斯继续进行该研究，亟须一本书来客观、全面地讲述从欧洲至美洲的所谓“新旧两个世界”里金属加工的生产需求和机床发展进程是如何相互促进的，能完成这一任务的人选中，没有谁比杰出作家兼工程师历史学家 L.T.C. 罗尔特先生更合适的了。

我真诚地希望，这本书会对我们人类文明发展所依赖的机床的知识有所贡献，并受到大家的热烈欢迎和认可，对此我充满了信心。

J. B. S. 加布里埃尔

前　言

研究技术史的史学家们如果意识不到机床及其制造者在技术推进中起到的重要作用，那么探寻这段历史的工作就好似缘木求鱼，完全是一项不可能完成的任务。可以毫不夸张地说，是机床决定了工业革命前进的步伐。如果不是借助机床将他们的想法付诸实践，我们可能永远不会听到詹姆斯·瓦特、乔治·斯蒂芬森、戈特利布·戴姆勒、鲁道夫·迪塞尔或莱特兄弟的名字。然而，当这些伟大的发明家和先驱者的名字传遍千家万户时，站在他们背后的机床制造商的名字却相对不为人知，浏览一下本书末尾的参考文献就一目了然了。我们从中可以清楚地看到，尽管美国和德国对此话题的关注有点晚，但还有一些相关研究，而截至本书撰写之时，英国从未出版过任何以机床及其制造者历史为主题的著作。塞缪尔·斯迈尔斯在其 1882 年出版的《工业传》中，专门有一章节介绍了英国的机床制造先驱，但也仅此而已。

造成这种疏忽的原因或许是因为机床制造业的成果长期局限在车间的四面墙内，机床生产者的聪明才智只能得到从事该行业的工程师的赏识。它们不像火车头、汽车或航天飞机这样的发明让人惊叹不已，也不会给普通人留下深刻的印象，但是，这些了不起的发明正是因为机床的存在才成为现实。因此，关于机床演变的文字记录都被埋没在该领域内专家同行评审的众多学术论文，以及其他的文章和文件中了。

这种现状就是过度专业化的典型例子，高度关注一棵棵单独的树木，但对整个森林视而不见。值得庆幸的是，现代的教育专家开始越来越重视技术史的研究，由此可见，大家都意识到了过度专业化引起的重大危害。在我们生活的现代世界中，专业化是技术进步的一个核心要素，但如果没有科学家和哲学家将部分与整体系统地联系起来，使专家明白自身所做的事情的社会意义，过度专业化最终也会导致一个行业分崩离析。如果没有这种痛彻心扉的领悟，就不会产生责任感，也会丧失前进的目标，迷失方向。

古往今来，人类物质进步的速度都是由使用的工具决定的，因为所有的工具都是人类双手的进一步延伸，发明工具的目的是延伸或放大人类有限的技能或能力。当人类双手第一次用树枝做杠杆，或用石头做锤子时，进化的过程就开始了，最终顺理成章地发展到了当今的全自动操作机床。我们在一步步研究这个进程时发现前后逻辑性非常强，看起来完全是必然的，就好像从一开始就注定是这个结局。但这也是史学家的“后见之明”误导我们常犯的错误之一。史学家们对秩序的渴望总会诱导他们把一切都过度简单化，他们倾向于将过去发生的一切归纳成一个整齐划一的模式。在某种程度上，如果想把历史写得前后连贯，这么做是不可避免的，但这样会导致读者陷入一个错误认知，即我们会想当然地认为史学家总结出来的逻辑规律对那些真实参与到他所记录的特定历史事件的人来说是显而易见的。然而，事实并非如此，否则我们都能成为占卜师。不过话虽如此，人还是应该尽力预见自身行为会导致什么样的后果，在当今时代，技术发展日新月异，做到这一点尤其重要。人类对创新一直热情高涨，所以经常会向世人推出他们的新发明，但很少考虑到可能造成的后果。如果造成不良后果，科学家或技术人员就会摆出神一样的姿态，指责政客或企业家滥用了他们的天才发明。这种不负责任的态度在今天已经站不住脚了。人类必须学会控制技术的发展，尽管史学家们那些事后诸葛亮式的结论可能会误导我们犯错，他们能采用的最好方法就是研究该技术的发展史。

从机床的发展进程看，有些演变现在我们看来似乎很明显，但对早年的机床生产先驱来说就未必如此，原因之一是工具显著的扩散能力。如果一个人发明了一种新工具或对现有工具做了某些改进，尽管他当时只是为了解决生产过程中遇到的某个特定问题，但其他人很快就会发现，有了这个工具，其他的一些发明或许也能成为现实，这一点或许是当初那个发明者从未想过的。而且，有了这种工具，制作出类似或不同类型的更好的工具也成为可能。这种因果循环规律在本书的各个章节中都有体现，每一次的因果循环都加速了机床的进化过程。同样，那些改进工具促成的发明会在一段时间内衍生出平行但独立的发展路线，等达到某一个阶段后，工具生产商会注意到它们也可以提供一些有价值的东西；然后，生产商对它们做了引进吸收，并取得了不俗的成绩。电力和水力的利用就是两个明显的例子。

随着知识的增长，专业化只会越来越强，这是基本的常识，自古以来人类使用的工具都充分证明了这一点。所有工具中，最灵活的就是人的双手，但手的功能毕竟是有限的，也容易出错。无论是哪种工具生产商，其目的无非是增强双手的能力，降低犯错概率，从而克服这些缺陷。所有的手持工具和较简单的机器设备都是为了提高使用者的能力，但只要工具是由使用者的技能来控制的，那么错误的概率就一定不可避免。因此，工具生产商试图“将技能融入工具”，希望用这种方式解决人容易出错的问题，这一过程最终促成了全自动工具的出现，全自动工具不但工作起来不知疲倦，而且精度很高，近乎完全避免了人类双手容易犯错的可能性。现在来看，我们会觉得这个演进过程是不可避免的。然而，完全避免人工犯错的可能性也是有代价的，工具的多样性也相应地消亡了。用现在的话说，如何将多样性与自动化结合起来是一个尚未解决的问题。自动工具所具备的力度、运行速度和无懈可击的精准，只有在批量制造同样的产品——也就是在大规模生产时，才能发挥其优势。但市场存在多种多样的需求。因此，自动工具只适用于某些行业，而即使在这些行业里，缺乏多样性也是一个劣势。自动工具后来都进入了自动化加工厂，此类工厂面临的问题甚至更加严重，不过带控机床的最新应用表明，多样性的问题可能在未来会得到有效解决。

关于工业革命，最有争议的一面就是将手工技艺转化为工具技艺的革命性突破，但却因此引发了激烈的社会冲突，并造成严重的经济损失。虽然那个捣毁机器的“卢德分子”① 时代已经远去了，但是他

① 又称“卢德主义者”，19 世纪英国民间对抗工业革命、反对纺织工业化的社会运动者。在该运动中，常常发生毁坏纺织机的事件。这是因为工业革命使用机器大量取代人力劳作，使许多手工工人失业。后世也将反对新科技的人称作卢德主义者。下文中无特别说明，均为译者注，不再一一提示。——译者注

们仍在以不同的方式呈现出来，其实，引爆“卢德运动”的问题今天依然存在。随着自动化技术得到更广泛的应用，这些问题有可能会变得更加严重。改进工具的发明家曾经遭受激烈的抨击。原始劳动阶层的支持者指责工具制造商故意减少对手工劳动的需求，目的就是剥夺他们的工作机会，从而影响了他们的生计。人道主义者也严厉批评工具制造商贬低工人的价值，降低了他们的身份，因为机器出现后，工人徒有一身熟练的技术也没有机会施展出来，他们的工作变成只是看管机器，日复一日做些单调到令人精神崩溃的重复劳动。

这些批评的声音都不乏实质内容，但他们对技术进步的影响很小，因为这些批评者虽然激情慷慨，出发点也很诚恳，但却有失偏颇。只要这些社会学家和改革者只关注技术的社会后果，而对造成这些后果的原因一无所知，那么他们就无法影响技术发展的方向。只有把技术史研究透彻才可以修正这种无知，希望下面的章节在此方面能有所贡献。这些内容过去一直被严格限制在专业化的技术领域内，本书的章节将完整地论述机床进化的历史，内容包括机床对技术总体进步的影响，但不涉及它们引发的社会和经济后果。这本书不是给专家写的，笔者真诚地希望它能有助于消除某些误解。

在众多错误的理念中，最老掉牙的就是认为机床的发展和大规模生产过程背后的动机是那些贪婪的资本家，认为他们在追求利润最大化的过程中可以无视任何人性方面的顾虑。诚然，企业家对新机器求之若渴有追求，但正如本书下面即将提到的，为机床发展提供原始动力的反倒是熟练的工匠，并不是企业家。还有人认为，19 世纪上半叶，英国第一代机床制造商生产的机器迅速导致这个国家的工匠销声匿迹，这个观点同样也是一种误会。恰恰相反，这些机床制造者，包括莫兹利、内史密斯、惠特沃斯及其同行，他们本身就是高级工匠，他们改进生产工具的目的主要是满足自己严格的工艺标准，因为他们在工作的过程中不无遗憾地发现，现有的工具和工匠技艺都远远达不到他们追求的高标准，而走出这种困境的有效途径就是将某些手工操作的过程改为机床加工。詹姆斯·内史密斯在这一点上说得很清楚。此外，他们最初设计机床的目的并不是取代传统工艺，而是解决生产过程中遇到的新问题，而这些问题只有机床能解决，除此之外的任何其他方法都无能为力。

对于批量生产技术的起源也有类似的误解。企业家们确实迫不及待地攫取了新发明的价值并利用新技术谋取了利润，但他们并非技术革新的原动力。复杂组装线中零部件可实现互换的优势才是启发现代大规模生产方法的始作俑者。美国很快就意识到这种批量生产方法的商业潜力，抓住机遇大力发展批量生产体系。此处必须提一下，英国最早采用批量生产是在缝纫机、打字机等行业，这些新鲜复杂的物件是不可能以任何其他方式进行商业生产的。

如此宏观的一个主题，短短一本书的篇幅必然有其局限性。实际上，我们今天使用或消费的几乎每一件物品都是由高度专业化的大型精密机器制造或加工的，从广义上说，这些机器可以被统称为工具。本书中，我们只涉及基本的工具，即工程师用来制造机器的机器，它们本就是机器界的“亚当”，拥有最古老的血统和无与伦比的影响力。一般情况下，当工程师谈论机床时，他专指的是切削金属的那类机床，本书仅限于研究符合此定义的机床发展史。切削木头的机床，或金属切削前的加工机器，只有在对切削金属的机床的发展有一定影响时本书才会提及。

撰写机床简史这样一本书必然会涉及一些技术细节的描述，但我希望不会吓到外行。我已经尽可能地只在描述机床时才提到一些技术细节，这些机床都代表着设计上的里程碑，有了插图的帮助，应该不难理解。本书自始至终强调的是机床进化的整体模式。我衷心地希望，看完本书后，那些伟大的机床制造者能得到更多人的赞誉，让大众理解他们在努力追求什么，他们取得了什么成就以及他们创造的日益完善的技术所带来的丰硕成果。

最后，我要感谢查尔斯·丘吉尔有限公司，谢谢你们邀请我撰写这本书。对我来说，这是一次赏心悦目的发现之旅，没有你们的慷慨赞助，我是不可能完成这本书的。在此感谢以下单位：查尔斯·丘吉尔有限公司、阿尔弗雷德·赫伯特有限公司、拉普安特机床有限公司、美国机床行业协会、美国机械工程师协会、英国伦敦科学博物馆、英国伯明翰科学博物馆、荷兰莱登的军事和武器博物馆、英国曼彻斯特科学技术学院、美国机床工业研究协会、英国德比郡和行政区图书馆的员工们，以及纽科门学会的成员。他们都给了我很大帮助。这本书在很大程度上还得益于我的朋友马克斯·米勒的精彩插画，尤其是关于克莱门特车床的那幅插图，堪称一幅精心重建的杰作。在本书末尾列出的参考资料来源中，我必须特别提一下麻省理工学院罗伯特·S. 伍德伯里教授写的关于车床、铣床、磨床和齿轮切削机历史的四本专著系列。还有 J.W. 罗教授的著作，如果没有这些人的帮助，本书关于美国机床发展的部分是不可能完成的。

L. T. C. 罗尔特

目　录

第一章
匠人作坊里的机床

机床的历史据信始于早期人类试图使用双手驾驭那些不易处理的原材料，他们尝试在地面上固定一个结实的框架，用以支撑一个或多个轴承，通过这些轴承，工具或工件可以在主轴上旋转。如此，固定在主轴上旋转的不规则工件可以通过手持工具被逐渐打磨成完美的圆形，直径可以随意变化。如果将一个粗糙的钻头固定在旋转主轴的末端，它就可以在按压其上的固定工件上钻孔。就这样，车床及钻机或镗床诞生了，它们可谓是机床类的“亚当”和“夏娃”。

我们或许永远不会知道机床出现的确切时间和地点。有人说，车床是由制陶工人的轮子演进而来的，但这纯粹是猜测，真实性值得怀疑。因为这种相似度对我们来说似乎显而易见，但并不意味着对我们遥远的祖先来说也是如此。在迈锡尼城（约公元前 1200 年）遗址的一个墓坑中曾出土过一个浅口木碗，尽管上面没有任何标识或沟槽，但碗口形状和碗底的小凹洞表明，这个木碗很可能是车床加工的结果。迄今为止发现的较古老的车工艺术品是在科内托（约公元前 700 年）的“战士之墓”中发现的伊特鲁里亚木碗碎片，那些精美雕琢的木碗、珠子和其他琥珀装饰品也证明，在公元前 6 世纪以前，古希腊人和伊特鲁里亚人中已经出现了技艺高超的工匠。

发展到公元前 2 世纪，车床的使用已经普及到整个欧洲和近东地区，随着车工熟练程度的提高，车床加工产品的范围也扩展到了车轮的轮辐和轮毂。格拉斯顿伯里湖村遗址的泥炭土中保存着未完成的车工作品或瑕疵品，这表明，在当时（公元前 100 年—公元 50 年），拉特尼文化时期[①]的凯尔特人里已经出现手艺灵活的车工。未完工的木制轮毂两端都有主轴或“冒头”，足以证明它是在轮轴中心之间车削的，这是目前已知该技术最早的应用实例。格拉斯顿伯里地区的凯尔特车工也会用柔软的启莫里奇石[②]制作镯状物（图 1-1），此地发现的碎片表明这些镯状物是采用手工制作的粗略圆形坯料制作的。从其中物件中可以看出两种加工方式，毛坯的中心有一个圆孔，说明它要么是安装到车床主轴的末端，要么是在两个中心之间的轴柄上加工的。其他坯件的一侧有一个方形盲孔，另一侧有凹陷或“中心凸起”。很明显，这样的坯料是被放置在车床主轴的方形端部，然后通过连接到尾架的止点固定在那里。无论是哪种情况，坯件的外边缘都经过了修整、倒圆和两面咬边，直到成品镯状物最终与坯件中心“分离”。

事实上，早期的凯尔特工匠已经非常擅长雕刻石头，由此也引发

① 又称“拉坦诺文化时期”，欧洲铁器时代的文化，时间跨度约为公元前 450 年至公元前 1 世纪被罗马征服。发展和继承了铁器时代早期的哈尔斯塔特文化，受到希腊文明、伊特鲁里亚文明等的影响。

② 一种黑色的沥青页岩，存在于英国启莫里奇地区的黏土层中，在铁器时代和罗马人占领期间被用来制作装饰品和其他物品而出名。

了一些争议，即古人用来装饰建筑物的圆柱形石柱是否是由车床加工而成。认为是的一方是基于公元 1 世纪普林尼的观点[①]，但这段论述相当模糊，而且只是回顾性的结论，现代舆论的共识并非如此。古代世界就存在如此庞大机床的想法是不现实的。

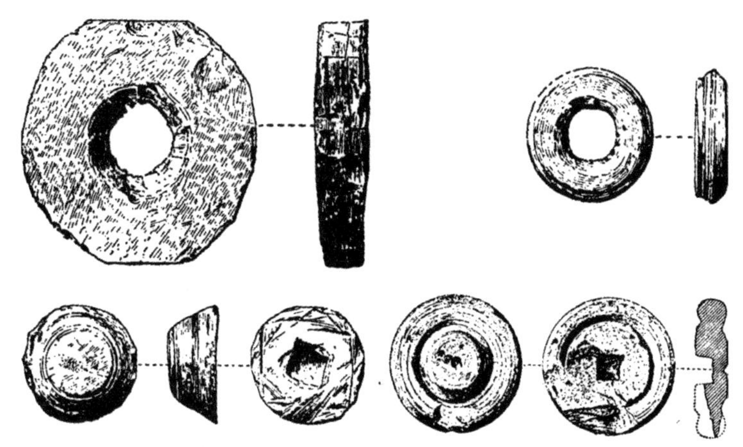

图 1-1　格拉斯顿伯里湖村出土约公元前 100 年的镯状物

（出处：Bulleid and Gray）

（左上）准备在芯棒上加工的毛坯，（右上）从毛坯上脱离出来的镯状物，（左下）带钻孔的毛坯，（右下）部分打磨过的损坏工件，有钻孔和中心凸起。

从历史发展的角度看，使用车床加工石头的能力带来的最重要成果是促使了磨床的诞生。铁以及后来出现的钢材越来越多地被应用于制造武器和刀具，正因此，人们才注意到石头的研磨属性，并开始用它在金属上制造刃口。很快，古人发现，如果像格拉斯顿伯里湖村的凯尔特人制作镯坯一样，在石头中间钻个孔，将之安装在主轴上旋转，就可以比用磨刀石打磨更快、更高效地制作出锋利的刃口。同

① 据老普林尼的《博物志》一书所述，公元前 6 世纪的古希腊已经有用车床打磨大型雕塑的人。

样，我们也无法知道这一重大技术飞跃究竟是从何时开始的。目前关于砂轮最早的描述出现在公元 850 年的《乌得勒支诗篇》(*Utrecht Psalter*) 中，但很可能在此之前就有人开始使用砂轮了。其存在价值不仅仅是作为磨刀的器具，很显然，它还能用来抛光金属，之后不久，盔甲工匠就开始将之广泛地用于本行业。

正如我们后来看到的，磨床的历史与它的前身车床及镗床是完全不同的。车床及镗床在一步步更新，尽管一开始发展势头缓慢，但随后越来越迅猛；而磨床自从发明出来没有什么太大变化。虽然可以改成电动，但其基本形式没有丝毫改变，操作人员还是得将工件按压在砂轮的边缘，或者在极个别的情况下，将之紧贴在砂轮的侧面，至于使用不使用托架看情况。《乌得勒支诗篇》中描述的磨剑者都是坐在柱子上，柱子超出磨床轴线的高度略等于砂轮的半径。在助手用曲柄转动砂轮时，磨剑者身体前倾，在他伸出的双臂之间，正在磨砺的剑反复在砂轮边缘顶端来回移动 (图 1-2)。磨剑者可以用自身的重量

图 1-2　磨剑者，《乌得勒支诗篇》，公元 850 年前后
(来源：莱顿大学图书馆)

压住工件，同时，这样的姿势也方便对其控制。这种磨剑方法在英国延续了九百多年。

1944年，笔者曾在英国伍斯特郡的一个小村庄里看见一个镰刀磨刀匠工作（图1-3）。他跨坐在他的“马”（一个由半个树桩做成的高座）上，双臂伸向前方，将镰刀刀刃穿过二叠纪砂岩磨轮顶部，这个画面精准地再现了《乌得勒支诗篇》中画家描绘的场景，只不过他的砂轮是水力驱动，而不是由助手旋转曲柄转动。这是一个非常典型的原始工艺延续到现代的例子，代表着磨床的发展史。直到19世纪中叶至20世纪初，合成研磨剂出现后，古时候用的磨石才被工程师们今天使用的自动调节机床取代，准确度和精准度都很高。

图1-3　磨镰刀刀刃的人，伍斯特郡的贝尔布劳顿

在《乌得勒支诗篇》的插图中，磨石旋转运动的核心动力来源于摇动曲柄的助手，但直到很多年之后，这种单向驱动模式才被应用到

车床或钻床上。目前所知的最早的车床驱动装置是一段绳子，将绳子缠绕在车床主轴或工件上，然后，车工的助手来回拉扯绳子的两端，但是，使用绳索带动工件做交替旋转运动要求车工具备高超的技巧和灵活性，因为他只能在工件向绳子两端做旋转运动时才能使用切削工具。鉴于这项工作操作起来有相当的难度，所以，早期车削制品背后的独特匠心和工艺水平更是显得了不起。

最早的钻床外形与之相似，只不过绳子的两端系在一根木杆的两端，该装置名为“弓”，原因不言自明。操作员用一只手就可以来回操纵这个弓，因此就不需要助手了。车床也采纳了这种弓钻原理，但很明显，只有做轻巧活时技艺高超的工匠才可以在没有助手的情况下成功地操控弓拉车床。

直到今天，在一些东方国家仍然可以看到车工坐在地上操作原始车床，用脚掌和脚趾作为可移动的刀架，右手推动主轴，左手拿着刀具。然而，这种方法是东方独有的，西方国家的车工不太可能使用过类似方法。对于喜欢站着工作的西方人来说，用脚支撑较为少见。因此，西方研发的首批车床驱动装置选用了其他方法，让操作员用脚驱动车床，以便于腾出双手工作。这个发明就是脚踏车床，这种车床构造的插图在 13 世纪就出现了。它保留了与绳索驱动相同的原理，只不过绳索的一端连接到脚踏板上，另一端连接到头顶上方一根弹性良好的桦木杆的尽头。

使用脚踏车床可以不需要助手，但要求操作者有很高的技术水平。工件的旋转方向仍然是交替式的，而驱动弹性撑杆只能产生空转行程。脚踩在踏板上产生的压力必须为切削行程提供动力。切削工件时，脚的动作必须有力度，而且还得与手持刀具做到同步，这就要求操作者有良好的身体协调性，只有技艺高超的工匠才能做到。

德国一幅 1395 年的脚踏车床插图（图 1-4）表明，此时人们已经非常重视机床的牢固性，牢固性是机床的第一个基本要素。虽然是木头做的，但这台车床的床身和头架、尾架都非常结实。图 1-4 中的车床尾架可以根据工件的长度进行相应调整，将一个楔形物插入床身两根纵轴之间，并把它固定在合适位置。车床上面没有任何刀架。车工左脚踩踏板时双手拿着刀具进行加工，插图中的刀具有一个短手柄。通常情况下，手柄的长度可以直抵车工的右肩，这样可以方便他对刀具的控制，在必要时，他也可以对刀具施加更大的压力。

图 1-4　德国的一架脚踏车床，1395 年
（来源:《孟德尔兄弟传》）

原始人使用原始器具完全是意料之中的，但机床发展史还有一个明显特征是出乎意料的，那就是在先进技术已经普及的情况下，仍然有人在使用相对原始的工具。前面提到的那个镰刀磨刀匠就是一个例子。作者还曾看到伯明翰珠宝区的一位工匠使用弓钻，在第二次世界大战前不久，笔者还在英国伯克郡巴克伯里公共用地的一个小棚子里见到了当时英国最后一位旋碗匠乔治·莱利，他正在一架完全类似中世纪人使用的那种脚踏车床上切削榆木碗（图 1-5）。有时候在农村的小作坊里，有时候是在不能批量生产的行业，这种古老方法在今天仍在使用，有两方面的原因，要么这是一项有悠久传统的手艺活，要么是因为对他们来说，精密机床成本太高。

脚踏车床在很长时间内只能切削轻型木材，因为工匠们慢慢发

图 1-5　在脚踏车床上车削榆木碗（现存的古法工艺）

现，无论他们的技术多高，这样的机器根本不可能切削较重的木材，更别提加工金属了，即使能做到，操作起来也极其困难。但是在中世纪后期，对金属和大型木材的需求日益扩大，14 世纪中期，机床技术已经发展到可以通过一根缠绕在大飞轮凹槽上的长绳索持续给车床主轴提供动力。飞轮必须通过车工的助手转动曲柄驱动，但在 14 世纪末，在一些地方，助手已经被马车或水车所取代。这种单向运动应用到车床上后，用固定支架代替车工的手动操作机床就完全有可能成为现实，但又过了约 400 年，这一重大技术飞跃才成功应用到重型金属加工车床上。

这么算起来，单向用力应用于机床的改进竟然足足花了约 400 年的时间，乍一看似乎很奇怪，因为在我们看来这是很稀松平常的事，但根据文艺复兴时期天才画家列奥纳多·达·芬奇（Leonardo da Vinci）的作品（图 1-6），在那几个世纪里，现代机床的许多功能早就在钟表匠的作坊里已初现端倪。从构想到最终实现大规模应用竟然拖了这么长的时间，令人费解，也许是复杂的社会因素导致的。

钟表制造商是机床技艺进步的先驱，因为由重力和弹簧的力量驱动的机械钟表是人类发明的第一个复杂机械装置。机械钟表的起源尚不清楚，但一般认为它是由意大利工匠在接近 13 世纪末时发明的。1364 年，帕多瓦大学的天文学教授乔瓦尼·德·东迪①（Giovanni De'Dondi，1318—1389 年）经过 16 年的不懈努力，完成了一座复杂程度惊人的天文钟。虽然原物已经被毁掉了，但德·东迪留下的相

① 乔瓦尼·德·东迪又名乔瓦尼·东迪·戴尔·奥罗里奥（Giovanni Dondi dell' Orologio）。

图 1-6　列奥纳多 · 达 · 芬奇的镗床模型，显示的有自动定心卡盘（来源：伦敦科学博物馆）

关文字记载非常详细，最近有人依照原本复制成功。尽管该钟表的行星运动原理是建立在错误的托勒密地心说的基础上，但这丝毫不会减少我们对德 · 东迪的仰慕之情，因为他解决了一个极度复杂的机械问题。为了模拟出水星围绕离地球稍远的一个固定点运行的椭圆轨道，他建造了一个包括椭圆齿轮和太阳 – 行星的齿轮装置[①]传动系统。根据一份当代研究报告，德 · 东迪的钟表是完全用黄铜和纯铜制作的，上面无数个齿轮的齿尖是用分割机全手工切削的，这样可以确保间距更加精准。因此，这种天文钟在本书的大背景下堪称手工艺术品的一个奇迹，从中可以看出，早在 400 多年前，齿轮组就被应用于工业，比如这种太阳 – 行星齿轮装置。

后来，使用机械钟的人越来越多，从意大利经由法国和低地国

① 太阳 – 行星齿轮是一种将往复运动转换为旋转运动的装置。

家[1]，最终也传到了英格兰。1386年安装在索尔兹伯里大教堂的钟现在仍保存在大教堂的中殿里，它是全英格兰甚至可能是世界上最古老的时钟，历经风雨沧桑，至今几乎还保持着其最初的样子，正因为如此，它成了那个年代金属加工技术一个极好的典范。这些小齿轮形状像灯笼，也可以说，它们的“齿”由两个端板之间的一系列圆形铁钉组成。“灯笼”小齿轮来源于中世纪的磨坊，那里只能使用木制齿轮，抑制了锯齿状或称作“树叶”形状的小齿轮的采用。铁制的大齿轮上装有手工切削的方形齿。然而，索尔兹伯里大教堂时钟最显著的特点就是它的整体结构中没有使用任何螺丝，其铁制框架是通过宽头锚钉或楔子固定在一起。毋庸置疑，这一时期的大型钟表都是由技艺高超的铁匠制作的。虽然用来缠绕驱动绳的木桶是车工加工的，但除此之外，在时钟的建造过程中似乎没有使用机床。甚至连框架上用于心轴支点、铆钉或楔形螺栓的孔都能一眼看出来是铁匠捶打高温金属形成的。

德·东迪发明的钟表是一件大师级的杰作。钟表行业最早的那批商业客户是中世纪的教会，教堂需要类似索尔兹伯里大教堂的这种大尺寸的时钟，这种尺寸的钟表只有技术熟练的铁匠才能造出来。后来，当普通百姓想购买适合家用的小型钟表时，钟表制造才成为一门专门的行业。制表匠们心里很清楚，除非他们能以经济实惠的方式生产出体积小得多的时钟，否则，除了国王或极少数有钱的贵族这个范围有限的小圈子，他们根本吸引不来寻常顾客。钟表越小，市场就越

---

① 低地国家（Low Countries），又译低地诸国，是对欧洲西北沿海地区的称呼，广义上包括荷兰、比利时、卢森堡，以及法国北部与德国西部；狭义上则仅指荷兰、比利时、卢森堡三国。

广阔，此时，他们才有了足够的动力去研发更新颖、更精确的生产技术：车削，用机器切削更精确的心轴、齿轮和螺纹等。从 14 世纪末开始，钟表匠们开始精益求精，以“缩小尺寸”为奋斗目标，这个过程一直持续到 17 世纪，此时，钟表匠的工艺水准已经远远超过了当时技术的一般水平。

螺纹的起源可以追溯到阿基米德时代，当时人们将地下水提取到地面上采用的就是螺旋原理。螺杆和螺母最早的应用可追溯到葡萄压榨机，因为压榨机的木制螺纹桶是手工刻出来或切削的，早期的金属螺丝也是用同样的方法生产出来的，但更加辛苦劳累。用机械方法制作螺纹的最早记录显示，他们很可能是受到钟表匠的启发，1480 年前后出版的《中世纪家庭读物》(*Mittelalterliche Hausbuch*) 中有相关插图。图 1-7 是一台非常了不起的小型车床，这个车床不仅有个刀架底座，刀架可以沿着车床的床身滑动，并用楔子固定在所需的位置，而且刀架本身也通过一个螺钉和连接件固定在横向滑块的插槽里，横向滑块可以通过螺旋装置来回移动。从这个意义上讲，它是一个货真价实的复合滑动刀架。从插图中还可以看出，这台车床的驱动主轴是由曲柄直接转动，横穿过头架。表面即将被切削螺纹的工件啮合在车床主轴末端一个深插槽里，既可以在里面自由旋转，也可以滑向车床尾架。当刀具通过横向进给移动到工件旁边并转动手摇曲柄时，刀具会在工件上切削出与车床主轴相同螺距的螺纹。

最早提到机械齿轮切削装置的文字记载大约是 1540 年，大概在螺纹切削车床问世 60 年后。西班牙人安布罗西奥·德·莫拉莱斯 (Ambrosio de Morales，1513—1591 年) 在他的一本书中描述了一

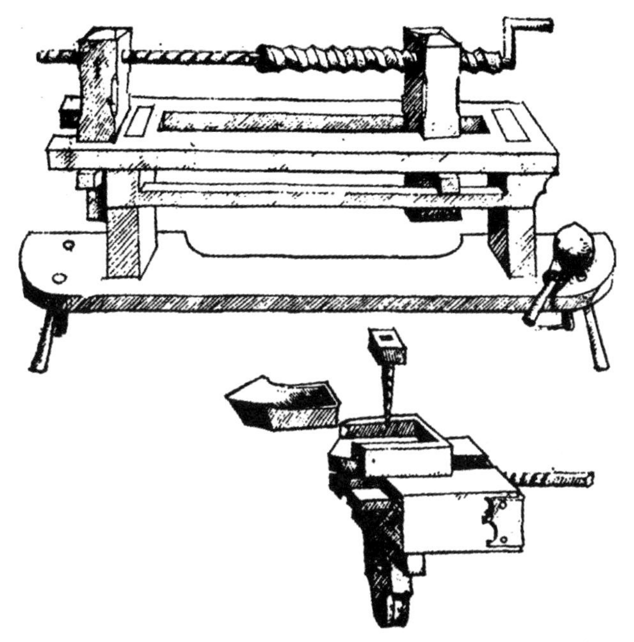

图 1-7　德国钟表匠的螺纹加工车床；小图展示的是横向滑块上的刀具架，1480 年（来源:《中世纪家庭读物》）

位意大利工匠的工作，这位工匠就是雷莫纳的胡安内洛·托里亚诺（Juanelo Torriano of Cremona，1501—1575 年），此人于 1540 年来到西班牙，专门为西班牙国王查理五世建造一座神奇的行星钟。据莫拉莱斯说，托里亚诺用时 31 年才完成了这座时钟，整个装置包含 1800 多个齿轮。根据他的记载，托里亚诺之所以能完成这一壮举是因为他使用了一台机床，有了机床他才能够平均每天生产三个以上的齿轮。莫拉莱斯对该设备的描述如下：

> ……更令人震惊的是，他发明了一种异常新颖巧妙的车床（我们今天都能见到这种车床），车床上的锉刀轮组可以

根据需要的尺寸和维度切削出整齐均匀的齿轮。

从这段文字我们可以推断出，托里亚诺一定是把一台车床改装成了精确的刻线机，与硬化的旋转锉刀结合使用。括号中的参考资料表明，截至 1575 年莫拉莱斯的书出版时，托里亚诺改进的机器已经被其他钟表匠广泛采用了。毫无疑问，它就是 17 世纪英国和法国钟表匠使用的“齿轮切削发动机”的前身。其中一台机床可追溯到 1672 年前后（图 1-8），这台机器目前在伦敦南肯辛顿的科学博物馆展出。它有一个水平刻度盘，待加工的齿轮安装在垂直主轴的顶部。成形旋转锉刀由手动曲柄驱动，切削深度可通过螺丝调节。

图 1-8　钟表匠发明的砂轮切削机

列奥纳多·达·芬奇于1500年前后绘制的一幅画展示了另一台神奇的螺旋切削机（图1-9）。它由一个较宽的工作台组成，工作台上有一个宽度相等的刀架。需要螺旋切削的工件穿过刀架的中心，直接与由曲柄旋转的主轴啮合。推动刀架及切削机沿着工作台滑动的是两根丝杠，丝杠由主轴的齿轮驱动，这台机器最有趣的一个细节是列奥纳多在工作台下绘制了一组备用齿轮，有了这些备用齿轮，丝杠还可以切削出不同螺距的螺纹。这是使用变速轮进行螺纹切削的最早记录，与1480年的螺纹切削车床相比有了很大改进。

图1-9　达·芬奇的螺纹切削机，请注意台下的变速齿轮
（来源：法兰西学院手稿）

但是，1480年设计的这个车床和列奥纳多·达·芬奇绘制的那台同样先进的机床是否有过实物，这一点存疑。如果确实存在过，那它们后来肯定绝迹了。《大西洋古抄本》（*Codex Atlanticus*）里有列奥纳多·达·芬奇画的另外一幅作品（图1-10），这幅作品展示的是一台脚踏车床，用曲轴代替了头顶的弹性撑杆，驱动绳连接在曲轴的中间。图中，车床的头架和尾架中间有一个局部已经加工出螺纹

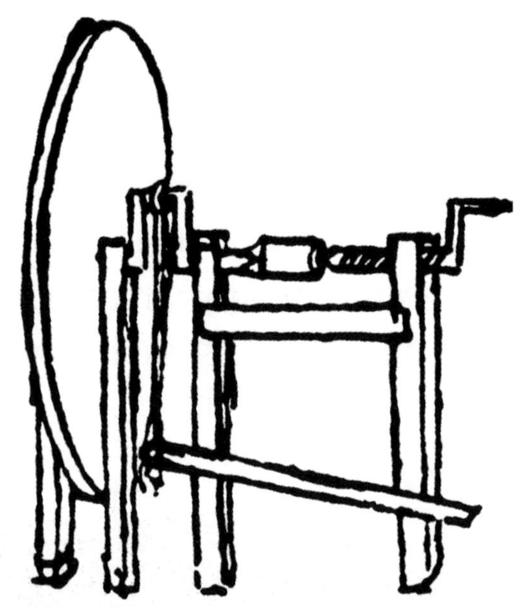

图 1-10 列奥纳多 · 达 · 芬奇 1500 年绘制的带三轴承头架的车床，由踏板、曲轴和飞轮驱动
（来源:《大西洋古抄本》）

的工件，尽管草图不太清楚，但其构思大概是先手工切削一部分的工件螺纹，然后将该部分连接丝杠①以切削其余部分。然而，列奥纳多・达・芬奇这第三幅车床图只是一台普通车床，这台车床有个有趣的特征，它是从脚踏板上获得主轴单向运动的动力。车床主轴包含一个支撑在轴架之间的单拐曲轴，从踏板引出的绳索缠绕在曲轴的轴颈上。主轴为了承载大飞轮做了延伸，延长部分的末端由第三个轴架支撑。该设计开创了史上最早使用脚踏板实现车床主轴单向运动的先河，同时也是史上首次将驱动器安装在主轴的两个轴架之间，这种设

① 又称“导螺杆”或“平移螺杆”，是一种用作机器连杆的螺杆，用于将回转运动转化为直线运动。

计可确保机床在切削较重的工件时依然能保持足够的稳定性，从而提高了切削精度。机床的尾架是固定的，但摇把支点是通过螺纹固定，可以调节位置以适应不同长度的工件。

列奥纳多·达·芬奇曾担任法国宫廷的工程师，后来雅克·贝松（Jacques Besson）接替了他的工作。贝松也曾设想并绘制了一台看起来有点古怪但又神奇的螺纹切削车床草图（图 1-11），这台机器尽管作为车床不太实用，但它是使用丝杠和螺母顺着工件表面推进切削刀具，这个功能非常重要，是车床史上的首创。车床使用绳索、滑轮组和秤锤对工件和丝杠交替驱动，而且刀具需要更多的滑轮和秤

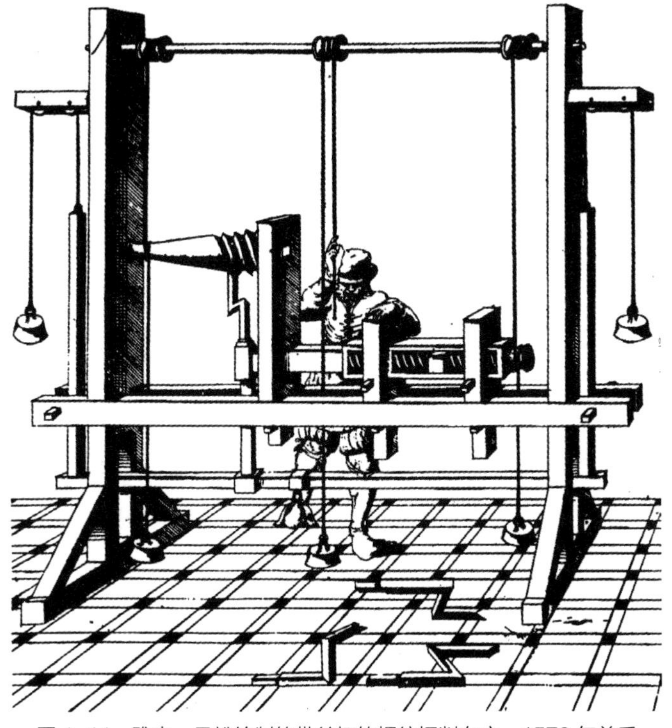

图 1-11　雅克·贝松绘制的带丝杠的螺纹切削车床，1578 年前后

锤才能工作，这一切都注定贝松的车床使用起来效果肯定不太令人满意——尤其在他设想的大规模应用上更是不尽如人意。与他的伟大前任达·芬奇相比，贝松无论是在车床方面的成就还是他的绘画风格，都充分说明了机床的发展方向并不总是一路向前的，有时甚至可能倒退。

前面提到的车床图并未全面展现出列奥纳多·达·芬奇在机床领域的卓越发明才能。他还曾计划建造一台管道镗床，留下的设计图纸非常详细，后人根据该图纸仿制出一个模型，现在去伦敦的科学博物馆里也能看到。这台机床最显著的特点是，将工件固定在镗孔位置上的螺丝夹是用带齿圈的小齿轮相互连接的，从而实现自定中心，这种设计方案后来逐渐演变成自定心卡盘。列奥纳多还设计了一系列的磨床，这些磨床在此后400年内是绝无仅有的。他的图纸还展示了带工作台的卧式和立式圆盘磨床，这两种机床是史上首次使用砂轮的立面而非外边缘进行磨削。达·芬奇明确规定不能用天然石材，而是采用一种表面覆盖有皮革的木轮，然后用金刚砂和动物油脂的混合物作为研磨介质。《大西洋古抄本》中还有一台明显像是水力驱动的重型外圆磨床，专门用来研磨曲面镜，它比使用多轮进行成形磨削的构思还要早。另外,《大西洋古抄本》中还提到一台设计精巧的砂带磨床，应该是有特殊用途的机床之一，专门用于大规模生产缝纫针。

在列奥纳多的众多设计中，最了不起的大概就是内圆磨床了（图1-12），它类似于今天用于重镗汽车发动机汽缸的珩磨机。固定工件的夹具配有螺丝调节装置，使其能够刚好处于磨头正下方的位置。磨头由一个木制圆筒组成，上面有凹槽，这样油脂和金刚砂的混合物能够到达磨削表面。磨头的主轴部分带有螺纹，螺纹部分与机床上部的

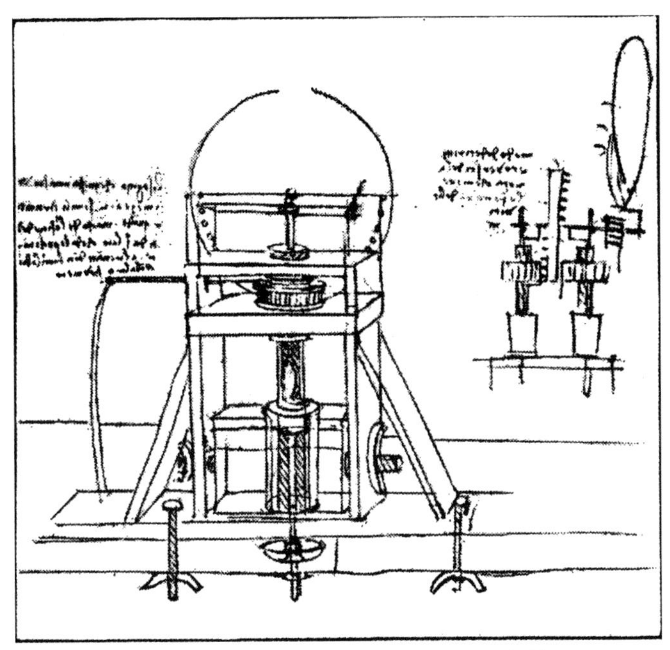

图 1–12　达 · 芬奇设计的内圆磨床，1500 年前后
（来源:《大西洋古抄本》）

“灯笼”型齿轮轮毂的内螺纹啮合。还有一个冕状轮，其圆周过半都是滚销齿与“灯笼”齿轮啮合。因此，在第一个半转，转动冕状轮可以使旋转的磨头升高。由于滑轮本身是系在“灯笼”齿轮上的，弹簧绳固定在机床左边的垂直弹簧杆的末端。当“灯笼”齿轮松开时，磨头被一根缠绕在滑轮上的弹簧绳拉低，从而完成剩余的半转。

时至今日，我们仍对列奥纳多 · 达 · 芬奇在众多领域展现出的天才惊叹不已，他拥有无与伦比的智慧，同时在艺术领域和科学领域也大放异彩。但是，达 · 芬奇涉猎的范围太大了。在他心中，人活着的最高目标是获取知识并传播知识，但他只实现了这个宏伟目标的一部分，他卓越的才智引领他进入了远远超出其同时代人及后继者的认知范围。沃尔特·佩特（Walter Pater）曾这样评价文艺复兴：

> 在许多方面，文艺复兴之所以伟大，与其说是因为它实现了什么，倒不如说是因为它意欲或渴望实现什么。

列奥纳多·达·芬奇是文艺复兴精神的化身，所以佩特的话用在他身上特别合适。列奥纳多设计的复杂机床在那个年代几乎不太可能被制造出来。直到1797年①，他笔记本的内容才向世界公布，但即使在更早的时候就被公开，这些设计图是否会影响后来的机床发展走向也值得怀疑。与其说这些机床的构造超出了列奥纳多同时代人的技术能力，还不如说当时的世界根本不需要这么先进的机床。比如，他设计的内圆磨床，这东西在16世纪的意大利能有什么工业用途？这台磨床要得到社会的认可还必须经历一个漫长而缓慢的社会、政治和经济变革过程。

意大利文艺复兴时期大师们的作品是超越时空的，这是真正天才的标志。天才的作品在任何时代都可以找到，但在文艺复兴之前或之后，艺术领域从未呈现过如此丰富、如此广泛又如此早熟的遍地开花现象；说它早熟是因为它突然给世界带来了一种全新的、明亮的智慧之光，但事实上，这种光芒对于刚刚从中世纪的暮色中走出来的人来说太耀眼了，耀眼到令人眼花缭乱，令人不知所措。正如T.S.艾略特（T. S. Eliot）所说："人类无法承受太多的现实。"因此，欧洲在

---

① 大部分材料都是拿破仑从意大利掠夺来的。所以，法国学者J. B.文丘里（J. B. Venturi）才得以在1797年出版了他的《关于达·芬奇作品中物理数学应用的随笔》。——原文注

经历了短暂而闪亮的文艺复兴之后进入了巴洛克时代，尽管这个时期也很辉煌，在艺术和科学方面取得了非凡的成就，但在我们看来，与之前文艺复兴的光辉相比，巴洛克时代似乎略显暗淡。知识探索之灯一旦点亮，就无法熄灭，但在一段时间内，它会因为习俗、传统和思想习惯等原因而变得暗淡。这些习俗、传统和思想习惯都是哥特时期的遗留，它们试图重新强加给人们一种黑暗、过时、注重形式的僵化生活模式，而在此之前的（文艺复兴）时期，虽然时光短暂，但一切都充满光明。

17 世纪和 18 世纪早期是巴洛克时期，这个时期是介于宗教信仰时代和理性时代的过渡阶段，一切都是不确定的。科学家（其实他们更愿意称自己为自然哲学家）对大多数普通人来说仍然不可信任，他们是中世纪炼金术士和亡灵法师的继承人，像浮士德一样，准备用不朽的灵魂换取对知识的永不满足的渴望，如果更明智些，他们大概不会这样做。对于科学家和浮士德来说，追求知识本身就是终极目的，尽管在追求知识的过程中，他们也获得了一些对未来具有深远意义的重大发现，但这些发现对当时那个时代人们的日常生活和工作的影响微不足道。换句话说，他们的领域是纯科学，而应用科学的时代还远远没有到来。

除了极少数例外，巴洛克艺术可以一眼就辨认出来，这个时期的艺术缺乏文艺复兴鼎盛时期艺术的普世价值。艺术如此，科学也是如此。17 世纪的许多科学著作都故意写得晦涩难懂，语言生硬，故弄玄虚，目的不是为了传授知识，而是为了给人留下一种印象，让人觉得作者是研究神秘未知领域的大师，普通人根本不配看懂。即使这样的文字需要配上机械装置插图来帮助读者理解，配图看起来也同样僵硬，拘泥于形式，而且很奇怪的是，这些图还采用了早已过时的透视法，所有这些都是巴洛克时期独有的典型特征。要理解这一现象，只需要将达·芬奇的机床图与他的继任者雅克·贝松或另一位宫廷工程师萨洛曼·德·考斯（Saloman De Caus）的图纸进行对比就不言自明了。前者的制图总体上清晰明了，而且实用，所以，即使你在18世纪末之后的任何一个工程师的笔记本上看到它们，都不会显得不妥，而后者的作品则给我们的眼睛留下一种奇怪且不真实的印象，似乎在向我们暗示，这些机床实际上从来就不存在，即使存在，它们也不可能正常使用。

在巴洛克时代，科学家和工程师的工作都是依靠皇室和贵族的赞助。这种资助关系并非真正出于客观无私的愿望，真正出于通过科学的进步来改善普通人的命运。新知识的倡导者身上仍然笼罩着一种妖术的光环——他们中有相当一部分人是故意营造这种氛围的，但这层光环也吸引来了一小群技艺高超却对生活倍感厌倦的人，他们总是试图在新奇事物中寻找刺激。因此，为了娱乐那些有钱的业余爱好者，发明家倾注了大量的聪明才智和精湛技艺去设计一些新奇的科学仪器、小设备或机械装置上。

这一切对机床的历史进程都有重要的影响。它充分解释了为什么达·芬奇的设计构想在随后长达两个多世纪的时间里都未能在工业车间里变成现实。车间里的原始脚踏车床几乎没有任何改进，技术革新主要集中在两种特殊形式的机床上，即装饰性加工车床或“玫瑰引擎”（用于车曲线花样的车床附件），以及为满足钟表匠和科学仪器制造商的需要而开发的小型精密机床。这两种形式的机床代表了机床进化过程的两个分支。尽管发明家为了设计这些机床绞尽脑汁，但它们对重型工业机床几乎没有直接影响，因为本书重点关注的就是重型工业机床，所以，不必在这个话题上花费太多笔墨。

最早的装饰性车床插图是雅克·贝松在1569年绘制的（图1-13），具有他的典型创作风格。这台机器使用的手持工具是杈形的，一个杈上有切削刃，另一个杈负责与位于工件上方的延伸架里的导杆支座啮合。这个导杆上有一个样板槽，用它便可批量生产特定形状的产品。车床心轴上的可调节圆形或非圆形凸轮可使导杆做垂直往

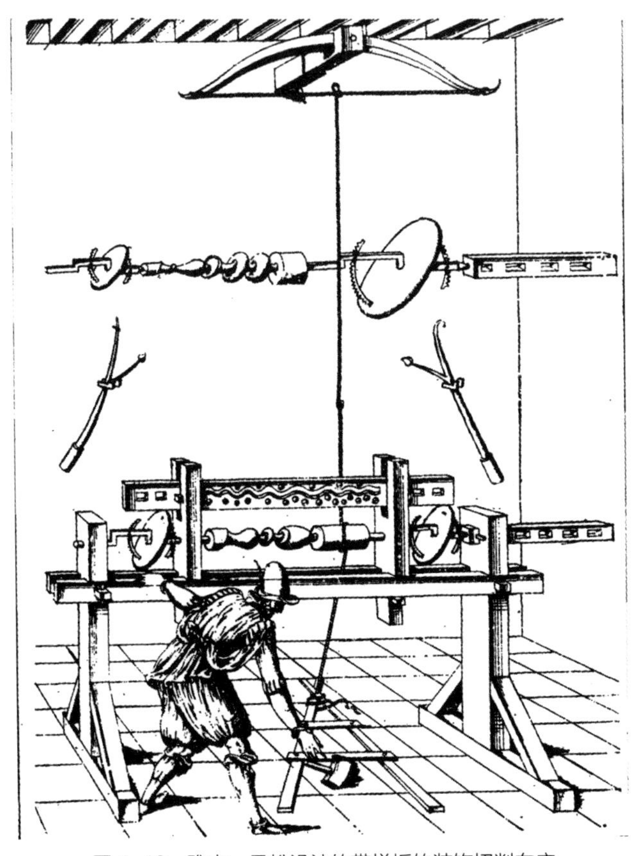

图1-13　雅克·贝松设计的带样板的装饰切削车床

复运动，这样，车工就可生产出椭圆形或不规则横截面的工件。这种设计是那个时代的典型特征。英国伊丽莎白一世和詹姆士一世时期的家具大多是呈现出臃肿的球茎状，这就是过度热衷使用此类机器的后果。

后来，工匠把这种粗糙的工具变成了一种非常精致设计复杂的装饰性车床，此类车床上控制刀具、工件运动的样板和凸轮的特殊排列方式可产生错综复杂的运动模式，从而可以在木材、象牙或软金属上加工出多种多样、造型优美的装饰性产品。18 世纪，尤其是在法国，装饰性车削变成了一种时髦的业余爱好。为了满足贵族爱好者的高雅品位，装饰性车床本身也成为一种装饰品，一件精美的工艺品。伦敦科学博物馆现有一架法国早期的圆形浮雕车床的成品，据说曾属于法国国王路易十六，由此可见一斑。

装饰性车床对切削刀具的控制是通过凸轮与重锤或弹簧的作用来实现的。尽管这种方法在加工某些特殊造型的工件时表现完美，但它并不适合工业金属切削，因为工业金属切削需要安装牢固的刀具，并对其进行强制控制，以便在重负荷下实现精准切削。装饰性车床对工业应用的唯一影响是其雕刻螺纹的方法。它在车床的主轴上可切削出一系列不同螺距的螺纹原型。主轴可以自由滑动穿过轴承，除非被锁扣和凹槽固定住。锁扣松开后，这一系列固定的从动件中的任何一个都可以与所需的原型螺纹啮合，此时车床主轴和工件将开始纵向移动，如此，车工就能够使用手持切削刀具和固定支架在后者的表面切削出相同螺距的螺纹。这种方法从此成为机械手段切削螺纹的标准方法，直到 18 世纪末才有所变化。虽然法国是装饰性切削工艺的真正发源地，但后来把此工艺发扬光大的主要倡导者之一是位伦敦人，名叫查尔斯·霍尔扎菲尔（Charles Holtzapffel），他父亲是德国人，在1784年移居英国。查尔斯·霍尔扎菲尔和他儿子约翰·雅各布二世（John Jacob Ⅱ）[①]一起完成了一部五卷的巨著（第六卷原本打算出版，但从未完成），名为《车削与机械操作》（*Turning and Mechanical Manipulation*），这套书一出版就成了装饰性车工的圣经。

全金属结构的精密车床最早出现在钟表匠和仪器制造商的车间里，不过规模很小，目的是满足有钱客户的需求，他们需要更准确、做工更精细的钟表或仪器。结构最简单的精密机床是钟表匠使用的那种微型“车削”车床，用台钳夹住，手弩驱动。有了这样一个简单的工具，熟练的工匠可以非常精确地转动小轴和主轴。后来更专业的机床出现了，用来生产复杂的钟表零部件，与此同时，一些工匠开始专门为他们的同行生产特定的小零件。由此可推断，零部件的专业化生产是复杂且高度专业化的机床应用于工业的必然结果，这种专业化形式最早出现在钟表制造业。

“均力圆锥轮”是一种特定的小零件，而“均力圆锥轮工具”是一种特殊用途的车床。均力圆锥轮使弹簧驱动的时钟成为可能，这是人类第一次发现了成功补偿盘绕钢弹簧在松开时张力逐渐变弱的方法。它由一个带螺旋槽的锥形桶组成。主发条的动力通过缠绕在均力圆锥轮上的细绳传递给时钟的传动齿轮系统，锥形发条筒的作用是，当细绳从主发条上松开时，它可以补偿发条逐渐减弱的张力。均力圆锥轮起源于意大利，业界普遍认为是达·芬奇的杰作。1741年，法国出现了一种半自动的均力圆锥轮工具，本质上也是一种微型车床，

① 查尔斯·霍尔扎菲尔的父亲和儿子都叫约翰·雅各布·霍尔扎菲尔（John Jacob Holtzapffel），因而此处提及儿子时叫作二世，此处还省略了姓氏。

其横向刀架是通过变速齿轮和丝杠手摇主轴驱动。使用此类机床需要高超的手艺，因为尽管支架的移动是自动的，但刀具的横向进给必须手动操作，这样才能匹配均力圆锥轮的双曲线锥度。然而，1763 年，费尔迪南 · 贝尔图（Ferdinand Berthoud）宣布制作了一台全自动均力圆锥轮工具，这是“将技术融入机器”过程的一个典型例子（图 1-14）。这台机器像它的前身一样也有一个滑动支架，只不过没有丝杠和变速齿轮从中穿过，而是由一根绳子和一个用装有弹簧的桶将其固定在一个安装在横滑板上的直边斜面，横滑板是由手摇车床主轴上的齿条和灯笼小齿轮驱动的。为了适合所需的螺距，分度螺钉调节可

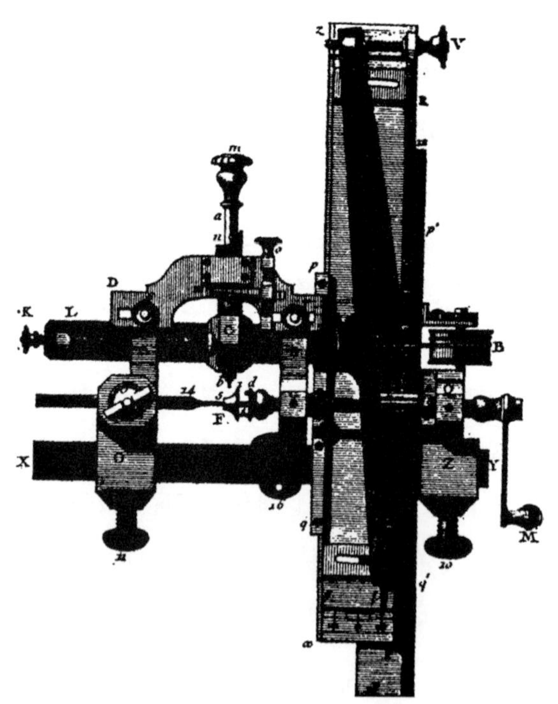

图 1-14　费尔迪南 · 贝尔图改进的全自动均力圆锥轮工具，1763 年

改变直边的倾斜度。操作人员通过滑动架上的活塞向切削刀施加横向进给压力，但在这种情况下，进给是由活塞主轴上的十字销精确控制的，活塞沿着固定在滑动架上的样板曲面运动。通过这种方式，样板的双曲线精确地再现在均力圆锥轮上。

查尔斯·蒲吕米尔（Charles Plumier）于1701年出版了《车削工艺》（*L'Art de tourner*），这是目前所知最早有关车床的著作，据考证，本书的创作完成于1689年，他在书中展示了一个钟表匠使用的螺纹切削车床，是前面描述的机床的一个微型版本。但是，后来仪器生产商开始要求越来越高的精度，而这种类型的机床达不到这个要求。1741年，长者安托万·蒂奥（Antoine Thiout the elder）迈出了关键的第一步，他摒弃了滑动主轴，转而采用滑动支架，切削刀通过调节交叉进给牢牢地安装在里面。车床主轴上唯一的丝杠通过杠杆系统穿过滑动刀架。改变杠杆连杆的校准可以实现不同的螺距。

18世纪螺纹切削技术在精度方面的最高成就要归功于英国仪器制造商杰西·拉姆斯登（Jesse Ramsden，1735—1800年）。客户从拉姆斯登这里订购的数学和天文仪器需要有非常精确的线性刻度。为了实现精确刻度，拉姆斯登使用的分划机必须用非常精确的长细牙螺纹螺钉。他耗尽心血不辞劳苦地制造了一系列螺纹切削车床，然后吸取各个产品的优点，将之整合到后续改进的机器中，如此他才一步步提高了工艺标准。在他制作的最后一台机床中，待切削螺纹的工件通过手动曲柄的齿轮装置旋转，并安装在与杆平行的轴承上，刚性刀架可以在杆上移动。刀架是按照下面的方法移动的：将一根柔性钢带的一端连接到刀架上，另一端缠绕在滑轮上，滑轮变成一个非常大的蜗轮的轮毂。尽可能精确地将一根短蜗杆切削成每英寸20螺纹的螺距，使之与这个大涡轮啮合，并通过手摇曲柄直接转动。这个短蜗杆实际上就是丝杠。蜗杆、涡轮和滑轮直径的比例是用以下方式推算的：手摇曲柄每转动 600 圈，刀架移动 5 英寸。有了这台机床后，拉姆斯登才得以生产出极度精确的细螺纹螺钉，想要什么长度都能实现（图 1-15）。

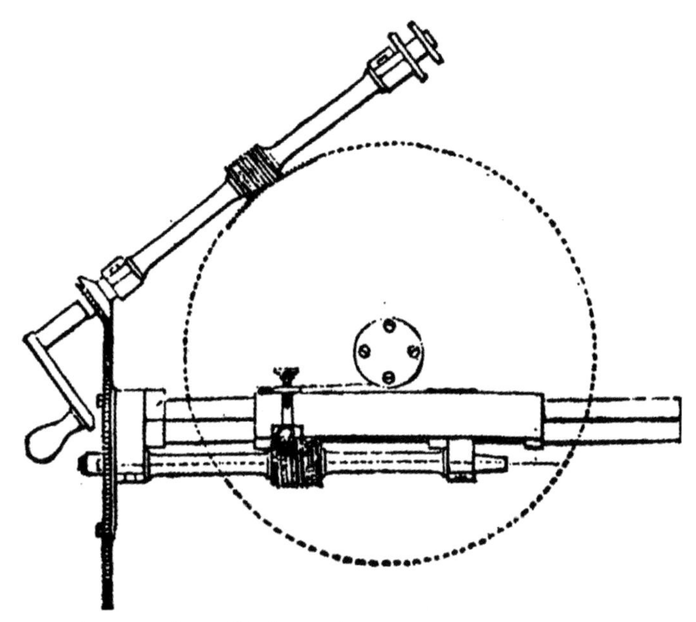

图 1-15　杰西 · 拉姆斯登设计的精密螺纹切削机床，1778 年

18 世纪下半叶，在钟表和仪器制造商的车间里逐渐发展起来的精密技术在人类历史上创造出了具有重大意义的成果。首先且最重要的就是航海天文钟的出现。早在 1530 年，人们就意识到，如果一艘船上有足够精确的计时器，确定其在海洋中的经度问题就解决了。然而，要使经度精确到半度以内，这种计时器在漫长的海上航行中每天的误差不能超过 3 秒。1714 年，英国政府宣布，任何能够生产这种

精度计时器的人可获得不少于 20000 英镑的奖励。其他国家也推出了类似的激励手段，但这么高的目标，特别是在海上航行的条件下，在当时似乎是一个无法克服的难题。意想不到的是，1759 年，英国钟表匠约翰·哈里森（John Harrison）成功地制造出了一个精密计时器，事实上，这个航海钟的精度已经超过了政府要求的性能。在他之后，法国人皮埃尔·勒·罗伊（Pierre Le Roy）（1766 年）和英国人约翰·阿诺德（John Arnold）及托马斯·恩肖（Thomas Earnshaw）也都相继成功了，他们都是彼此独立研发的，其中 1780 年生产出的一款航海天文钟一直沿用至今。这一成就在精密工艺方面的价值是不可估量的。

精密仪器制造商在许多其他方面也影响了技术史的发展。多亏了他们的先进工艺，科学家们的手里才有了前所未有的精确测量仪器，然后他们才能提出各种科学理论。而此时的工程师们也不再单纯依靠经验来工作了，当时间来到 18 世纪末，工程师开始将科学家的理论应用于工业并取得了重大成果。例如，约瑟夫·布莱克（Joseph Black）仅依赖精确的热测量仪就提出了他著名的“潜热理论”，而詹姆斯·瓦特（James Watt）对蒸汽机的改进也是基于潜热理论。

1759 年，哈里森发明了一个堪称奇迹的高精度计时器，此时此刻，新科学与日常生活、工作之间的脱节差不多成了过去式。但是，由于从纯科学到应用科学的过渡才刚刚开始，因此科学发现对实用技术的影响可以忽略不计。此外，当时那些仪器制造商用的精密设备与我们在现代重型机械车间中看到的机床的笨重先祖仍有很大区别。1755 年，年轻的詹姆斯·瓦特拖着沉重的脚步在伦敦街头四处寻找工作，希望某个仪器制造商能雇用他，但无功而返。他发现，仪器制造业是一个闭门行业，外人想进入极其困难。然而，即使不是这样，他的情况也不会有什么太大改观。根据当时的平均技术水平，机床精度只能在微型规模上实现。要想把仪器制造商的车床“推广”到工业应用的规模，是不可能达到同样的精度的。

但此时此刻，人类历史上最重要的一场革命正以惊人的速度在英国轰轰烈烈地展开，而且势头愈发强劲。当杰西·拉姆斯登在 1778 年制造出他的终极螺纹切削车床时，旧的壁垒立刻分崩离析。科学家们纷纷离开他们的书房和实验室，来到车间和机房，与新一代的工程师们进行交流。新思想层出不穷，要实现这些创新，迫切需要新的方法。长期以来在工业车间占据主导地位的机械工、木匠和铁匠的传统工艺将不再适用。几个世纪以来，“能用木头就不要用铁”一直是这些作坊不成文的行业规矩，现在世界进入了一个全新的铁器时代，工匠需要有更好的切削刀具和成形刀具，以便能够快速、精准地加工较难处理的金属。因此，早期工程机床制造业的集大成者亨利·莫兹利（Henry Maudslay）极有可能是受了杰西·拉姆斯登发明的影响。

尤其值得一提的是，正是蒸汽机源源不断的驱动力促使工程师发明了重型机床，同时，第一批重型机床工厂成立的目的也是为了制造出功能更强大、更高效的蒸汽机，但首先，工程师们必须在没有改进机械方法的情况下制造出蒸汽机。下一章我们将重点阐述这一目标是如何实现的。

第二章
18 世纪的工业机床

机床是昂贵的设备，意味着一笔不小的投资，只有在充分利用它的潜能提高生产力的情况下，这种投资才是合理的。要想满足这个条件，那么，必须配套有高效的运输系统，确保将原材料运往机床厂以及将成品从工厂拉走的运输过程廉价且稳定可靠。

鉴于这一前提条件，为什么长期以来精密生产方法的发展只局限于钟表师和仪器制造商的车间就容易理解了。他们使用的微型机床一般都是自己店里生产的，只是一笔小额的资本投资。他需要的原材料库存数量很少，成品数量也很少，但货币价值却很高。因此，当时交通不便的问题即便真的对他们有影响，也不是太大问题。

在 17 世纪和 18 世纪的大部分时间里，随着重工业的发展，情况完全变了。的确，当时不可能有我们现在熟悉的这种大规模工业集中意义上的重工业。即使当时的技术已经能够生产出工业机床，也不会有人愿意投入如此大额的资本，为数不多的几条通航河流是运输不可拆分的重型货物的唯一手段，他们也很少去积极开发必要的原料供应商。另一个不利条件就是对水力的高度依赖，这是他们知道的运输重型机械的唯一方法。正是因为这个原因，依赖水力运力的工业一般都只能选择在溪流和大河附近建厂，只有那里可以获得适当的落差。从运输的角度来看，这些地点通常都不太方便。在可通航的河流上，加工厂厂主和驳船主的需求相互冲突，经常导致各种纠纷；而在较小的河流上，夏季常常缺水，从而导致加工厂停工。所以，也难怪这些小作坊还在使用自中世纪以来从未改变过的传统手工制作方法，且坚持不懈持续了这么长时间。

这种作坊一般情况下会尽可能利用木材来做重活，原因不全是因为木材容易操作，无论是用手工还是机器作业，关键是木材可以就地取材，这样运输问题就不在话下。铁尽可能只用在小部件上，这些小部件或者是铁匠需要的原材料，或是最后的成品，运输起来都很方便。17 世纪的时候，英国的黑乡（西米德兰的一个工业区）因为拥有丰富的煤炭和矿石资源而发展成一个重要的金属贸易中心，但由于米德兰高地缺乏水运设施和水力资源，因此多年来当地的工业一直是小型家庭手工作业。数百个铁匠都是在他们家后院的铁匠铺里工作，用马驮成捆的铁条到自家门口，锻造出诸如钉子、锁、轻链条或手工工具之类易于运输的东西。

在这样的经济模式下，重型金属切削机床根本没有存在发展的空间。但当时有一个行业不适用正常的商业约束，那就是制造打仗用的武器，其实现在也是如此。在人类众多的生产活动中，唯一一项从未因费用问题或实际困难方面的考虑而受到抑制的活动就是研究更有效的相互毁灭的手段，对人类的本性做出这种论断听起来真的有点可悲。正是因为军备生产一直不受各种不利条件的约束，所以这个行业对技术的整体进步才有如此大的贡献。虽然我们还没有足够的智慧可以做到“铸剑为犁”（意为：化干戈为玉帛），但只要能制造出更好的剑，工匠肯定也能制造出更好的犁铧。我们应该可以预料到，第一台重型金属切削机床是在军火制造商的车间里出现的，这一点应该没错。

16 世纪的意大利冶金学家万诺乔·比林古乔（Vannoccio Biringuccio）在其 1540 年出版的《火法技艺》（*De la pirotechnia*）中不仅展示了一台水力炮镗床，还向我们展示了与之配套使用的三种径向镗床工具（图 2-1）。待镗炮安装在可移动的炮架上，由水轮驱动一根长长的水平镗杆旋切。这种炮管镗削方法一直延续到 18 世纪早期，几乎没有什么变化。虽然它看起来很粗糙，但只要能在芯材上

图 2-1　比林古乔在《火法技艺》中展示的水力驱动大炮镗床，小图为使用的三把镗刀，1540 年

铸造出炮膛就足够了。其实这只是一种在由芯孔旋切出炮熤的方法，镗刀紧随钻孔，只要型芯孔没有问题，这种操作就不需要太大的驱动力或装置精度，最后也能达到理想的效果。英国苏塞克斯地区有很多磨坊贮水池，尽管我们不加区分地将之统称为“锤击池”，但事实上，它们根本不是用来驱动杵锤的，而是用来为大炮镗床提供动力的，这种镗床与比林古乔书中绘制的基本没什么两样。

铸造大炮的模具需要很高的技术水平，实操起来最困难的环节就是定位炮心，使其做到是炮管截面真正的圆心。这方面的失败案例并不少见，最后导致炮管的管壁厚度不均匀，而当时使用的镗床无法彻底纠正这一问题。有此缺陷的大炮通常不能通过合格检验，偶尔还会炮身爆裂。为了解决这一难题，一位名叫让·马里茨（Jean Maritz）的瑞士人，时任驻法国斯特拉斯堡的铸造专员，发明了一种立式镗床，精度很高，可以从坚硬的铸件中钻出炮筒。立式镗床发明的时间据考证应该是 1713 年，如果事实果真如此的话，说明又过了很多年这种立式镗床才得以进一步完善并正式投入使用。后来，马里茨离开斯特拉斯堡，来到位于海牙的尼德兰国家枪械铸造厂，在那里他持续改进他的发明。终于，在 1747 年，尼德兰国家枢密院发布了一项命令，规定今后所有的大炮都必须是实心铸造，然后在其中心钻孔。事实上，当局对马里茨的机床采取了最严格的安全保护措施，足以证明之前他对这项发明进行了大量的完善工作，因为他最初的发明早已经在欧洲广为人知。狄德罗的《百科全书》（*Encyclopédie*）[1] 的插图也包括这种类

---

[1] 全书名为《百科全书，或科学、艺术和工艺详解词典》（*Encyclopédie, ou dictionnaire raisonné des sciences, des arts et des métiers*），包括德尼·狄德罗，让·勒朗·达朗贝尔等条目。参加编纂的主要人员有孟德斯鸠、魁奈、杜尔哥、伏尔泰、卢梭、布丰等不少法国启蒙运动时期的著名人物。

型的机床，但并不清楚书中绘制的是马里茨发明的原始版本还是在海牙投入使用的改进版。根据他的图示（图 2-2），直立安装在炮架上的大炮在 V 形切面的两根立式滑杆之间移动。镗杆由机床下方的马

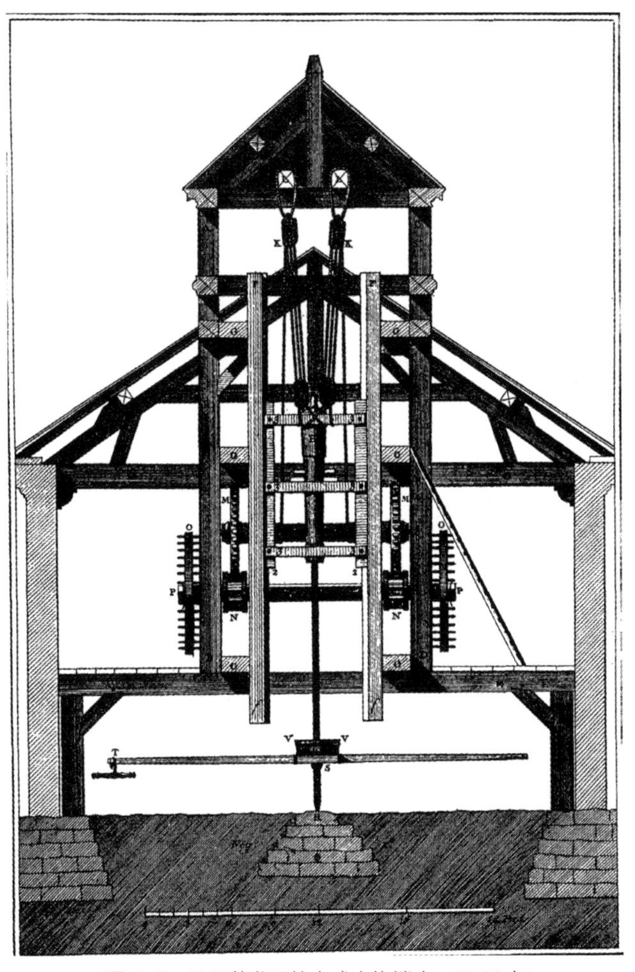

图 2-2　马里茨发明的立式大炮镗床，1713 年

（来源：狄德罗，《百科全书》）

力驱动机[1]带动旋转，给进装置则应用了两个三重绕线滑轮车组、一台绞车卷筒和一个减速齿轮，使得滑动托架降低高度。插图中此类机床使用的镗头类型据说外观上与铣刀并无二致，由一系列楔入铸铁芯的钢制切削刀片组成。

1755 年，让·韦布吕让（Jan Verbruggen）被任命为海牙枪械铸造厂的首席铸造师，在此之前他的职务是位于恩克赫伊曾的枪械制造厂的铸造师傅，该厂隶属于荷兰海军部。他对马里茨的立式机床并不满意，在一位名叫雅各布·齐格勒（Jacob Ziegler）的瑞士工程师的协助下，韦布吕让于 1758 年生产了一台性能非常出色的卧式镗床，这台镗床和以前出现的任何同类机床相比都代表着质的飞跃。今天，在莱顿的荷兰军事博物馆里，我们可以看到这台机器的一块原装刻板[2]和它的复制品模型。如模型所示，韦布吕让和齐格勒采用了一个固定的水平镗杆，在轴承之间旋转大炮。大炮通过绞盘杆、大直径冕型齿轮和大炮轴上的一个“灯笼”小齿轮进行旋转。镗杆有齿条齿牙，与第二个“灯笼”小齿轮啮合，通过该小齿轮轴上的曲柄施加进给力。该机床比马里茨的立式镗床更容易安装，而且和任何使用旋转镗杆的镗床相比，它生产出的成品都更精确。

据称，由于涉嫌违规，让·韦布吕让在 1770 年 1 月被海牙铸造厂解雇，在英国驻海牙大使的推荐下，他立即被任命为英国伍尔维奇皇家兵工厂的首席铸造师。他的儿子彼得据说此时已经在伍尔维奇兵

① 一种利用马匹牵引为其他机器提供动力的机器。现在基本上已经过时了，但在内燃机和电气化之前非常普遍。

② 铭文是用相当奇怪的拉丁文写的。意译为：这台卧式大炮镗床是在荷兰青铜大炮铸造总监督让·韦布吕让的关照和努力下建造的。第一块石头由他的儿子彼得·韦布吕让于 1758 年 3 月 8 日放置的。——原文注

工厂工作了。通过这种方式，韦布吕让的铸造方法被引入英国。英国为了从荷兰运输他的设备共支付了 214 英镑 19 先令 4 便士的交通费，这说明，韦布吕让动身前往英国的时候很可能随身携带了一台改进过的镗床。

到 1770 年年底，兵工厂已经有了两台韦布吕让式重型镗床，采用同样原理的第三台小型镗床也已建成，用于镗制迫击炮。它们取代了韦布吕让的前任安德鲁·沙尔克（Andrew Schalch）之前建造的镗床。关于后者，我们唯一了解到的信息是，兵工厂在 1717 年向沙尔克发放原材料用于生产“皇家铸造厂发动机大螺丝的内螺纹”。这表明，该镗床可能采取的是丝杠进给方式，如果确实如此，它是迄今为止将这一原理应用于如此规模机床的最早例子。

幸运的是，彼得·韦布吕让（Peter Verbruggen）给我们留下了一幅他父亲在伍尔维奇的迫击炮镗床旁边工作的图画（图 2-3），这幅画作技艺精湛，而且笔触细腻，非常值得用心研究。毕竟，他所描绘的是世界上第一台精度还算达标的重型机床，也是使瓦特蒸汽机成为现实的机器之母。画中，人字起重架刚刚把一个迫击炮抬到镗床上，在起货钩的帮助下，左边的工人正在把它放在轴承之间，迫击炮将在轴承中间旋转。机床尾轴承的盖子还没有被更换，放在图前车间的地板上。在这名工人身后的架子上放着镗孔工具、测量卡尺和三角板。这些工具的上方挂着一些看起来像齿形样板的东西，这表明这台机床很可能也适用于外部车削。支撑镗杆的床身采用大型木制结构，由此可以看出韦布吕让非常关注其刚度。最右边的工人在控制齿条进给的手轮上，正在进行细致的精切削。如果是重型切削，为了抓得更牢固，可以使用对面窗户下方墙架上的长杆。机床的传动装置是通过

图 2-3　彼得 · 韦布吕让绘制的他父亲在伍尔维奇兵工厂使用的迫击炮镗床，细节饱满，1770 年

车间的端壁进行的。一直以来，人们都说伍尔维奇兵工厂的镗床是由马力驱动的，但图中可以看到，两条绳索通过滑轮穿过墙壁，这样，操作员就能够随时启动和停止机床，这表明镗床用的是水力而不是马力，与当代水力倾斜锤上使用的闸门控制装置非常相似。

1774 年，韦布吕让接到命令，对生产有芯炮和实心钻孔炮的成本进行比较评估，后来军械委员会发布了一条指示，大意是今后伍尔维奇兵工厂生产的所有大炮都必须是实心的。让 · 韦布吕让一直掌管着这个皇家兵工厂，直到他在 1786 年去世，他建造的镗床后来一直使用到 1842 年。亨利 · 莫兹利年轻时曾在伍尔维奇兵工厂工作，据传言，正是韦布吕让式镗床的滑动炮架让他萌发了车床滑座的创意。这一点存疑，但可以肯定的是，在蒸汽机成功诞生的过程中，大炮镗床起到了非常重要的作用。

英国一直被称为工业革命的摇篮，这一点确实实至名归。那么，是什么导致了技术的大踏步发展？为什么几个世纪以来一直在缓慢发芽的种子突然在 18 世纪的英国遍地开花？世事纷杂，相互作用，这些问题没有简单的答案。18 世纪英国的资本积累和交通系统的改善无疑给工业革命带来了巨大的动力，但在某种程度上，这些发展趋势同时也是工业革命的产物。日益严重的木材短缺可能是最强有力的催化剂。造船木匠、依赖木炭的炼铁工人、工业厂房工人以及大量仍将木材当作燃料的消费者，他们对木材的需求在不断增长，所有这些都对这个国家日益减少的木材资源造成了巨大压力。此时的英国，开垦森林使之变为耕地的过程已经持续了几个世纪。到 17 世纪末，木材短缺已经变得十分严重。铁匠们被迫从苏塞克斯的威尔德地区（原铁匠行业的工业摇篮）迁移到西米德兰、威尔士边界地区、约克郡南部和坎伯兰郡，那里仍然有大片林地，他们不必像在英格兰南部时那样与造船工人们争夺日益短缺的木材供应。但很明显，关于这个问题人们并没有长期的解决方案，因为尽管英国已经开始从瑞典大量进口铁，并种植灌木林，但用于冶炼的木炭消耗量远远超过了林地再生的速度。此时，使用煤代替木材成为燃料、用铁代替木材作为结构材料变得势在必行。这两个目标是紧密关联的，因为除非找到用煤冶炼铁的方法，否则根本无法生产出更多的铁。事实证明，需求是发明之母。从此英国开启了一系列有趣的技术革新征程，工业革命的伟大车轮也开始了加速前进。

现实中不可避免的两个基本问题——如何用煤冶炼铁，以及如何从矿山获得更多的煤——几乎同时找到了答案。亚伯拉罕·达比

（Abraham Darby）可能早在1709年就开始在什罗普郡科尔布鲁克代尔的炼铁厂用焦炭炼铁，至少在1711年的时候他肯定已经这样做了。1712年，托马斯·纽科门（Thomas Newcomen）在斯塔福德郡达德利城堡附近的一个煤矿里成功地安装了一台矿用蒸汽泵。达比的新方法虽然意义重大，却长时间成效颇微。焦炭冶炼方法最初仅限于生产生铁，所以多年来英国的熟铁不得不依赖从瑞典大量进口。因此，自然而然，现在该讲述蒸汽机的发展史了。

到17世纪末，大部分浅层煤层已被开采完毕，因此，增加煤炭产量的唯一途径就是深层开采。然而，马力泵有局限性，无法保持深层矿井无水。在纽科门成功发明了世界上第一台蒸汽机后，开发这些重要的燃料资源才成为可能，工业革命的车轮也才得以继续转动下去。但是，怎么可能在1712年就能成功制造出一台蒸汽机呢？答案是：与列奥纳多·达·芬奇不同，托马斯·纽科门没有远远领先于他生活的时代。他是一个务实的人，作为一个铁匠，他非常了解那个时代的人和工具的能力范围，因此他的发明设计也体现了当时的时代特色。正如早期的版画所示，纽科门的发动机是由一群工匠——水车木匠、木工、铁匠、水管工、铜匠和瓦工使用他们的传统技能在现场建造的。

当时的主要生产问题只有一个，那就是汽缸。纽科门的第一台蒸汽机的汽缸是黄铜铸造的，长约8英尺，内径为21—28英寸。这样的直径远远超出了当时大炮镗床的能力。此外，蒸汽机基于大气原理而工作，由于相关的热力方面的原因，汽缸壁的厚度不能超过一英寸。我们必须向那些默默无闻的工匠致敬，是他们成功地铸造了这些了不起的黄铜汽缸。据考证发现，镗孔环节他们根本没有使用机械，而是借助与缸径相符的磨石，全手工辛辛苦苦打磨出来的。我们知道，后来生产的汽缸通常都是以这种方式进行最后加工的。很明显，以我们现在的标准来看，纽科门蒸汽机汽缸的孔径一定非常粗糙，不够精确，活塞被大量的亚麻包裹着，速度也非常慢，通过一根链条连接到驱动水泵的横梁上。此外，汽缸的顶部是开口的，可以在活塞的上表面浇水，这样不仅可以保持亚麻填充物柔软，还能多一层密封。所有这些因素结合在一起使这种设计具有了一定的容错性。

蒸汽机发展的下一个重要里程碑就是引入越来越大尺寸的铸铁制的镗孔汽缸。这个成就要完全归功于达比的科尔布鲁克代尔炼铁厂的技术进步，尔后该厂发展成科尔布鲁克代尔公司，多年来完全垄断了蒸汽机汽缸的生产。正是他们的独门绝技才使得更大功率的蒸汽机得以制造出来。

科尔布鲁克代尔公司从1722年开始生产铸铁制的汽缸，但是直到1725年，该公司的记录中才提到镗床，这表明早前生产的汽缸完全是手工制作的。第一台镗床生产的汽缸，有的直径长达46英寸，这种规模的重型加工在以前从未有人尝试过，更不用说实现了。据了解，由于镗杆经常断裂，工作中经历了大量的麻烦。1734年，该厂建造了一台新的镗床，镗杆很重，是从布里斯托尔的一个锚匠那里订购的。订单说明如下：

锻造铁轴长12英尺，直径3英寸；一端有6英寸长度是正方形，剩余的10英尺（原文如此）是圆形，尽可能准确，用真正的凝灰岩铁生产，音质上乘。

交付日期是 1734 年 9 月，价格是 26 英镑 10 先令，这个镗杆功能显然不错，因为该公司在 1745 年又订购了一个类似的镗杆。

不幸的是，科尔布鲁克代尔镗床没留下任何图纸和相关介绍。达比家族信仰的贵格会原则禁止他们的工厂生产大炮，但根据下面的内容，我们可以断定，这是一个用当时的大炮镗床改造的卧式机床，由水车驱动。根据 1763 年这段热情洋溢的文字[1]中所描述的成果，我们可以判断出科尔布鲁克代尔公司的技术水平：

> 泰恩河畔的温科姆利煤炭装卸码头运来了一个大气式蒸汽机的汽缸，供沃克煤矿使用，该汽缸让北方的所有同类产品相形见绌。其直径超过 74 英寸，长 10 英尺，重 6 吨（不包括底部和活塞），金属含量共有 10—11 吨。汽缸的镗孔非常圆，经过良好的抛光处理。大家公认这是一件完美的产品，为生产它的什罗普郡的科尔布鲁克代尔铸造厂赢得了荣誉。

然而，此时，科尔布鲁克代尔公司在英国北部地区已不再享有垄断地位，因为 1759 年，福尔柯克附近，日后负有盛名的卡伦钢铁厂（也称卡伦公司）已然建立。这家公司很快就以其生产的大炮，特别是其著名的卡伦纳德短重炮而声名大噪，不久后该公司也开始生产蒸汽机汽缸，负责卡伦钢铁厂的设计和设备安装的人是约翰·斯米顿（John Smeaton），一位多才多艺的伟大工程师，他在

① 引自 M.A. 理查森，《当地历史学家年鉴》，纽卡斯尔，1842 年，第二卷，第 109 页。——原文注

厂里建造了一个特殊的镗缸机，这台镗缸机的手绘图被完整保存了下来（图 2-4）。卡伦公司的创始人罗巴克博士[①]从科尔布鲁克代尔招募了一些核心团队成员，因此，尽管这台机器总被称为“斯米顿镗床”，毫无疑问的是它基本上还是遵循了科尔布鲁克代尔的做法。版画显示，汽缸安装在带有双面凸缘轮的滑动托架上，双面凸缘轮在边缘导轨上运行，通过绳索和绞盘转动。镗床对切削头的构造与马里茨使用的大炮钻头相同，一连串的钢制切削刀被安装在一个铁圆盘的外边缘，被调整成所需的直径。汽缸滑动托架还有另外一套导轨，与水轮的第二减速齿轮传动装置对齐，用于刀杆减速。但是这个设计最有趣的一点是它试图解决机床中水平镗杆太长而没有支撑物的缺陷，这个问题常见却难以克服。然而在这一设计中，随着镗杆和切削头重量的增加，这一缺陷显然更加严重。汽缸内有个小轮滑动托架，可调节高度的垂直支柱上承载着一根装在枢轴上的配重杠杆，该杠杆与刀杆末端的一个环形轴承相连。很明显，这种支撑切削器和刀杆重量的方法不可能起作用，因为它不能确保均匀的切削深度。为了避免这种缺陷，通常将钻头穿过汽缸 4 次，每次切削后将汽缸旋转 90°。做了各种努力后，虽然这台机器可以在内径任何给定点上钻出非常圆的汽缸，但内径在其整个长度上很少甚至永远不会做到真正平行。尽管如此，此类机器产出的成品对于纽科门型蒸汽机来说已经够用了；但是，当詹姆斯·瓦特也出现在了历史舞台上，问题随之出现了。

---

① 全名为约翰·罗巴克（John Roebuck），也称“金尼尔的约翰·罗巴克”。

图 2-4　约翰·斯米顿在卡伦钢铁厂安装的镗缸机，左上小图展示了切削头的支座

詹姆斯·瓦特在科技史上是一个具有重大意义的人物，不仅是因为他取得的成就，还因为他在日常生活中的工作态度。他是最早将科学实验室学到的知识和改进后的方法应用于工厂车间的人之一。瓦特发现机械工程在当时只是凭借经验操作的手艺活，是他将其发展为一门应用科学。他职业生涯的起点是制造科学仪器，这个开端不仅让他具备了严格的精度标准，还让他接触到了当时最先进的科学思想。瓦特将工艺实用主义、思辨和有条不紊的品格融为一体，如饥似渴地学习科学知识并将其应用于实际用途。

纽科门发明的蒸汽机是经验主义工艺的终极成就，从这个意义上说，它代表的不是一条道路的开端，而是终点。科学界发现大气也有重量，而纽科门将这个大气压施加在他的活塞上，这一点诚然没错，但建造它的人们不知道为什么这个蒸汽机会消耗如此多的燃料却只能获得非常低的功率输出。科技要想进一步发展，人们必须了解有关热量属性的科学知识，并拥有精确的热量测量仪，瓦特在格拉斯哥进行他那一系列经典的实验时最先应用了这方面的知识和仪器。他的发明是大量实验的结果，他能通过模型展示自己改进发动机的原理。但是，当他试图将仪器制造商的模型转化为全尺寸机器时，问题才刚刚开始，没多久他就痛苦地意识到自己的精度标准与当时工业车间普遍采用的标准之间存在着巨大的差距。

瓦特的第一位赞助人是卡伦钢铁厂的罗巴克博士，他的第一台全尺寸蒸汽机是在罗巴克博士位于金尼尔地区的房子后面的一间棚屋里秘密建造的，所用的部件都是卡伦钢铁厂制造的。为了使这台蒸汽机达到满意的性能，瓦特坚持不懈花费了很多心血，但最终还是失败了，让他懊恼不已的原因是当时用于纽科门式蒸汽机的工艺远远不及新蒸汽机要求的更高标准。瓦特用热蒸汽给进代替了在敞开式汽缸内作用于活塞顶的冷空气，也就是说，瓦特的设计是用气密活塞、密封汽缸、活塞杆通过汽缸盖子上的填料箱实现运转。瓦特只要求有一个直径 18 英寸的汽缸，如果我们回忆一下此前纽科门式蒸汽机采用的那种巨型汽缸，就会发现瓦特的要求已经算是很保守了。然而斯米顿在卡伦钢铁厂的镗床达不到所需的精度，最终瓦特放弃了使活塞不漏气的尝试，徒劳无功。此时瓦特倍感绝望，不得不另谋职业。仅仅因为缺乏足够精度的机床，他的发明被延误了长达 5 年的时间。

1774 年 5 月，瓦特与马修·博尔顿（Matthew Boulton）开启了历史性的合作关系，他们拆除了金尼尔地区的蒸汽机，在博尔顿位于伯明翰的索霍制造厂重新进行组装。在这里，瓦特继续进行他的实验，但也没有获得更好的结果，直到有一天，博尔顿建议从他朋友约

图 2-5 约翰·威尔金森

翰·威尔金森的伯舍姆钢铁厂订购一个新汽缸，该厂离雷克瑟姆地区不远。

约翰·威尔金森（John Wilkinson，1728—1808 年，图 2-5）是他那一代人中最伟大的铁匠大师。他的父亲艾萨克·威尔金森是坎伯兰郡的一名铁厂老板，1753 年，艾萨克收购了伯舍姆熔炉厂后全家搬到了登比郡。在约翰·威尔金森人生的鼎盛时期，他拥有的熔炉厂、铸造厂和锻造厂遍布登比郡的伯舍姆和布林伯，还有梅瑟蒂德菲尔，还有什罗普郡布罗斯利附近的新威利，还有黑乡的布拉德利。威尔金森在这些工厂开发的炼铁工艺足以与科尔布鲁克代尔公司的相媲美。达比家族因为宗教方面的顾虑决定不生产武器，但威尔金森没有这方面的约束，他铸造了大量的加农铁炮，并于 1774 年 1 月 27 日获得了“大炮铸造和镗孔的新方法”的专利（图 2-6）。专利显示该机床的实心炮铸件在轴承之间水平旋转，静止的镗头由镗杆上的齿条推进。操作手轮，齿轮结合得当的传动装置便可施加进给。镗杆沿着支撑台上的导轨前进。鉴于韦布吕让 4 年前在伍尔维奇兵工厂发明了一种几乎相同款式的机床，所以很难理解威尔金森为什么会去申请这项专利，更难以理解的是，这项专利竟然通过了审批。果然，这项专利后来受到军械署的质疑，理由是它不是首创，此项专利于 1779 年被撤销。情况很可能是这样的，威尔金森在欧洲大陆旅行时见过韦布吕让式镗床，但他不知道在伍尔维奇兵工厂已经安装了此类机床，很有可能兵工厂当时对这台机器采取了严格的保密措施。

图 2-6　约翰 · 威尔金森的大炮镗床，1774 年

位于金尼尔地区的蒸汽机所需的汽缸尺寸很小，所以当博尔顿和瓦特把他们的问题告诉威尔金森时，威尔金森很可能设计出了一种特殊的固定装置，这样就可以在大炮镗床上给汽缸镗孔。1775 年 4 月，加工好的汽缸被送到了索霍制造厂，精度非常之高，瓦特的难题立刻就化解了。

精明的威尔金森从未质疑过瓦特蒸汽机的性能，并很快成为此蒸汽机的第一个用户。但他立刻意识到，未来可能会需要更大尺寸的汽缸，而他的机床满足不了这种需求。在瓦特的设计理念中，汽缸的顶盖和汽缸的底部是两个分开的铸件，由此可见，汽缸在两端都是敞开的，与前装式加农炮不同。威尔金森深刻领会了这个区别的重要性，接着他设计了第二台镗床，汽缸被固定在工作台上，旋转的切削杆横穿汽缸，两端由轴承支撑。1919 年，人们在伯明翰收藏的早期瓦特图纸中发现了这个镗床的图纸。标题是“伯舍姆钻镗床图，由约翰 · 吉尔平（Jno Gilpin）绘制”（图 2-7），此图纸的绘制时间必定在 1795 年之前，因为伯舍姆钢铁厂在当年关闭了。

这幅图表明，威尔金森早期使用的是卡伦钢铁厂式镗床，因为二者都是用水轮通过齿轮传动驱动两个切削杆，基本相似，而且图上甚

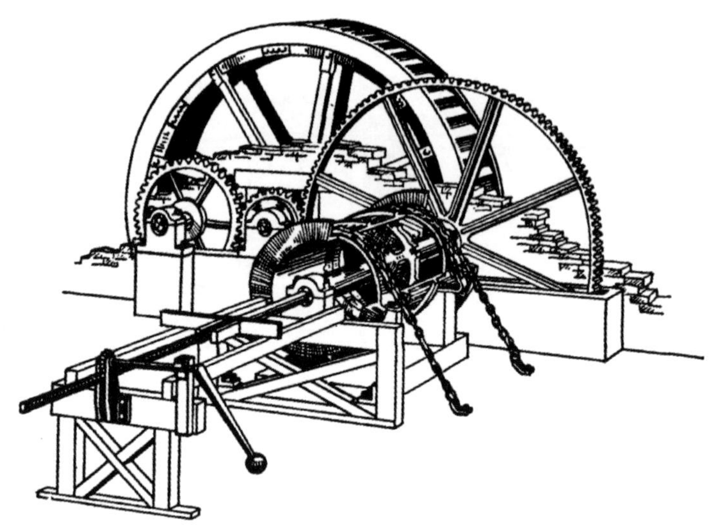

图 2-7 约翰·威尔金森在伯舍姆钢铁厂的镗缸机，1776 年

至还显示了一辆可移动托架车。但老机床经过改造后可以驱动两种新镗杆，一种直径 12 英寸、长 15 英尺，另一种直径 10 英寸、长 14 英尺。两个直径分别为 45 英寸和 27 英寸的汽缸通过杆轴承之间的链条固定在某个位置。镗杆的特别之处在于它们是空心的，可能是用大炮镗床钻出来的，这是机床自动传输特性的典型例子，杰西·拉姆斯登就是使用此种镗床生产出了精确的螺钉。用一根带齿的架杆穿过中空的镗杆可以使切削头沿着旋转杆前进。它的末端通过纵向槽与切削头连接，纵向槽的长度一直延长到和镗杆的长度一样。导向十字头可以阻止齿条旋转，并且通过与齿条啮合的小齿轮轴上的加权杠杆施加进给。伦敦科学博物馆里展出的威尔金森机床模型就是参照这幅图建造的。

1913 年，一个之前普遍认为出自伯舍姆钢铁厂的镗杆被送到了科学博物馆。它的尺寸与图中较大的镗杆一致，长 15 英尺，直径

11.875英寸，但它没有齿条，而是通过内部丝杠和螺母自动进给。由减速齿轮传动装置带动镗杆驱动，按照小齿轮和丝杠螺距的比例，每旋转一周切削头前进0.046英寸。根据传统说法，伯舍姆钢铁厂在1795年被拆除时，这根镗杆被哈瓦登和桑迪克罗夫特的工程师里格比先生买下，他“给它装上了一个新螺丝”。在1919年发现吉尔平的图纸以前，人们一直认为这种螺旋进给方式是威尔金森的发明之一，但现在几乎可以肯定的是，里格比先生接下来所做的不是恢复使用现有的丝杠，而是用丝杠代替原来的齿条进给，这一点跟之前的业界共识并不一样。该镗杆证明确实做了类似修改，也终于让我们相信，它确实是伯舍姆钢铁厂最初生产的镗杆，因此也算是机床发展史上相当重要的一个里程碑。

有了这台机器，约翰·威尔金森才能够制造出标准圆形且在整个长度上真正平行的汽缸内孔。瓦特前两台商用蒸汽机的汽缸都是用该机床生产的，一台直径38英寸的汽缸用于威尔金森自家的新威利熔炉厂的鼓风机，另一台直径50英寸的汽缸则用于蒂普顿布鲁姆菲尔德煤矿的泵用发动机。汽缸交付到蒂普顿不久，卡伦公司询问了瓦特蒸汽机的性能，收到马修·博尔顿的回复时他们肯定很尴尬，博尔顿在回信中写道：“威尔金森先生给我们镗了好几台汽缸，几乎没有任何错误，我们在蒂普顿安装的是直径50英寸的汽缸，随便任何一个部位，厚度误差都不会超过一个旧先令的厚度，所以你们要么改进镗孔方法，要么我们给你们供应汽缸。”瓦特对此更是热情高涨，信心十足。同年（1776年）4月，瓦特写信给斯米顿，他宣称：“威尔金森改进了汽缸镗孔的技术，所以我可以保证，一个直径72英寸的汽缸即使在最不均匀的地方，误差也绝不会超过一枚六便士的厚度。”

按照我们现在的精度标准，一枚硬币的厚度可能看起来是一个巨大的误差，但在当时那个年代，它代表着重型机床技术有了惊人的进步，有了它，瓦特蒸汽机在商业应用方面最终成为现实，从而对人类产生了重大影响。不可思议的是，威尔金森没有为他的创历史性的机器申请专利。是不是他当时认为这项技术已经包括进了他 1774 年申请的专利？这一点似乎不太可能。然而，直到 1779 年这项专利被撤销前，从未有其他公司仿制过他的镗床，这一点足以表明，他的竞争对手们当时也认为该镗床受到其 1774 年专利的保护。在此之后，科尔布鲁克代尔公司于 1780 年也安装了类似的镗床，再之后，1781 年本索尔的班克斯 & 奥尼恩斯先生的公司、1782 年霍恩布洛尔公司、1792 年伯明翰的伊戈尔铸造厂都相继安装了该镗床。然而，这些竞争对手并没有从威尔金森那儿抢占到太多市场份额，因为博尔顿 & 瓦特公司所需的汽缸都是由他提供的，直到 1795 年他因为与兄弟发生争执导致其工厂被拆除。

在进一步追寻这个技术进化线索之前，有必要先回到过去，看看日益蓬勃发展的制铁工业对机床的革新还有什么其他影响。不出所料，率先使用机床的是那些与金属制品有关的行业，主要生产社区百姓大量需要的轻便、规格统一的产品，这种产品一般相对于其重量来说，货币价值较高，用当时简单原始的交通方式运输起来成本低廉。尽管它们的相对发展速度可能不均衡，但这种贸易通常遵循相同的发展模式。首先，从原料到成品的生产都是家庭手工业，所需的资本由商人或“小五金”提供，他们向家庭手工业从业者提供原料并收购成品。下一个阶段标志着从家庭手工业到工厂制造业的过渡，商人开始引进劳动分工参与到生产过程。产品的加工仍然在家庭作坊里进行，但是那些干活的人变成了商人雇佣的“外包工”，此时商人可以称自己为制造商了，他们的组织分工明确，外包工小组一般只负责某部分专门化的生产。有些工作可以完全用手工完成，也可以借助于简单的手动机械工具来完成。最后一个阶段就是制造商用专业机器取代了那些专业化的外包工，这一点经常遭到工人的强烈反对。最终必然发展到使用动力驱动的机床来生产，换句话说，就是工厂制度。

17 世纪中期的伦敦制针师是“伦敦市制针者行业协会”的会员，为了获得会员资格，他必须在一位制针大师的眼皮底下手工制作 500 根针。曾有人提议用石头研磨的方式取代锉削法磨出针尖，但这个提议遭到伦敦制针师的成功抵制，后来他们的生意日渐萎靡，只好转移到白金汉郡和伍斯特郡的雷德迪奇，到了 18 世纪中叶，制针业才开始在这两处逐渐发展壮大，开始了从家庭作坊到工厂生产的过渡。劳动分工将外包工人分类为“软工工人”“锤子矫直工”“硬化工”“磨尖工”和“修整工”。最后两个工种逐渐从家庭作坊转移到小型工厂，因为工厂里的磨石和抛光机可以用水力驱动。

针尖是在天然石头上干磨的，这样做的后果很严重，大多数磨尖工人未活到中年就会死于一种肺病，该病被通俗地叫作“磨尖者的腐烂病”。两位分别名叫亚伯拉罕和艾略特的人道主义者试图在磨石上安装一种磁性的金属粉尘除尘装置——这是作者所知道的最早在磨石上使用除尘器的例子，但这些工人拒绝使用这种设备，理由竟然是，如果他们的行业变得安全的话，他们的工资就会减少。一位当地诗人是这样总结这一悲惨的状况的：

磨尖工使劲呼出一口气，痛苦地咳嗽个不停，

哎，这个要命的工作，似乎生来就注定英年早逝，

他谁也不怕，也不怕死；

他没有未来，挣来的钱都花光了。

然而，亚伯拉罕和艾略特却徒劳地希望科学能延长他脸颊上的花期，

但他并不能活下去！他似乎在匆匆忙忙走向墓地，希望从此不再有人打扰，

于是，三十二岁的，他就此遭遇了厄运。

抛光的方法是用细砂、软肥皂和水的混合物将相当数量的针包裹在一块硬麻布里，制成一个紧密的卷，称为“小包裹”，然后再把很多这样的包裹放在两块板之间来回滚动。如果用机器执行这一过程，则需要一个双层的工作台，这两块固定板都有等同的移动部分，在导轨之间往返运动，由水轮通过齿轮、曲柄、连杆和垂直固定连杆驱动。这种机器一直沿用至今，制针业的完全机械化进展缓慢。①

另一个热衷引进专业化批量生产方法的行业是木螺丝②制造业，因为在坯件上铿螺纹非常费时费力，所以木螺丝的生产很早就到达了完全机械化的阶段。1760 年，斯塔福德郡泰特希尔和特伦特河畔伯顿的怀亚特兄弟——约伯·怀亚特（Job Wyatt）和威廉·怀亚特（William Wyatt）二人申请了一项专利，声称他们发明了一种“切削

---

① 历史舞台上最后一台水力洗针机床是在雷迪奇，1958 年彻底停止使用，现在人们正在努力把它保存下来。——原文注

② 可以直接旋入木质构件（或零件）中的螺丝，通常为铁制，请区别于木质螺丝。

铁螺丝（通常称为木螺丝）的方法，比迄今为止所采用的任何方法都更好”。不幸的是，这个专利申请没有插图，但其文字介绍提到两种设计非常先进的特殊功能车床。用这些车床生产螺丝从锻造坯料到成品只需要三个步骤。第一台机器显然配备了某种形式的固定轮和滑动轮驱动。首先，将坯料先放入第一台车床主轴上的两爪卡盘中，旋转时用手锉修整螺丝头。接下来，当车床主轴停止旋转时，用旋转刀具切削刻痕。然后，通过第二台车床上的三爪卡盘为螺丝头部定心。然后，螺纹由固定在框架上的两个相对的刀具上切削，当它通过从动销与丝杠（称为“标准螺旋”）接合时，开始横向移动。

大约在 1776 年，怀亚特兄弟在泰特希尔收购了一个水力驱动的玉米磨坊，并将其改造成一个螺丝工厂。从财务角度看，这次投资很失败，后来作为一家持续经营的企业卖给了肖特霍斯伍德公司，后者在改进相关工艺后扩大了生产规模，并在附近的哈茨霍恩建立了第二家规模更大的工厂。1792 年，斯塔福德郡历史学家肖这样描述该工厂：

> ……在德比郡的哈茨霍恩……他们雇用了 59 名工人，平均每周生产 1200 罗[①]，使用 36 台机器或车床，水轮驱动，每台机器以极快的速度运转，每分钟切削 8—9 枚螺丝钉，在这么短暂的时间内，要停下来 18 次，或放入坯料或取出加工好的螺丝。螺丝有不同的型号，重量从每罗半盎司到 30 磅不等，孩子们在这儿干活每周可以挣到 1 先令 6 便士

① 罗（gross）是计量单位，1 罗是 144 个。

> 到 19 先令的工资。此次战争爆发之前，他们生产的速度赶不上出口；但每周能赚 100 英镑，现在在这个镇上有一个大仓库，储存了大约 4000 罗的产品；然而，销售仍然相当火爆。

该厂想必是历史上最早采用专用机床实现“大规模批量生产”的案例之一，此类工厂将技能融入机器，以至于儿童都能操作。怀亚特兄弟申请专利保护的方法后来虽然有所改进，但基本没有太大变化，直到 1854 年，约翰·萨顿·内特福尔德（John Sutton Nettlefold）在获得特许的情况下，在其位于伯明翰的螺丝工厂里装上了美国机床，用于生产现代使用的尖锥形木螺丝。

前文提到过，亚伯拉罕·达比发明了用焦炭炼铁的工艺，但这个历史性发现并没有对整个英国的钢铁工业产生立竿见影的影响。达比的发明使科尔布鲁克代尔成为新铁器时代的摇篮，他的成功很大程度上是由于在为钢铁厂选择厂址时表现出的精明。在科尔布鲁克代尔，煤和铁矿石资源近在咫尺，沿着山谷流下的河流为其提供水力，而从山谷脚下流过的塞文河提供了便捷的运输。在英国，没有其他地方能如此巧妙地将这么多有利因素融为一体。

尽管如此，科尔布鲁克代尔的烧炭炉起初仅用于生产生铁件。将生铁转化为熟铁必须在烧木炭的平炉精炼炉中进行，因此，这一过程仍然受制于木材短缺问题。此外，该行业对在精炼炉中使用焦炭炼铁有相当大的偏见，尽管科尔布鲁克代尔的经验证明这种偏见并没有什么道理可言。

独木不成林，由于上述原因，科尔布鲁克代尔的成功当时并未引起太大波澜。事实上，在达比的历史性发明出现后的 30 年里，英国国内的铁产量持续下降，到 1740 年，总产量仅为 7000 吨。然后才开始缓慢增长，直到 1780 年这个行业才开始了惊人的扩张。到 18 世纪末，产量达到每年 15 万吨，1820 年达到 40 万吨，1830 年达到 70 万吨。英国铁产量在 1780 年之后飞速扩展，主要归功于以下三个方面：亨利・科特（Henry Colt）完善了将生铁转化为熟铁的搅炼过程，开凿的运河为煤炭、钢铁大产区带来廉价的运输方式，以及蒸汽机在熔炉和轧钢机上的应用。

金属切削机床的发展历程与其原材料产量的扩大有密切关系。机床制造商之所以能够满足新铁器时代的需求，还要归功于冶金业的另一项发展，即坩埚钢（或称碳钢）在英国谢菲尔德被成功制造出来了。

中国人和印度人在公元前就掌握了制造坩埚钢的技术，但西方国家并不知道其中奥秘，直到 18 世纪中叶，英国才重新发现了生产坩埚钢的技术。所谓的乌兹钢，就是把锻铁和木头放在一个容量约为 1 磅的封闭黏土坩埚里，然后在一个小型锥形黏土炉里用皮制风箱吹几个小时的高温，一般都是小规模生产。这个过程就是碳化。著名的大马士革钢就是将一条条乌兹钢和锻铁拧在一起然后锻打融合形成的，托莱多也采用同样工艺。18 世纪中期以前，包括英国谢菲尔德在内的欧洲使用的炼钢方法是将铁锭放在马弗炉[①]中的颗粒木炭床上，并将其置于几天甚至长达一周的高温下，时间长短取决于所需的碳化程度。生产出来的钢材因其有气泡的外观而被称为“泡钢”，但以这种

① 又名“箱式炉”，在这种炉子中，被加热的材料与燃料和所有燃烧产物（包括气体和飞灰）隔绝。

方式实现的碳化只在表层，而且不均匀，因此它被做成其他产品时结果就变得不可预测，效果也经常令人不满意。

英国唐卡斯特有位钟表制造商叫本杰明·亨茨曼（Benjamin Huntsman），因为供应给他的钢簧质量非常一般，大约从 1743 年起，他开始了一系列自制钢材原料的实验，经过多次失败后，最终在 1746 年成功生产出了坩埚钢。起初，他继续干着生产钟表的老本行，只生产少量的钢材，但 1751 年，他在谢菲尔德的沃克索普路建造了一座工厂，开始大规模生产坩埚钢。亨茨曼遇到的最大困难是如何制造出耐受高温的坩埚。解决了这个问题后，他虽然没有申请专利，但也竭力不想让外界知道这个独家秘方。从现在看来，秘方终究是没守住——多年来，坩埚钢制造技术在谢菲尔德地区内，作为父子相传的秘方流传了下来。

本杰明·亨茨曼的技术发现在当时至关重要，原因很明显，因为无论是哪种金属切削机床，其效率绝对取决于实际用的切削工具完成工作的能力。事实上，我们可以说机床都是围绕刀具设计的，因为刀具的大小、进给方式和速度必然是由刀具的切削能力决定的。因此，正是亨茨曼的碳钢产品成就了早期的机床制造商，并对其产生了深远的影响。亨茨曼的发明之所以了不起还有一个原因，那就是它是完全凭经验自己摸索出来的。亨茨曼本人并不清楚为什么他生产的坩埚钢性能如此优越。直到 1820 年前后，卡尔·约翰·伯恩哈德·卡斯滕（Karl Johann Bernhard Karsten）才确定，判断生铁、熟铁和钢之间的区别要看它们的碳含量。直到 1831 年前后，尤斯图斯·冯·李比希（Justus von Liebig）才完善了测定钢中碳含量的精确方法。

铁加工业在英国扩张之前，拥有丰富木材资源的瑞典一直是欧洲的铁材生产大国，英国制造业中使用的熟铁有五分之四依赖于从瑞典进口。在此期间，瑞典产的铁享有与可与英国橡木媲美的声誉，在那个年代，每当需要制作质量和韧性都很好的熟铁制品时，肯定会特别注明，必须使用“最好的瑞典铁”。因此，我们有充分的理由认为，18 世纪上半叶，机床设计会在瑞典取得长足发展，但是缺乏相关证据，只因为有一个非常重要的例外推翻了这个结论。

这个例外是在瑞典人克里斯托弗·波尔海姆（Christopher Polhem）1710 年写的一份关于铁加工的手稿中发现的，该手稿目前保存在斯德哥尔摩。波尔海姆先讲解了用于轧制窄带钢和棒铁的轧辊是如何锻造的，然后写道：“此后，它们被放在一边儿准备车削。最好是通过一台由小水车驱动的车床来完成。切削刀具由一个方块固定，一个长丝杠推着方块沿着轧辊向前移动，轧制师傅用手控制。不过，也可以使用水轮来转动丝杠。”不幸的是，这台机器没有留下任何图片，但这一段文字描述非常符合一百年后英国研制出的重型工业车床。

波尔海姆接着描述了这种车床用的又长又重的丝杠是如何制造出来的。首先，使用已经流传多年的手工方法制作一个硬木材质的起模螺钉，用于生产更大直径螺纹的丝杠。① 然后，通过合适的联轴器和载体，将木制模型和丝杠毛坯工件首尾相连地放置在车床的转轴之间，以便它们可以一起旋转。波尔海姆称之为“长铁棍”的工具，一端固定有切削刀具，另一端有一个与起模螺钉啮合的随动件，被切削出工件的螺纹。这种方法一定是进行了多次轻切削，因为即使是最

① 在一些早期的火炮中，用于将炮管连接后膛的大直径螺纹是由这种木制起模螺钉铸造而成的。——原文注

坚硬的木材，重切削也会导致随动件损坏起模螺钉。丝杠最后需要安装在第二台车床上，在其旋转的时候用锉刀打磨，这样就完成了。最后，将丝杠进行热处理，淬火并回火。

瑞典炼铁厂使用的轧辊也经过了硬化处理，波尔海姆后来说，即使经过硬化处理，通过一种打磨装置很容易调整，这个打磨设备是他儿子加布里埃尔在 1737 年发明的。至于这个装置究竟是什么样子，同样没有插图，甚至连文字描述也没有，所以我们就不得而知了。

克里斯托弗·波尔海姆和他知名的学生伊曼纽尔·斯威登堡（Emanuel Swedenborg）都在欧洲游历甚广，然而没有证据表明前者描述的先进方法对瑞典以外的其他国家有太大影响。钢铁贸易在当时对瑞典经济的重要性不言而喻，所以，许多瑞典工程师把去其他国家（尤其是英国）访学当作自己的事业，他们兴致盎然地来国外学习科技的最新进展，获得了深刻的领悟。但是很显然，他们更关心的是向自己国家引进最新的思想而不是输出，这一点其实也符合常理。因此，与波尔海姆描述的机器相比，欧洲其他地方的重型金属车床此时仍然是一种非常粗糙的工具。

狄德罗的《百科全书》（1771 年版）里有一幅车削车间的图纸（图 2-8），上面展示了两台脚踏车床和一个重型金属切削车床，后者由一个大滑轮和一个更大的飞轮通过转动手摇曲柄驱动。抛开它块头很大这个简单的事实不谈，这台机器与传统的脚踏车床很难区分，尤其考虑到这个日期已经足够靠后。在这样的机床上车削铁器需要车工有相当大的肌肉力量和熟练的技巧。手工切削刀具大约 2 英尺 6 英寸长，这么设计主要是为了方便操作者将之牢牢地抓握在双手中，并在腋下夹紧。若想进行重切削，则需要使用钩子将刀具用来工作的那一端固定在刀架上（图 2-9）。在 18 世纪末第一代英国机床制造商真正崛起之前，在欧洲使用最广泛的机床就是这种类型。此类型机床唯一的先进之处是车床主轴轴承的设计，可以在不损失精度的情况下承受更重的负载。早在 1701 年，蒲吕米尔绘制的插图就显示，有的车床主轴用的是软金属（黄铜）铸造的可拆开式滑动轴承，早期还出现的有锥形轴承，或锥形与平行轴颈的组合，用来抵住轴向推力。

图2-8　一位车工的作坊，1771年
（来源：狄德罗,《百科全书》）

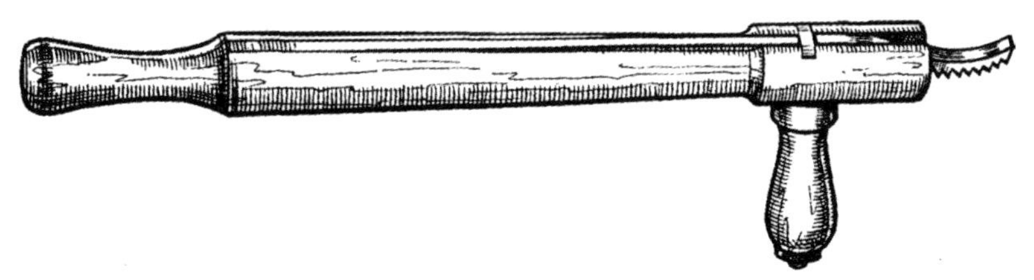

图 2-9　车床刀具，1771 年

必须强调一下，在当时的工业车间里，除了生产木螺丝用的那种小型专用机床，其他机床都不能进行端面车削，所有的车削都是在转轴之间进行的，① 最接近端面车床的是用于精细工具雕刻或机绘花纹的“玫瑰引擎”（用于车制曲线花样的车床附件）。狄德罗的《百科全书》曾展示过一台大型的车制曲线花样的车床附件，配有一个复式滑动刀架，刀架上既有凸状滑道也有螺旋滑道，外观看起来非常有现代感，与他画的车工作坊图形成鲜明对比，很难相信这二者竟然是同一时期出现的。但这位装饰性车工显然与工业加工车间没有任何联系。

现存最古老的重型工业车床是由雅克·德·沃坎森（Jacques de Vaucanson，1709—1782 年）于 1765 年至 1780 年设计的（图 2-10），目前存放在法国国立工艺学院。它完全摈弃了脚踏车床的传

图 2-10　沃坎森的车床，1775 年前后

① 根据吉尔平绘制的图纸，本章前面提到过伯舍姆镗床，上面的第二根轴也是由水车驱动。一些历史学家认为，第二个轴最初有一块面板，用于加工气缸盖，但这只是推测。我们知道，在能够把瓦特蒸汽机的气缸和缸盖成功焊接为一体之前，必须在现场进行大量的调试工作，由此可知，认为威尔金森曾使用过端面车床的观点根本站不住脚。——原文注

统，把刀具固定在横向移动的托架上，与波尔海姆的机床一样。这样做显然是为了确保更高的精度。该车床没有采用木制床身，它的全部组成部分都安装在一个巨大的铁框架内，其头架和尾架的外壳可以垂直或水平调整。由于需要进行垂直调节，所以框架比车床床身高出一大截，操作起来肯定很不方便。床身由两根 14 英寸见方的铁棒组成，铁棒都位于边缘，以便两个端面上的溜板刚好倾斜 45° 。这个功能非常重要，它说明，沃坎森深知棱柱形导轨的重要性，这种导轨不仅可以保护自己免受金属切屑的影响，还可以通过抵抗刀具的推力来确保更高的精度。托架由黄铜制成，通过手摇曲柄使丝杠穿过，它还有一个横向刀架滑座，不过进给螺杆没有转位。这台车床有点神秘，我们无法得知它是如何驱动的，转轴之间可进行非常有限的纵向调整，说明它很可能是为某种特殊目的设计的，大小应该可以容纳一个长约 40 英寸、最大直径为 12 英寸的工件，据猜测，设计这台车床有可能是为了给沃坎森的自动织布机加工滚筒。

沃坎森是一位远远领先于他所处时代的工程师。目前所知最古老的工业用成形旋转切削刀就是他发明的，他设计的车床尽管样子有点奇怪，但与以前的车床相比有明显的改进。紧随其后的是富朗索瓦·塞诺（François Senot），他 1795 年设计的螺纹切削车床采用了后置齿轮装置和工件架来抵抗刀具的推力，这个车床目前也存放在巴黎的博物馆里（图 2-11）。然而，这两位杰出的法国人还是无法改变历史的大趋势。时间来到 1795 年，英国开始了大规模的技术创新，瓦特改良的蒸汽机引发了一波又一波的创造性活动浪潮，迅速而革命性地改变了工厂的车间。

图 2-11　塞诺的车床，1795 年

第三章
早期的机床车间

1769 年 2 月，詹姆斯·瓦特收到了马修·博尔顿写给他的一封信，此时距离他们正式结成合作伙伴关系还有很长时间，博尔顿在信中简单描述了自己的想法，他这样写道：

> 我很乐意给予您帮助，这么做有两个动机：一是对您的爱，二是我本人也爱既能赚钱、又有创造性的项目。冒昧猜一下，您的蒸汽机要想达到最高水准，必须有一定的资本投入、非常精确的工艺以及频繁的信函沟通，而能保全您的声誉并让这项发明真正做到名不虚传的最佳手段是让执行部分不落入那些只凭经验行事的工程师手中，由于他们的无知、经验不足，再加上缺乏必要的便利设施，极易生产出工艺粗糙精度不达标的产品；所有这些缺陷都会影响本发明的声誉。为了避免这一缺陷，同时使利润达到最大化，我的想

> 法是在运河这边——我的工厂附近——成立一家新厂，我会在那里安装各种便利设施供您制造蒸汽机使用，然后我们携手，以这家工厂为总部，为全世界提供各种尺寸的蒸汽机。通过上述的方法，再加上您的协助，我们可以聘请一些优秀的工人（他们即将用上性能优良的工具，远比那些只为了生产一台蒸汽机购买的工具要好很多），给予他们相应的指导，这样，他们完成该发明的成本将比其他方式降低 20%，但其准确度提高的幅度之大犹如铁匠和数学仪器制造商之间的差异。如果只是为三个郡生产就不值得我大费周折了[①]，但如果是面向全世界，我认为还是非常值得的。

马修·博尔顿经常故意说起，他自己并不是一名工程师，也许正是这种超然事外的态度使他能够如此敏锐地对当时的形势做出正确的评估。写这封信时的他甚至还从未见过瓦特的蒸汽机，所以，能写出这样一封信就更显得他眼光独到；事实上，当时瓦特仅刚刚开始在金尼尔建造他的第一台蒸汽机。作为一个商人和实业家，博尔顿在他那一代人中确实无人能及。工业历史学家很容易马后炮地指出某个特定时期的技术缺陷，想象补救方案；但在当时那个年代，除非是罕见的天才，否则很难做出同样准确的判断。当时只有博尔顿一个人意识到瓦特的发明有多重要。这也意味着，自 1712 年纽科门制造出他的第一台蒸汽机以来，集运输、安装、拆卸、修理等机械技能为一体的工匠大师们在工程领域占主导地位的日子已经屈指可数。而彼时，瓦特

① 罗巴克曾向博尔顿提议，授予他有限的特许权，为斯塔福德、沃里克和德比三郡制造蒸汽机。——原文注

的蒸汽机所要求的高精度标准只有配备机床的大规模商业生产工厂才能达到。

1775年，当博尔顿－瓦特公司向议会申请将瓦特的蒸汽机专利延长至1800年时，他们提供的一条重要论据就是其为建造生产蒸汽机的工厂要耗费巨大的开支。然而，博尔顿设想的大型工厂直到1795年才开始动工。在此期间，蒸汽机的生产和安装仍在按照传统的方式进行——当时，所有蒸汽机都需要在现场安装，整个过程包括大量的装配工作，所用的简单部件一般在本地生产，更重要的零件是从外部供应商那里订购的。此外，订购方负责整个操作过程，博尔顿－瓦特公司只派遣一个人作为顾问到现场监督设备的安装，公司的声誉被捏在这些工头和安装人员的手中——机器时不时会出现严重的技术故障，而完全能解决这项工作的人却少之又少。

在那个年代，运输大件货物困难重重。重型工程用材一般倾向于在材料的原产地附近建造高炉进行加工。正是因为这个原因，第一批有名的钢铁厂，比如科尔布鲁克戴尔、卡伦和伯舍姆，这些工厂也是重型机床的第一批建造者和使用者，这一点我们在上一章中有介绍。威廉·杰索普（William Jessop）和本杰明·奥特拉姆（Benjamin Outram）于1790年在德比郡创立的巴特利公司是同类型非专业化大型工业联合体的另一个著名例子。虽然这种模式持续存在，但博尔顿的索霍制造厂里专门用于蒸汽机生产的空间和厂房确实非常有限。蒸汽机铸件的所有模板都是在索霍制造厂制造的，但从一开始，那里制造的都是些要求最高水准的加工精度和安装技能的零件——阀门、阀门室和阀门装置的某些零件。这些零部件都是用威尔金森的布拉德利工厂提供的锻件和铸件生产的，由于这些都是小零件，这种更专业的生产方法不会存在运输困难问题，也不会给工厂带来沉重的资金支出。我们了解到，索霍制造厂的第一个蒸汽机车间由两个铁匠用的炉膛、一个装配台和一台车床组成，后来又增加了一台车床和一两台钻床。这些都不是重型机床，因为工作性质不需要重型工具。

博尔顿（本章开头）书信中提议在伯明翰运河边上建造的新工厂便是26年后的“索霍铸造厂”，伯舍姆钢铁厂的关闭加速了它的建成（图3-1）。接下来的几个月里，博尔顿 & 瓦特公司也曾试图找其他工厂生产蒸汽机用的汽缸和其他零部件，但遇到很多困难，这足以证明，威尔金森和他的竞争对手相比有很大领先优势。只有科尔布鲁克代尔公司的产品能达到博尔顿－瓦特公司的严格精度标准，但这个公司没有多余的产能来满足他们的全部需求。这个时期，科尔布鲁克代尔公司曾给博尔顿－瓦特公司写了一封信，是关于为后者加工的蒸汽机活塞，信中提道：活塞的尺寸“接近6.5英寸或

图3-1　博尔顿和瓦特的索霍铸造厂，英国伯明翰

64.125/10.000”。但是，我们不要把这个作为其加工精度的证据，因为即使是测量，该公司都不太可能精确到如此极限，更不用说把产品加工到这种程度了。他们这么写很有可能只是为了给一个重要的新客户留下深刻印象。

博尔顿 - 瓦特公司之所以决定新成立一个蒸汽机工厂还有许多其他原因。瓦特成功发明旋转式蒸汽机后，为重型机床提供动力的问题已经不复存在。长期以来，工业发展严重依赖于水力，现在这种依赖也结束了，再加上英国开凿了几条新运河运输系统，工厂老板在选择厂址时有了更多自由。因此，对旋转式蒸汽机的市场需求越来越大，而旧的厂房已经无法满足这种需求。总之，新蒸汽机设计出来后，以前的厂房设备过时了。早期的非旋转泵送蒸汽机是安装在蒸汽机室内，车间本身也是蒸汽机结构的一部分，而旋转式蒸汽机则不然，瓦特的旋转式蒸汽机是一个独立的个体。他们售出的第一台瓦特双动旋转蒸汽机先是在索霍制造厂内完成组装和测试，然后再拆装后发送给客户，此时才算是真正开始生产现代意义上的蒸汽机。后来，因为市场对蒸汽机的需求日益扩大，博尔顿 - 瓦特公司无法满足全部需求，所以此时出现了不少竞争对手，他们无视瓦特的专利垄断，也开始大肆进入蒸汽机制造业。博尔顿和瓦特这对合伙人清楚地认识到，他们的龙头企业必须做好充分准备，1800 年以后专利保护就失效了，只要没有限制，必定会迎来更多的竞争对手。

索霍铸造厂于 1795 年夏天开工，1796 年春天完工的时候，他们举办了一场大型庆功午餐会，约有 200 名宾客参加。这个大事件确实值得庆祝，因为它代表着一个全新类型的工业聚集，世界上第一个重型工程机床厂就在此时此地诞生了。据我们了解，新工厂分为：钻孔车间、重型车削车间、喷嘴车间[①]、装配车间、平行运动和工作设备车间、轻型装配车间、模具车间、铸造车间、铁匠铺。

不幸的是，这些具有历史意义的车间竟然没有留下任何相关图纸或插图，没有人知道它们最初建造时究竟是什么样子，也没有留下任何有关的文字描述。1895 年，索霍铸造厂最终被拆除，当时《工程师》杂志上发表了一系列文章讲述该厂的重型机床，不用说，拆除的时候这些机床已经成了人们眼中的老古董，因此引起了极大兴趣，但文章没有提到机床的最初安装时间。显然，里面的重型机床都是庞然大物，就像早期的游梁式抽油机一样，是“内置”在容纳它们的建筑里的。也可能是这个原因,《工程师》杂志上系列文章的作者就此简单地推断，这些机器自铸造厂建成之日起就一直在那里。事实上，这些机型具备的某些功能是 19 世纪二三十年代才出现的，真相很有可能是，这些功能的出现意味着工厂对早期的机床做了某种改进。对于大型机床来说，完善某些功能要比报废旧的彻底换新来得更容易。

有篇文章特地提到一台立式镗缸机，这是唯一一台在铸造厂成立之初就存在的机床，由彼得·尤尔特（Peter Ewart）设计，用于在砌石坑中工作。博尔顿 - 瓦特收藏馆至今仍保存着这台机床的图纸。与威尔金森设计的带有内部齿条进给的空心杆不同，尤尔特的设计是一个实心杆和两个外部齿条进给杆，连接在切削头上的一个松动环上。图纸显示，小齿轮与齿条啮合，但是没有进一步的细节显示进给

① “喷嘴”是阀箱组件,“喷嘴车间”指的是阀动传动装置。——原文注

的方法是手动的还是自动的。如果说尤尔特的镗缸机确实存在过，那肯定也不是安装在索霍铸造厂内。但是由于某种原因，情况发生了变化，取而代之的是一台卧式镗床。此镗床 1796 年 12 月正式投入使用，但表现不太令人满意，普遍认为是因为镗杆太轻了。1798 年，多年来一直是公司得力助手的威廉·默多克（William Murdock，图 3-2）被从康沃尔召回到伯明翰，负责铸造厂的日常运营，默多克此后引进了许多改进措施。1799 年 5 月，公司建造了一个新的更重的镗床，镗杆由洛穆尔钢铁厂提供。质量重达 34 吨，1895 年在索霍铸造厂发现的那个废弃镗杆很可能就是这个。如果事实果真如此，可以看出这根镗杆是中空的，长 17 英尺 6 英寸，直径 16 英寸，厚 4 英寸。据推测，它最初是通过某种形式的齿条进给安装在切削头上，但是有些文章认为发明丝杠进给的并非默多克。

图 3-2　威廉·默多克

这台巨型镗床加工的第一个工件是一个 64 英寸的汽缸，其操作过程被完整保存了下来，该记录表明了这项工作是多么费时费力。记录如下：

接好机器并上车，四分之三天；

给工件对中心并固定，一天半；

端面车削，半天[①]；

设置切削刀具，半天；

镗孔，十一天半；

准备第二次加工，一天；

镗孔，八天半；

端面车削，一又四分之一天；

扩张喇叭口，一天半；

下车，一天。

总计 27 个工作日。

默多克为这台机器配备了蜗轮蜗杆传动装置。蜗杆是三头螺纹螺丝，螺距 2 英寸，而安装在镗杆轴上的蜗轮是木制的榫齿。事实证明，这种驱动方式非常有效，操作起来声音很小，没有咯咯作响的声音，也没有齿隙。因此，卧式和立式镗床都采用了这种驱动装置，后来安装的重型车床也是，直到 1895 年还在使用。

现在可以花点时间描述一下 1895 年时索霍铸造厂仍在使用的那台卧式镗床（图 3-3），当时《工程师》杂志上也有相关介绍，尽管这台镗床的建造日期较晚，但与第一台镗床非常相似，不同之处在于它采用

---

① 汽缸的端面是通过镗杆上的特殊附件按照下面的方法加工的。它由一个带有刀架的机械臂组成，刀架可以沿着机械臂自由滑动。刀架被一根丝杠穿过，丝杠的顶头处连接在一个六臂星形轮上。星形轮通过安装在机床底座上的钟锤带动丝杠旋转，镗杆每转一圈，丝杠转动六分之一圈，从而为端面车刀提供自动进给。索霍铸造厂有一个这样的端面车削附件留存了下来，在第 23 卷的《纽科门学会会报》有相关描述和说明（《索霍铸造厂的一些车间工具》，作者为 W.K.V. 盖尔）。这个附件的丝杠每英寸有 10 个螺纹，因此镗杆每转一圈，刀具前进 1/60 英寸。这种我们现在称之为“星形进料”的星形轮至今仍在使用。——原文注

图 3-3　索霍铸造厂的卧式镗缸机
（来源：《工程师》杂志）

的是丝杠自动进给的方法。图片显示的是一个节圆直径为 4 英尺 10 英寸的大型榫槽蜗轮，被安装在短传动轴上的两个轴承之间。蜗杆在地板下面，是看不见的，但可以看到驱动滑轮的蜗杆轴顶部在站立的人后面。镗杆的从动端装在第三个轴承中，通过一个方形联轴器连接到短传动轴。插图还显示了汽缸的两个可调节支架，以及用来固定汽缸的两条拉系杆中的一条。为了通过移动滑轮组将汽缸运到机床上，镗杆可以在从动端附近用千斤顶支撑住，并拆除用以将尾轴承固定到其支撑块上的固定销。然后，后者可以在所提供的辊子上侧滚动出来。按照辊道的设计，当支撑块恢复到适当位置时，它会稳固停止在下面的板上，支撑块底面上的塞子刚好插入板上的插槽里，如此可实现找平找正。

虽然这个镗杆是空心的，但丝杠的布局不是轴向的，而是在镗杆侧面的槽中运行，切削刀头的滑动键也定位在这个插槽里。丝杠通过行星齿轮传动链，再由杆轴上的太阳轮驱动，使其可以在其主轴上滑动，如果是端面车削就用慢速手动进给，如果是把切削刀头抬到工作位置，则采用快速的手动横移。

后来索霍铸造厂又建造了一台大型立式镗床，该镗床采用了同样的蜗杆传动和螺旋进给方式，用于较重型的工作。1854 年，就是用它为布鲁内尔设计的巨型油轮“大东方”号的螺旋发动机镗了四个汽缸。这台发动机是完完全全在索霍铸造厂建造的，是当时世界上功率最大的发动机，将近 2000 匹马力。每个汽缸孔的直径为 7 英尺。

遗憾的是，关于索霍铸造厂最初安装的其他机床的信息非常有限。最早的参考文献是 1801 年 12 月撰写的一份清单，其中包括一些非常简短的细节。关于制作这份清单的原因，业界普遍认为是威廉·默多克当时正在考虑对皮带轮驱动中间轴或单个真空发动机进行改造，内史密斯后来是这么认为的。由于到目前为止几乎没有新增，这份清单可以让我们了解到这个开创性机床车间里都有哪些设备。清单内容如下：

1 号大型钻机，一种直立式钻机，便于放入和取出齿轮和滑动插座。当前速度约为每分钟 8 转。拟定速度每分钟 8 转。

2 号小型钻机，也是直立式钻机，与上面的 1 号钻机一样方便。当前速度为每分钟 50 转。拟定速度每分钟 75 转。

3 号大型车床，带顶尖和支座（卡盘？）[①]。当前速度为

① 此处原文为“chock”，疑为“chuck”。

每分钟 3 转。拟定速度每分钟 2~18 转。

4 号活塞杆车床，带主轴和固定顶尖。当前速度为每分钟 18、38、60 转。拟定速度每分钟 18、30、50、80 转。

5 号喷嘴车床、主轴和固定顶尖。当前速度约为每分钟 65 转。拟定速度 18、50、70 转。

6 号和 7 号平行运动车床、主轴和固定顶尖。当前速度约为 65 转。拟定速度每分钟 18、50、70 转。

8 号和 9 号车床，上部配件车间；主轴车床和止点在同一个颊板上。当前速度为每分钟 88 转。拟定速度每分钟 18、50、80、120 转。

10 号小型车床。拟定速度每分钟 200、300 转。

11 号研磨机。

12 号制模机车床，速度每分钟 220~300 转。

13 号蒸汽套管钻机。

这份清单引发了许多疑问，但至少有一点很清楚，那就是其中 4 台车床安装的是特殊用途的切削刀具，专门用于加工瓦特蒸汽机的特定部件：活塞杆、喷嘴（气门室）及瓦特著名的平行运动连杆。我们非常想了解关于“3 号大型车床”的更多资料，但只知道它的运转速度非常缓慢，说明它可能是一台用于加工大齿轮和飞轮的大型端面车削车床和镗床，然而描述里关于中心的说法似乎又否决了这个判断。1895 年，索霍铸造厂有一台巨型端面镗床，很多人认为它的历史甚至比铸造厂更古老，是从索霍制造厂运到那里的。其实不太可能，如果这个传言有点可信度的话，只能说明这台车床在很久以后的某个时间进行了全面重建，安装了后齿轮主轴箱和 5 个滑动支架，通过丝杠自动进给。1895 年的另外一台重型端面车床具有典型的默多克蜗杆传动特征（图 3-4），蜗杆与轴制成一体，尽管它有一个复式滑动刀架，螺杆移动靠中心轴上的皮带轮带子驱动，但它可能比其同类型的机器更接近 1801 年的 3 号车床。

图 3-4　索霍铸造厂里一台具有默多克蜗杆传动特征的重型端面车削车床（来源:《工程师》杂志）

我们对清单中小型车床的设计一无所知，但似乎可以肯定的是，为了使加工出的活塞杆和阀箱等零件达到足够的精度标准，刀具必须固定在某种特定形式的刀架上。如果是这种情况，那么，加上镗床的证据，我们应该猜到齿条是纵向移动的，很有可能用了一根小丝杠提供手动横向进给。关于这一点，必须特别指出的是，威廉 · 巴克尔在 1824 年或 1825 年被任命为索霍铸造厂的经理，大家通常都认为是他引进了第一台大型螺旋切削车床。因此，当镗床和其他重型机床首次采用大丝杠时，它们必须通过其他方式生产。一个标记详细的纸样板贴在轴上，螺纹的样板划线用手动冲压机刺穿到金属杆上。然后用锤子和凿子费力地在上面切出螺纹线条，直到螺纹达到足够的深度可以用来做引线。然后在装有可调节刀具的铁盒内的螺纹上铸造一个金属螺母，这样就形成了一个大的压模螺母。将轴垂直安装、压模螺母固定好后，6 个人通过绞盘杆旋转螺旋轴，这样可以将螺纹切削到其最终深度。

1895 年的另一幅插图展示了两台钻机（图 3-5），它们安装在

图 3-5　索霍铸造厂的两台钻床，其中一台是蜗杆传动
（来源：《工程师》杂志）

用铸铁柱支撑的巨大木梁框架中。据信它们已经有 100 年的历史了，很可能是 1801 年那个清单上的 1 号和 2 号机床。较大的那个采用的是我们熟悉的蜗轮传动，其设计与镗床类似，钻头插口在带齿条进给的杆上滑动。较小的那台钻机有一个 21 英寸见方的主轴，主轴在一个由斜齿轮旋转的中空传动轴内滑动，主动轮有木制的榫齿。如图所示，可以通过绳索滑车、高架滑轮和绞盘升高、降低主轴或提供进给。如果这台机器确实是最初安装的一批机床，那么后来肯定又添加了阶梯滑轮驱动装置，因为清单上列出的机型是单速的。

图 3-6　马修 · 默里

博尔顿 & 瓦特公司在蒸汽机制造领域遇到的第一个也是最强大的竞争对手是马修 · 默里（Matthew Murray，1765—1826 年，图 3-6），他在利兹的工程机械业务增长幅度与索霍铸造厂的时间一致。1795 年，默里与一位名叫大卫 · 伍德（David Wood）的合伙人在利兹的霍尔贝克创立了格林工厂，立刻大获成功，第三位合作伙伴詹姆斯 · 芬顿（James Fenton）向工厂又注入了一笔资金，很快默里就在霍尔贝克的露营场地盖了一个新工厂，这就是日后鼎鼎有名的圆形铸造厂（图 3-7），其声誉很快就与索霍不相上下。该工厂规划时就设定了雄心勃勃的目标，规模宏大，尽管第一批车间早在 1797 年就已经投入使用，但以其名字命名的圆形建筑直到 1802 年才完工。

默里是一位杰出的工程工匠，务实的本性与非凡的发明天赋在他身上完美地融合为一体。由于得益于他的天才和灵感，圆形铸造厂很

图 3-7　马修·默里的圆形铸造厂，英国利兹

快就生产出了优质的产品，甚至连他的竞争对手索霍铸造厂都无法与之相比。1799 年，威廉·默多克在索霍铸造厂一个工头的陪同下参观了圆形铸造厂，这位工头名叫“亚伯拉罕·斯托利”，之前在伯舍姆钢铁厂工作。他们在圆形铸造厂受到了热情款待，慷慨大方的默里自豪地向他们展示了自己的工厂，丝毫没有怀疑这次看似友好的参观任务实际目的竟然是为了刺探他的技术秘密。事实上，他的一名员工被索霍铸造厂收买了，是该公司的商业间谍。后来，默里试图回访索霍铸造厂，但被粗暴地拒绝进入，此时他才意识到自己是如何上当受骗的。从此之后，这两个开创性企业之间的竞争变得极其激烈，没有任何回旋的余地。

非常不幸的是，1872 年，一场大火烧毁了这座著名的圆形建筑。这里曾是默里的机床车间，他存放在那里的所有的记录和图纸都在大火中灰飞烟灭。因此，默里对机床发展历史的贡献很难评估。然而，无可争议的是，即使默里不是第一个为了销售目的而生产工程机床的人，他应该也是最早这么做的人之一。博尔顿和瓦特，以及伯舍姆和科尔布鲁克代尔的工厂的前辈们，设计、制造机床的目的仅仅是为了他们自己工厂使用，而默里在充分装备了自己的工厂后，开始为国内外的客户制造机床。

默里曾设计了一款非常成功的蒸汽机，他在生产时引入了 D 型滑阀，为了加工这种滑阀的表面，他在圆形铸造厂设计并制造了一台刨床。塞缪尔·斯迈尔斯（Samuel Smiles）向默里公司的一位老员工询问了这台机床的有关情况，收到了以下回复：

> 我记得很清楚，甚至安装它的框架我都记得。这台机床没有申请专利，像当时的许多发明一样，它被当成一个秘密尽可能地不为外传，机床单独锁在一个小房间里，普通工人根本无法进入。据我所知，如果我没记错的话，它被投入使用的那一年，任何类似的刨床都还远远没有出现。

显然，默里对这台机床的保密工作做得很成功，他似乎从未给别的工厂生产过，索霍铸造厂的间谍也未能撬走这个机密。因此，关于这台机床的细节就无从知晓了。

其中两种类型的镗缸机能找到详细资料和插图，都是采用默里设计的正向自动进给。第一种有两个齿杆，齿牙向内，穿过齿杆侧面的插槽，与镗头上的环形轴承连接。这些齿杆延伸超过杆的端部，延伸程度等于镗孔头的移动距离。在这儿，它们与一个固定在轴向轴上的短蜗轮啮合。该轴向轴安装在外伸支架轴承中，并通过滑动轴承支撑齿杆的两端。蜗轮轴由镗杆末端小齿轮上的齿轮系提供自动进给。

默里设计第二台机床时用单根丝杠代替了双齿条（图 3-8）。丝杠连接到一个固定有镗孔头的实心杆端部。丝杠上的螺母由杆上的减速齿轮驱动，按照设定的进给速度，螺母以大约杆速的 1/8 速率相对向后旋转，杆每旋转一圈进给 0.065 英寸。在这种设定下，当进给接合时，带有固定镗孔头的整个杆通过其轴承和驱动轮滑动。

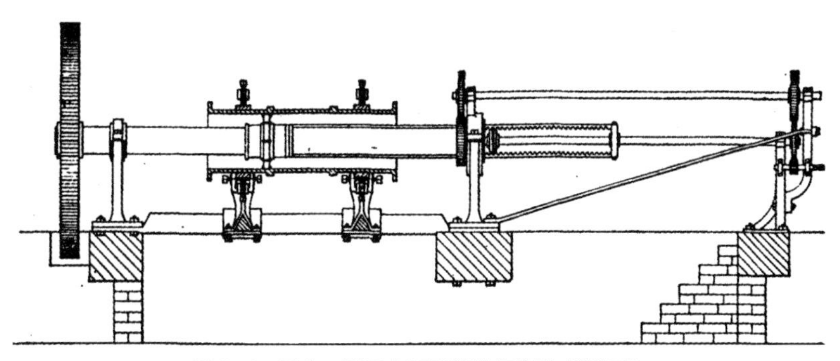

图 3-8　马修 · 默里在圆形铸造厂的卧式镗缸机
（来源:《工程师》杂志）

这两种设计效果都很好，唯一的缺点是长度过长。默里曾将他设计的这种类型的镗缸机销售给他朴次茅斯的朋友西蒙 · 古德里奇（Simon Goodrich），以及在法国夏约和圣昆廷的几家机械工程厂，那里的人非常看重这些产品，是该国仅有的此类机床。可以肯定的是，默里自己的工厂里还有第三种设计更紧凑的镗床，其丝杠位于杆内或杆旁，并改进了滑动镗孔头。小詹姆斯 · 瓦特（James Watt Junior）在 1802 年给他的合作伙伴马修 · 罗宾逊 · 博尔顿

（Matthew Robinson Boulton）[①] 写了一封信，信中谈到了这台机床："切削刀头是由一个无头螺钉沿着镗杆向前推动的。我们必须采取类似的方法。"这证明，1802 年时，齿条进给仍然是索霍铸造厂的惯常做法，英国首次在重型机床上引入丝杠的这项重大进步似乎应该归功于马修·默里，尽管在此之前，伍尔维奇兵工厂的安德鲁·沙尔克可能已经使用过这种方法，我们已经了解到这个事实。那两家在索霍和霍尔贝克青史留名的机床厂带来的成果和影响力是巨大的。他们为工程师制定了一个全新的标准，并迅速被广泛效仿。几乎是在一夜之间，他们改变了蒸汽机的外观，将这个粗鄙简陋、体型笨重的木材和"黑色"铁制品变成了一个优质金属部件精密有序组合的结构。既然新铁器时代的工程师们已经赢得了对材料的控制权，那么，工业活动的各个领域取得异常快速的技术发展就指日可待了。世界上第一台获得商业成功的蒸汽机车就是圆形铸造厂的杰作，这绝非偶然，默里的工厂具备完成这项任务的工具和能力。

这两家工厂都成了工程师们的学校，他们将自己学到的技术传播到了世界各地。1843 年，当芬顿默里和伍德公司倒闭时，圆形铸造厂落入了机床制造商"史密斯 & 比考克 & 坦尼特公司"手里，克虏伯兄弟（德国埃森市克虏伯工厂的创始人）就是在这家著名的机床生产厂接受的培训。该机床生产厂将默里的传统方法延续了下去，直到 1894 年最终关闭。

---

① 小詹姆斯·瓦特和马修·罗宾逊·博尔顿分别为詹姆斯·瓦特和马修·博尔顿的孩子。

第四章

亨利·莫兹利：让金属切削成为一门艺术

发明的优先权问题之所以经常成为激烈争论的主题，根本原因在于，任何一项历史性的发明从来都不是完全原创的。发明天才的作用就是把他迄今为止可能不知道的一些迥然不同的要素融合在一起，使之成为一个有代表性并且可持久耐用的新事物。就人类使用过的机床而言，这就是亨利·莫兹利的作用。正如前面的章节所述，现代车床的所有基本要素早在莫兹利的时代之前就存在了，但正是他的天才和精确的工艺水准将这些要素进行了提炼、组合和有序排列，最终形成了一个无比精巧的机床，其娴熟的精度为后人树立了非常好的榜样。

亨利·莫兹利（1771—1831年，图4-1）出生于伍尔维奇，从12岁开始，他就受雇于伍尔维奇皇家兵工厂，刚开始干的是搬运火药，然后去了木工车间，最后在锻造车间工作，此时，他在金属锻造

图 4-1　亨利 · 莫兹利

图 4-2　约瑟夫 · 布拉马

方面的非凡才能很快使他名声远扬。直到有一天，连约瑟夫·布拉马（Joseph Bramah，1748—1814 年，图 4-2）都对他的天分有所耳闻。布拉马是约克郡人，非常善于创新，他在伦敦圣吉尔斯的丹麦街有一个作坊，他就在那里生产他独立研发的专利抽水马桶，莫兹利刚开始给他打工时年仅 18 岁，此时布拉马正在努力解决专利锁的相关问题。

H.W. 迪金森（W.H.Dickinson）在一篇关于约瑟夫·布拉马这项发明的论文[①]中描述了这种构思精巧的锁具的工作原理，描述如下：

> 根据最初申报的这项专利（1784 年 4 月 23 日，第 1430 号专利），布拉马发明的钥匙呈细管状，顶部纵向开出几个槽口，通常是 6 个，槽口的深度各不相同，圆筒芯内呈辐射状分布的纵向槽沟里是相对应的滑板，滑板向下压弹簧从而

① 引自《约瑟夫·布拉马和他的发明》，《纽科门学会会报》，第二十二卷，1941—1942 年。——原文注

到达预定的平面；这使得钥匙可以转动圆筒芯，并使其能够通过曲柄销一下子把插销插上。钥匙上的钻头可以决定钥匙被推入的深度。

跟之前已经存在的所有锁具相比，布拉马的发明代表着一个质的飞跃，但这套锁具组件有些复杂，能否成功地将其组装起来取决于工人是否具备高度精湛的技术水平。锁具的原型已经手工制作出来了，效果也令人满意，但组装过程需要的劳动工序非常烦琐，所以，布拉马清楚地意识到，如果按照这种方法进行生产，他的发明永远不可能获得商业意义上的成功。在他雇用莫兹利（1790 年）之后的 12 个月里，这套安全锁就完全实现了机械化生产。在此期间，为了更方便机械生产，锁具的某些设计细节做了修改，但其核心工作原理保持不变。工程师兼作家约翰·法瑞（John Farey）当时是布拉马的密友，1849 年，回想起布拉马的制锁机器，他写下了下面的文字[①]：

他的秘密作坊……里面有几台稀奇的机器，用来制造锁的零件，它们的工艺水平趋于完美，在当时类似的机械工艺中闻所未闻。这些机器是已故的莫兹利先生亲手制造的，当时他还是布拉马的得力工匠……前面提到的机器做了改造，用于切削圆筒芯内的凹槽，以及在钢板上切出槽口……钥匙和钢滑板上的凹槽用其他带有螺旋千分尺的机器切削，以确保每个钥匙上的凹槽与滑板的开锁凹槽一致……螺旋千分尺

① 引自狄金森,《土木工程师学会学报》，第九卷，1849—1850 年，第 331-332 页。——原文注

> 的设置是通过一个系统来调节的，该系统必须确保后续生产出的钥匙的凹槽排列方式各不相同，绝对不能生产出两个一模一样的钥匙。布拉马先生认为他的安全锁能够成功归功于这些机器，发明这些制锁机比发明锁本身耗费了他更多的精力。

在本书第二章中，我们见证了怀亚特兄弟是如何将机械化生产方法首次应用于单一部件木螺丝的生产的。现在，布拉马和莫兹利把同样的原理又推进了一个台阶，他们把机械化生产首次应用到一个复杂组件的几个不同零部件上。从表面上看，法瑞的说法似乎意味着这些都是布拉马想出的创意，而莫兹利只是把布拉马的想法变成了现实。但是，鉴于莫兹利后来取得的巨大成就，我们倾向于将这个具有历史意义的发明主要归功于他。这是有原因的，我们都知道，尽管布拉马在 1784 年就为他的安全锁申请了专利，但他在商业生产方面并未取得任何进展。直到 6 年后，在莫兹利进入布拉马的工厂工作后，局面才有了改观，这一点意义重大。它表明，虽然这些创意很可能是由布拉马构想出来的，但最终将这些概念转化为可用的机器完全是因为莫兹利本人的实操天赋和高超工艺水平。

在这众多具有历史价值的工具中，只有 3 种有幸流传下来，现在保存在伦敦科学博物馆内。第一种是用于在锁芯柱内切削槽口的弓形锯，锯弓在可调节的 V 形滑板内移动，由双手杠杆手动操作。等待切削的锁芯柱被安装在一个夹具上，该夹具可以通过一个长杠杆将锯抬起，并且可以进行分度，分别切削出 4、5、6、7、8、10 或 12 个槽口。第二种工具是快速抓握虎钳，类似于一对大钳，手柄通过滑板打开关闭。它安装在一个有钩的十字滑轨上，方便安装在车床上使用。该夹具的目的是在旋转刀具给金属插销开槽时固定住锁的盖子，旋转刀头安装在车床顶尖端之间的柄轴上。怀亚特兄弟和沃坎森之前都曾用旋转刀具开槽螺钉头。布拉马和莫兹利使用过的刀具中，有5种保存至今，这些刀具看起来和它们的前身一样，其实就是我们称之为旋转锉的刀具，与齿铣刀明显不同。因此，将这种操作描述为铣削会误导现代的读者，但是它们确实代表了铣床概念的萌芽。

这一系列工具中，现存的第三台机器是用来缠绕螺旋钢锁簧的，因此不在本书的讨论范围之内。之所以顺便提一下它是因为它利用了螺旋切削车床的原理，因此在后来的发展中具有重要意义。弹簧钢丝的线轴安装在一个带V形滑轨的托架上，一根从主轴箱驱动的丝杠从中穿过。主轴箱在两个顶尖端之间有一个柄轴，当线轴移动时，弹簧钢丝在拉力下缠绕到柄轴上。机器还为丝杠传动装置提供了一个单独的替代齿轮，如此可以使两种不同线圈节距的弹簧缠绕在上面。这台机器通过脚踏板和飞轮驱动。

这些专门的制锁机器出现之后，1794年，布拉马发明了他“独创的集滑动架和滑动头于一体的滑动工具”（图4-3、图4-4）。这个描述中的术语“滑动头”非常有误导性，因为该设备实际上是把滑动架和具有死顶尖的尾座合为一体了，是一个真正意义上的复合刀架，可通过手动丝杠进行纵向移动和横向进给，但因为它位于尾座后面，所以横向滑块位于最下面。它上方的纵向托架上设有象限和锁紧螺钉调节装置，以便进行锥形车削。松开锁紧螺栓，托架的上部就可以前进到工件旁边的位置。它支撑着一个正方形截面的杆，杆安装在最上面的边缘处，刀架在丝杠的作用下在杆上滑动。

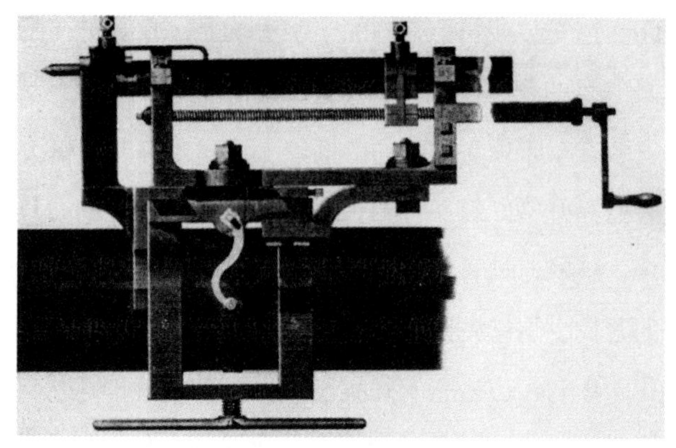

图 4-3　布拉马的专利滑座，侧面视图，1794 年

图 4-4　布拉马的专利滑座端视图，1794 年

像它的前身一样，这个装置显然也是布拉马构思然后由莫兹利以前所未有的精度经过精细加工创造出来的。将滑动刀架安装在车床尾座后面的想法看起来非常不明智，甚至可以说有点任性，这种设计从根本上来说很不稳定，因为刀架一般安装在远离其支撑中心的位置。但很明显，布拉马这么设计的目的是生产出一种转换装置，可以将之安装在现有的手持式车床的床身上，代替以前的尾座。因此，尽管

有明显的缺陷，但它毕竟在手工工具架方面做了很大的改进，所以，在整体设计方面更合理的车床问世之前，这个装置很可能销售量也不错。

到1797年的时候，莫兹利已经忠心耿耿地为布拉马工作了8年，此时的他已经结婚，孩子都还非常年幼，于是他请求布拉马给他涨薪，布拉马却不假思索就拒绝了他。因为此事，莫兹利离开了他的雇主，在离牛津街不远处的韦尔斯街开了一家小店铺，开始自己创业。拒绝莫兹利是布拉马的一大损失，但有一点必须给予他充分的肯定，因为他充分利用一个伟大工匠的杰出才能去解决了机床发展过程遇到的一些问题。正是因为他，莫兹利给机械工程行业带来了更高的精度标准，当时这种精度一般只有科学仪器制造商才能达到，应用范围非常有限。

就在他离开布拉马后不久，莫兹利生产出了他的第一台代表性的螺纹切削车床（图4-5），这台机床现在也保存在伦敦的科学博物馆里。床身由两根三角形的杆组成，说明它的设计者非常欣赏沃坎森最早使用的棱柱形导槽的优点。可调节尾座和用于抵抗工具推力的座位靠背——塞诺以前使用过这种方法——可以根据需要固定在其中一个导槽上。这并不意味着莫兹利熟悉这两位法国工程师的工作，事实上，他根本不可能知道这两个法国人的做法。车床的主轴带有一个小面板，通过变速齿轮驱动丝杠。托架在两个导槽上来回移动，上面有一个带钩的十字滑块。控制后者的手动操作螺钉配有一个分度盘，可以确保切削量精确。需要时，对开螺母和夹紧装置可将刀架连接到丝杠上。到目前为止，这台机器是现代车床的真正原型，唯一不寻常而且看起来过时的特征是丝杠本身的安装方式。丝杠的从动端有一个十字插销，此插销安装在短传动轴端部的插座中，插座有一个十字槽，可以与十字插销啮合。丝杠的另一端由一个死顶尖支撑，这个死顶尖由安装在直线导轨上的托架承载。莫兹利并没有解释为什么做出这种奇怪的设计，在下文作者再进行解释。

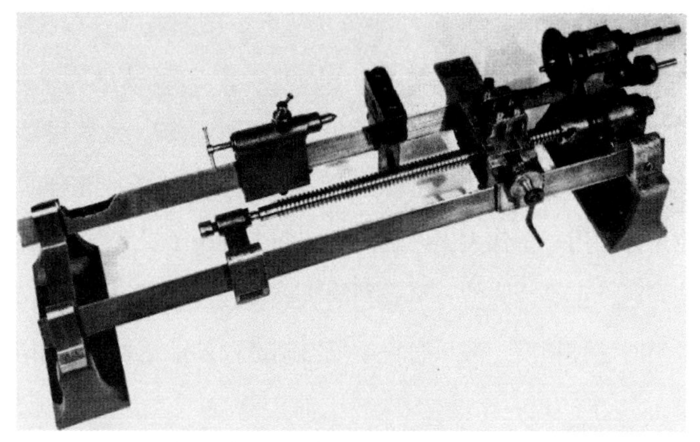

图 4-5　亨利 · 莫兹利的第一台螺纹切削车床，约 1800 年
（来源：伦敦科学博物馆）

莫兹利和杰西 · 拉姆斯登一样，为了加工出精确的螺纹不惜一切代价。他意识到，无论是为了做出精密标度在分度机中间接使用，还是直接在测量仪器中使用，精确的螺钉都是车间精度的基石。他尝试了当时所有的产生螺纹的方法，最终还是决定使用斜刀。他用这种刻螺纹的方法制作出了一件非常完美的仪器。刀的形状大小刚好适合待切削的圆柱体，安装在棱柱形导杆上的滑块上。当圆柱体旋转时，刀刻出的斜切痕将沿着圆柱体一直复制下去，通过这种方式，调整刀具的角度就可以产生任意螺距的螺纹。莫兹利先是用这种方法在一块木头或软金属圆柱体上手工刻下螺纹，然后将这个成品在他的螺纹切削车床上作为丝杠使用，制作出铁质或钢材材质的复制品。尽管有变

速齿轮，莫兹利之所以这样设计他的第一台车床是因为这样很容易使其安装上不同螺距的手工切削丝杠，丝杠的安装方式也是由于这个原因。今天车床的丝杠几乎都是由机床使用手工切削的软金属螺纹原型自己生产的。其直径为1英寸，有一个截面窄、螺距为1/4英寸的方螺纹。

莫兹利对机床发展史的第二大贡献是他充分认识到，在追求精度的过程中，第二重要的是把表面做成真正的平面，其重要性仅次于精确的螺纹。当时唯一的把金属表面变成平面的方法是手工锉削，这种操作需要相当高超的技术，每个工程学徒都知道这一点。然而，尽管莫兹利本人是该行当公认的大师，用手锉完成的平面没有一个可以达到他的严格标准。因此，他率先引入了通过平面板、标记化合物和手动刮刀加工平面的方法。尽管后来出现了精密磨床，这种方法仍广泛用于精密加工。那么，问题来了：莫兹利是如何生产出他的第一块原始平面板的？答案是，他同时制作了3个，甚至有可能是4个平板，一个一个互相核对，确保它们既没有凸起，也没有凹陷，更不能存在弯曲。后来，当莫兹利的事业逐渐扩展成一个大型工程公司时，他给每个装配工都配备了一个平面板。

1800年，莫兹利使用他的螺纹切削车床和他首创的平面板建造了第二台升级版螺纹切削车床（图4-6），1805年制作出了千分尺（测微计）。伦敦科学博物馆保存着莫兹利第二台车床的小型手动模型，模型显示，其平板导轨安装在坚固的铸铁床身和分开的床腿上，表明莫兹利充分认识到牢固的重要性。车床托架配备了一个从动刀架，以抵消切削刀具的推力。和其前身一样，横向进给也做了分度。第一台车床使得手工切削软金属丝杠不再必要，第二台车床的设计是

图 4-6　莫兹利的第二台螺纹切削车床，约 1800 年
（来源：伦敦科学博物馆）

把丝杠永久地安装在床身内。该车床模型配备了一套变换轮，共 28 个，其齿数从 15 个到 50 个不等。中间轮有一个宽面，装在一个可调节的摆动臂上，从而可以适应不同直径的变速轮。

根据霍尔扎菲尔的说法，莫兹利后来又建造了第三台车床，这一次他把第一台车床的棱柱杆床身与第二台车床的平板床身结合起来。头架和尾架安装在一个三角形杆上，该三角形杆位于两个带有倒角杆的大号平面导轨中间。这种做法是现代机床导轨设计原则的最早体现，即同时采用了斜面和平面，这样既保证了承重能力，也保证了作业的精度。莫兹利还在车床主轴上引入了一个阶梯式 V 形皮带轮，以及一个变速齿轮装置，这种设计比诺顿[①]变速箱出现得更早。此类车床由一个摆动的中间轴驱动，中间轴上有一个滑动小齿轮，小齿轮可以与车床主轴上三个不同传动比的齿轮中的一个啮合。在这种重型

① 诺顿磨具磨料公司（Norton Abrasives），本书第九章和第十章将详细叙述。

负荷机床中，莫兹利采用足够长的对开式黄铜径向轴颈支撑车床主轴的前端，而在主轴的后尾部，他采用的是锥形钢衬套来抵抗推力。

有了这些机床，莫兹利就可以像杰西·拉姆斯登一样生产出精度越来越高的螺纹，但规模更大。他用自己的机床制作了一个 7 英尺长的黄铜螺丝，其长度误差只有 1/16 英寸。通过变速齿轮纠正如此小的误差显然不太可行，但不屈不挠的莫兹利从未停止追求完美的脚步，他后来设计了一种可调节的连杆机构，现在已经可以确定，该连杆的操作原理就是后来安托万·蒂奥使用过的原理（见本书第一章），使用连杆可以很容易地纠正哪怕丝毫的误差。通过这些装置，莫兹利终于成功地制作出他在螺纹切削方面的代表作—— 一个 5 英尺长、直径 2 英寸、每英寸有 50 个螺纹的最高精度螺丝。与该螺钉啮合的螺母为 12 英寸长，包含 600 个螺纹。这项精湛的作品远远超过了工业车间所要求的精度标准。后来被用于校准格林尼治的天文仪器——格林尼治对精度的追求永无极限，这件作品也为莫兹利赢得了政府的 1000 英镑奖金。

莫兹利自己车间的最高精度标准是他 1805 年制作的千分尺。任何有关工艺准确度的争议都会用这个仪器进行最后评判，正是出于这个原因，莫兹利将其命名为“大法官”。这件历史悠久的仪器现在保存在伦敦的科学博物馆内，代表了我们目前称之为机械工程技术的本源。它由一个炮铜底座组成，底座上有两个装有端部测量面的鞍座，其中一个鞍座向下延伸穿过底座上的一个槽，终止于一个对开螺母。这两个鞍座都有斜边窗口，通过该窗口可以读取底座上的刻度。接合对开螺母的螺钉螺距为每英寸 100 个螺纹，其外围带有标有 100 个分度的分度轮。因此，每个分度代表测量面之间 0.0001 英寸的移动。

该仪器是莫兹利精湛工艺的一个典型代表，通过把精密的螺钉调节法用于对开螺母，可消除测量螺钉的轴向游隙。1918 年，国家物理实验室对它进行了测试，结果发现，它的准确性相当高，尤其是在考虑到它的古老程度，这种结果就更让人震惊了。

很快，莫兹利就有了机会展示他的新型机床的强大功能。1800 年，马克·伊萨姆巴德·布鲁内尔爵士（Sir Marc Isambard Brunel）来到了他在韦尔斯街的小店，他在美国时设计了一系列生产军舰滑轮组的机床，一位朋友向他建议，莫兹利就是那个可以生产它们的天选之人。很快，二人就惺惺相惜，彼此都很敬佩对方的能力，随后开始了富有成效的技术合作，这种合作关系有点类似于布拉马和莫兹利二人之间早期的技术合作。莫兹利先制作出了精美的滑轮组机床模型，目前这些模型都保存在格林尼治的国家海事博物馆里。凭借这些模型，布鲁内尔最后说服了海军部，使之相信他的想法是正确的，海军部然后为朴次茅斯海军造船厂订购了成套设备。莫兹利负责制造这些机床，布鲁内尔负责监督安装工作。

莫兹利耗费长达 6 年的时间总共制作出了 44 台机床。这些机床于 1809 年投入使用，朴次茅斯滑轮厂很快就成为一个“朝圣”的地方，众多杰出人士都慕名而来，深受震撼。这是一条前所未见、完全机械化的大批量生产线。以前，110 人的技术工人团队都无法满足海军对滑轮组的需求，但现在，只需要 10 名操作机器的工人，每年就可以生产 16 万个滑轮组。这些机床创造了历史，有几台现在可以在伦敦的科学博物馆看到；其他的仍在朴次茅斯滑轮厂，其中一些至今仍在使用。因为它们是木工机器，如果在这里做详细介绍有点跑题，这里提到它们的意义在于它们都是莫兹利工厂出品。如果他没有给车间配备改良版的工具，这些机床就不可能出现。曾有人告诉布鲁内尔爵士，在那个年代，除了莫兹利，世界上再无他人能够制造出如此复杂、如此准确、如此精美的一系列机器。

莫兹利开始建造滑轮机械不久后就搬到了更大的厂房，新厂房位于卡文迪什广场的玛格丽特街。1810 年，他再次搬到伦敦兰伯斯区威斯敏斯特路一所废弃的骑术学校。在那里他创立了自己的工厂，命名为“莫兹利父子和菲尔德公司”。该工厂很快就声名鹊起，其声誉让索霍铸造厂和默里的圆形铸造厂都黯然失色。多年来，莫兹利的名字象征着机械工程工艺的最高标准。

莫兹利的故事有一点非常令人不解，照理说，他生产的机床性能非常优越，我们本应料想到，他会生产很多机床销售给他人，马修·默里之前就是这么做的，当他为自己的工厂配备了一整套设备后，其余的机床就开始对外销售。但莫兹利不知道是出于什么原因并未这么做。他的机械厂虽然是因其船用蒸汽机名满天下，但这个工厂生产的很多其他通用工程装备性能也非常优越。尽管如此，他只对外生产销售一种小型踏板车床，售价 200 英镑，没有记录显示这家享有盛誉的公司也制造并销售过重型工业机床。在英国的工业大革命时期，各个工厂对工程机械的需求日益扩大，因此，为英国提供工程机械的艰巨任务就落在了和莫兹利同时代的其他人以及后来的继任者身上。除了德比郡的詹姆斯·福克斯，这个时代最伟大的工程师和机床制造商，包括内史密斯、罗伯茨、克莱门特和惠特沃斯，他们都曾和莫兹利一同工作过，后来才出去建立了自己的企业。因此，莫兹利的影响力是相当大的；可以这么说，在那些在机床发展史上占有一席之地的数百名工程师中，他拥有至高无上的地位。在他一生的几十年间，机械工程技术正是因为他这个楷模而发生了翻天覆地的变化。同一时期，蒸汽动力的应用无论在铁路还是在海运都取得了惊人的成果，在许多工业行当上，精巧的机器都逐渐取代了人力操作，这一点并非巧合。如果亨利·莫兹利和其同行没有在他们的工程车间里掀起这场“幕后革命”，工业就永远不会发生突飞猛进的发展。

1861 年，威廉·费尔贝恩（William Fairbairn）在曼彻斯特向英国协会发表的商业演讲中，用这样的话总结了他亲眼见证的机床革命：

> 当我第一次来到这个城市时，所有的机器都是手工操作的。既没有刨床，也没有插床或牛头刨床；除了一些缺陷明显的车床和几台钻机，施工的准备工作几乎完全由工人手工操作。现在，一切都由机床来完成，其精确度是纯手工远远不能相比的，就好像自动机械或自动机床本身就具有创造性一样；事实上，它们的适应能力非常强，任何人手能完成的操作，它都可以惟妙惟肖地模仿。

这就是莫兹利引发的大变革，他的同时代人和后继者继续向纵深推进这场变革并将之发扬光大，最终收获了工业革命的胜利果实。

第五章
克莱门特、福克斯、罗伯茨、内史密斯和惠特沃斯

莫兹利流派的高级代表人物是约瑟夫·克莱门特（Joseph Clement，1779—1844 年）。他是威斯特摩兰郡一个手摇织布机织工的儿子，只比莫兹利小 8 岁，他的职业生涯和莫兹利大同小异。克莱门特也没有受过多少正规教育，但天资聪颖的他不仅成为一名心灵手巧的专业机械技师，同时还是一名优秀的工程制图员。他先是在苏格兰的几个小作坊工作了一段时间，攒够了钱后，于 1813 年来到伦敦。1814 年，他与约瑟夫·布拉马签订了一份雇佣协议，担任车间主管和首席制图员，为期 5 年。然而，工作还未满 12 个月，布拉马就去世了，他的儿子们接管了公司，由于与新老板们意见不一，克莱门特离开了并在不久后加入了莫兹利在兰伯斯区的工厂，仍然是担任首席制图员，负责该公司的第一批船用蒸汽机的设计。1817 年，克

莱门特攒了足够的钱后，在纽因顿小镇的前景广场创立了自己的作坊式工厂，并在那里度过了余生。下文将提到的工程师们多数都成立了大型工程公司，最终声名远扬，但相比之下，克莱门特的作坊式工厂规模一直非常小，有点像我们现在所说的“机械加工车间”。这个纽因顿的作坊式工厂的特长是制作精密的手工工具、克莱门特自己设计的绘图员专用改良仪器以及对工艺精度要求非常高的“一次性”工作。克莱门特最有名的作品就是建造巴贝奇那台设计复杂的计算机。尽管如此，凭借着他的精湛技艺和独创性，克莱门特在工程实践领域留下了不可磨灭的贡献。

在兰伯斯区的工厂工作时，亨利·莫兹利为螺纹设置了统一的标准，为此，他生产了标准的丝锥和板牙。这是一个很大的进步，因为在他当时及以前，任何机器需要拆卸维修时，有一个步骤非常重要，那就是每个螺母和螺栓都必须单独标记，以便重新组装。克莱门特在纽因顿的作坊式工厂延续了他师傅的做法，同时改进了丝锥和板牙的设计。他设计了一种旋转刀具，刀具的夹具非常适合他的车床，他用这种刀具生产出了槽式丝锥，这种类型的丝锥我们都很熟悉。在此之前，丝锥的螺纹都是手工开槽或做出凹口的。克莱门特还缩小了丝锥柄部的直径和其方形端的尺寸，以便它能够从它所钻的孔中落下来，从而节省了以前回退丝锥所花费的时间，特别是在丝锥非常小的情况下，这样可以降低折断的风险。关于机床设计中这些微小但重要的细节，我们今天看来都认为是理所当然的，从来没有停下来想一想是谁首先想出了这种做法。

1827 年，克莱门特设计并建造了一台端面车床，其复杂性、独创性和卓越的设计、工艺远远超过了此前出现过的任何机床。它为克莱门特赢得了技艺学会的金质奖章，该学会的会报中对其进行了详细的插图和文字介绍。如图 5-1 所示，为了能够摆动大直径的工件，机床实际上有两个床身，主轴箱安装在一个床身上，托板和尾座安装在另一个床身上。[①] 但是，支撑柱在较低的位置支撑在一起，以确保

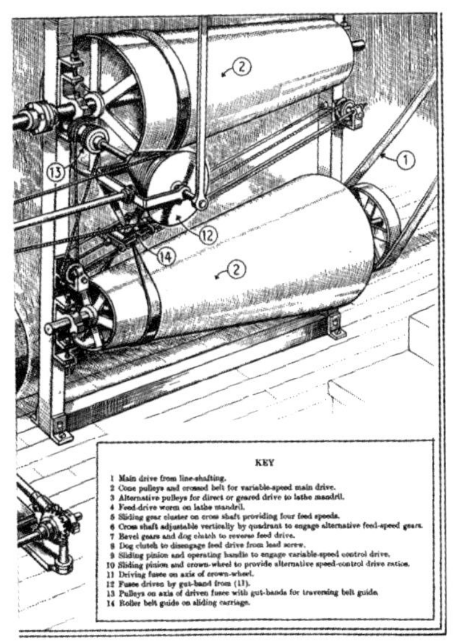

图 5-1 克莱门特设计的恒定速度端面车床，1827 年

（基于《皇家技艺协会》杂志上的原始图片）

图片说明：1. 天轴主驱动轴；2. 锥形皮带轮和交叉皮带轮，用于变速主驱动轴；3. 备选滑轮，用于车床心轴的直接或齿轮传动；4. 车床芯轴上的进给驱动蜗杆；5. 横轴上的滑动齿轮组，提供四种进给速度；6. 横轴，可通过象限立式调节，以啮合备选进给速度的齿轮；7. 锥齿轮和爪形离合器，用于反向进给驱动；8. 爪形离合器，可使进给驱动装置与丝杠脱离；9. 滑动小齿轮和操作手柄，用以啮合变速控制驱动器；10. 滑动小齿轮和冠状齿轮，提供变速器传动比；11. 冠状轮齿轴上的驱动均力圆锥轮；12. 11 中槽带驱动的均力圆锥轮；13. 从动均力圆锥轮轴上的滑轮，带有穿过导带器的槽带；14. 滑轨托架上的滚筒皮带导轨。

---

① 该机床可用作中心车床，不过，改装成这种用途的车床功能有限，而且托板没有自动纵向进给。——原文注

准确对齐。大面板有四个夹爪，可通过径向螺钉单独调节。皮带轮驱动既可以直接连接到车床主轴，也可以连接到带有小齿轮的副轴，小齿轮与面板后面的大齿轮啮合。克莱门特对主轴轴承的设计特别用心，这些轴承都是淬硬钢的锥形外壳，后轴承还包含一个带螺钉调节的淬硬钢止推板。止推板完全封闭在油槽中，主轴装有皮革油封。在当时那个年代，想出润滑的功能是非常了不起的。

机床的主轴箱轴承之间的车床主轴上有一个蜗杆，它与穿过主轴下方并与主轴成直角的进给驱动轴啮合。这样就会通过锥齿轮驱动纵轴，使之在头架上的象限仪允许的有限范围内围绕这些齿轮的轴线转动。这么设计的目的是，将横轴上 4 个备选齿轮中的任何一个与蜗杆啮合可以改变进给驱动速度。纵轴通过另一组锥齿轮驱动第三根轴，该轴与横向滑动丝杠位于同一轴线上，成为其延伸部分。第三根轴上有两个自由锥齿轮，爪形离合器在它们之间的键上滑动，以便操作员进行反向进给。轴和丝杠端部之间还有第二个离合器，用于断开自动进给。

带有凸起滑轨的托架设计得非常好，这样，即使刀架滑块处于最大前进位置，也能为刀具提供最大的刚性和良好的支撑。尤其是，克莱门特最在意的一个现实情况是：在简单车床上对大直径工件进行端面车削时，切削速度会随着刀具从边缘移动到中心而变化，反之亦然。如果刀具在中心时设定的速度刚好合适，那就意味着在边缘时速度太快，会使刀具变钝。相反，如果刀具的周边速度设定得刚好，那么切削较小直径的工件时刀具速度就太低了。因此，克莱门特着手设计了一种可以保持恒定切削速度的机械装置，可以根据刀具在横向进给中的位置适当地控制车床主轴的速度。这个问题很麻烦，在克莱门特的解决方案中，他采纳并应用了钟表制造商长期使用的“均力圆锥轮原理”。

通过丝杠延伸轴上的另一个锥齿轮，其运动被传递到垂直轴上，接着传递到安装在上方水平轴上的均力圆锥轮。这里可进行变速调节，均力圆锥轮上的齿轮具有交替的齿圈，滑动垂直轴顶部的小齿轮可以啮合其中一个齿圈。均力圆锥轮通过槽带驱动第二个均力圆锥轮，最大直径的与最小直径的相对，这样，当槽带沿着均力圆锥轮的螺旋路径从锥形筒的一端绕到另一端时，驱动轴就产生了速度渐进变化的效果。两个均力圆锥轮安装在一个摆动框架中，以保持对齐和槽带张力。

车床主轴所需的速度变化来自两个圆台形大滚筒，这两个大滚筒安装在车床附近的水平轴上，和那两个均力圆锥轮一样，彼此相对。一个大滚筒从动力轴系获得动力，另一个通过各自轴上的普通平皮带轮将动力传递给车床主轴。这两个锥轮由一条短的交叉皮带连接，该皮带穿过交叉点处的滚筒导轨。导轨安装在滑动托架上，其行程等于锥轮的长度。从动均力圆锥轮轴上的皮带轮，其槽带通过合适的导向滑轮可穿过皮带导向架，从而使交叉皮带从锥轮的一端移动到另一端。因此，皮带移动的速度取决于均力圆锥轮的运动，而均力圆锥轮的运动又取决于横刀架丝杠。就这样，克莱门特克服重重困难实现了他设定的宏伟目标。

塞缪尔·斯迈尔斯在他著作的《工业传》(*Industrial Biography*)中简要地提到过这台机器，但由于某种原因，后来的作者完全忽视了它，而且考虑到当年已经有完整的文字描述和相关图纸，这一点更是让人费解。人们普遍认为是惠特沃斯首次尝试在端面车削中实现恒定的切削速度，然而他的摩擦滚柱装置直到1837年才出现，比克莱门特晚了整整十年。到了1893年，一位名叫J.W.博因顿（J.W.Boynton）的美国人为其发明的一种用于端面车床的恒定切削速度装置申请了专利，该装置与克莱门特的几乎完全相同，只不过博因顿没有采用均力圆锥轮，而是用螺旋凸轮带动皮带沿着锥形滑轮移动。在这个特定领域，很长时间以来没有人在克莱门特的基础上取得任何重大进展，直到1897年，美国的E.史密斯（E.Smith）获得了第一项电动调速方法的专利。因此，笔者虽然对克莱门特那台构思精巧的车床进行大量描述，但并不感觉愧对读者。除了其巧夺天工的速度控制机制，它真真正正代表着机床设计领域的一个重大进步，正是它使得克莱门特稳稳地成为早期最伟大的机床制造者之一。

1828年，克莱门特获得了技艺协会颁发的第二个奖项，原因是他制作出了一个称之为“双臂自动调节驱动器”的装置。这个时期的带顶尖的车床，用两个顶尖固定工件进行车削的做法实际上非常普遍。另一种选择是使用一种原始形式的卡盘，它只是一个带夹紧装置的套筒，用于从杆上车削标准化部件。为了在顶尖之间进行车削，车床主轴的末端安装了一个称为驱动器的微型花盘。这个圆盘上有一个突出的销，与夹具或“托架”的臂连接，通过定位螺丝固定在工件的从动端。克莱门特很清楚这种原始设计的缺陷，也知道它会给车床主轴和活顶尖施加不均匀应力。因此，他引进了一种双臂托架和双臂驱动器。驱动器的两个臂或销不是固定在花盘上，而是固定在叠加在它上面的第二个花盘上，这两个花盘由在同心槽孔中工作的沉头销连接。驱动器在槽允许的范围内进行相对运动可以实现自动调节，进而，通过两臂传递给工件的动力就均匀了。

鉴于克莱门特和他的同时代人所表现出的聪明才智，读者可能会想，为什么自定中心卡盘没有在这个时候出现，我们应该还记得，早在16世纪时，列奥纳多·达·芬奇就已经在他设计的镗床中展示了这个原理。霍尔扎菲尔和他的助手德耶林在1811年也设计过这样的卡盘，L.E. 贝热龙（L.E.Bergeron）在其1816年版的《车床操作员手册》(*Manuel du tourneur*）中同样绘制了一个卡盘，该卡盘的三个自定中心卡爪由旋转臂和背面板的螺旋槽控制。亨利·莫兹利设计的卡盘有两个卡爪，由一个带有左右手螺纹的单一螺钉控制。但是，根据霍尔扎菲尔的说法，最正宗的卡盘设计是由詹姆斯·邓达斯（James Dundas）于1842年在英国首次发明的，其三个卡爪由背面板上的一个滚动装置控制。后来，美国使用的基本都是这种三爪卡盘。奥斯汀·F. 库什曼（Austin F. Cushman）1871年生产的卡盘类型可能是最有名气的。使用自定中心卡盘的一个基本要求是，被固定在其中的工件的横截面应基本规则且尺寸准确。在19世纪初，还未加工的原材料很少能满足这一条件，因此，要想准确地确定工件的中心得耗费不少工夫，即使使用卡盘也节省不了多少时间和精力。所以，尽管克莱门特和他那一代的其他伟大机床制造商都熟悉这个原理——这一点不用怀疑，但他们并不太倾向于使用自定中心卡盘。

克莱门特1820年时已经拥有了一台刨床，其操作方式是：工件被固定在一个往复式工作台上，工作台在切削刀具下面移动，切削刀具夹在一个可进行垂直和水平进给运动的夹具中。我们无法得知克莱门特设计的这第一台机床是否是自动进给。说起刨床的问世，无论我们把它归功于哪位工程师，似乎都不太公正。上一章提到，马修·默里为加工D型滑阀曾制造了一台机床（约1814年），此后短短几年的时间里，好几位彼此独立工作的工程师都研制出了他们自己的刨床，只是在尺寸和细节上有所不同。这些发明同时并行存在完全可以理解，因为这些刨床只是以不同的方式采纳了车床的原理。当时工厂车间迫切需要用机械手段刨出大型平面，很显然，刨床的问世恰恰是为了满足这个需求，因为用手工做出平整的表面极其费力。

这台刨床还有一方面尤为重要，那就是它的自发推广性，因为无论是哪种类型的机床，其精确度都依赖于真正平整的表面。第一批刨床出现后，对相似类型的机床做出改进也立即成为可能，因为刨床现在能够轻轻松松地加工出车床导轨，这一点极大地促进了设计更新、精度更高的大型车床的问世。克莱门特制作第一台刨床的目的是专门用于加工车床导轨。在机床制造商的这个封闭圈子之外，引进刨床对机械工程的进步产生了深远的影响，其重要性仅次于车床。它使无数种专用机器的问世成为可能，特别是在纺织品贸易行业，克莱门特发明的刨床很快就有了一项新功能——为自动织布机加工零部件。它的出现也对蒸汽机的设计产生了深远的影响。瓦特采用平行运动来连接活塞杆和横梁的原因之一，是在长导杆之间工作的十字头在当时造成了极其困难的生产问题，这种问题尽管现在我们看来解决方案相对很简单，但当时似乎根本找不到解决方案。然而，随着刨床的问世，长导杆的问题不复存在，蒸汽机很快就采用了经典而且紧凑的导十字头、连杆和曲柄组合方式，轻微做些改动后就可以用于火车和船舶的动力推进。

克莱门特设计的第一台刨床大获成功，这也促使他在 1825 年建造了第二台尺寸更大的机床。滚筒安装在巨型砖石地基上，工作台就在滚筒上移动，因为滚筒嵌入得非常精确，所以克莱门特曾经吹嘘说，就是放张纸在一个滚筒上就足以差异于另一个滚筒的重量。克莱门特使用这台机床可以刨出 6 英尺见方的工件。此后的十年里，无论是在英国，还是在世界上其他任何地方，都没有出现过类似规模的机床，所以，克莱门特的聪明才智给他带来了丰厚的经济回报，他长时间垄断了这个领域，没有遇到任何竞争对手。尽管他以每平方英尺加工面 18 先令的高价向客户收费，但需求仍多到忙不过来，以至于这台大刨床经常不得不日夜不停地运转。据说克莱门特余生的大部分收入都是靠它赚来的。

在克莱门特生活的时代，甚至此后很多年，其他的刨床设计者都倾向于使用单一刀具在一个方向上进行切削，并满足于在空转进程中加快滑动托架的速度，而克莱门特则别具一格，他使用的是安装在摇动刀架上的两把刀具，这样无论滑动托架向任何方向移动，机床都能进行切削。他还对这台刨床进行了改造，使其也能够完成重型车床的工作，为实现这个目的，他在车床上还安装了头架和尾架。然后，他将圆柱形工件安装在顶尖之间，对其进行纵向加工，当时的进给方法是让工件贴着刨刀的切削面旋转。他还在这台机床上进行普通的车削加工，方法是在头架上使用动力驱动，在刨床滑动托架上使用慢速进给，并将刀头改装为固定刀架。

克莱门特这台机床成功的秘诀是他成功地制造了一个能够承受极重的工件而不发生偏移的滑动托架。而他后来的同行们在设计差不多承载重量的刨床时，则倾向于使用固定的工作台和移动刀架来回避这个问题。今天在伯明翰工业博物馆可以看到这种类型的机床，索霍铸造厂最初安装了两台类似的立式刨床，博物馆的这个是其中的一台。这一类机床的刀架在导轨上运行，导轨故意设计成牢牢地抵住建筑物的墙壁，并由一个长丝杠推动，丝杠被天轴上的传送带驱动。在引入高压蒸汽之前，蒸汽机制造商要想生产出更大功率的机型，唯一的解决方案就是采用更大的汽缸。如此巨大的铸件只有这样的机床才能生产出来。即使是克莱门特的机床也未必能承受得住跨海峡邮政汽船上那两个重达 25 吨的摆动汽缸，但这台索霍铸造厂刨床却成功地加工出了汽缸的排气孔端面（图 5-2）。

图 5-2 立式刨床，索霍铸造厂
（来源：《工程师》杂志）

一个乡村牧师的管家似乎不太可能出现在本书的页面上，然而，这的确是詹姆斯·福克斯（James Fox，1789—1859 年）成为工程师之前的职业。很显然，他和克莱门特一样，拥有机械设备的天赋，而且他的天分终于有了施展的机会。他的业余爱好给他的主人——斯塔福德郡福克斯豪伊尔山庄的托马斯·吉斯伯恩牧师（Reverend Thomas Gisborne），留下了深刻印象，福克斯离开时，牧师除了祝福他前程似锦，还给他提供了资金支持。通过这笔资金，福克斯在德比郡创办了一家企业，生产自己设计的改良纺织机器。由于阿克赖特和斯特拉特著名的纺织厂就在他家门口，诺丁汉的蕾丝制造商也距离不太远，福克斯的生意占尽了天时地利，从此日益兴隆。

在当时那个年代，以盈利为目的而专门生产工程机床的制造业还没有起步，福克斯和许多其他早期的先驱工程师一样，他们制作机床的主要目的是生产纺织机械。尽管他本人从未与亨利·莫兹利有过直接交集，但福克斯在设计车床时无疑沿袭了这位大师的思路，在此基础上加入了自己的原创。其中最重要的一项改进是他在滑动刀架上同时使用了齿条和丝杠两种驱动方式，改进的目的是在普通车削作业时采用齿条进给，螺纹切削时则用丝杠，保证切削的精度。滑动托架上的蜗杆通过直齿轮传动与导轨旁的齿条齿连接，并由一个方形或键槽式驱动轴驱动，驱动轴延伸至整个床身的长度。蜗杆可以沿着这个轴自由滑动。操作员只需在细节上稍做改动就能很方便地选择任何一种进给形式啮合，或者解除某种啮合（图 5-3）。福克斯的设计最终成为英国通用车床的标准做法。他设计的主轴轴承、滑架尾座和导轨（结合了倒 V 形和平面导轨）都表明，福克斯内心高度认同机床制造商普遍遵循的基本准则，即产品的精度只能通过建造更高精度的机床来实现。

据考证，福克斯制作第一台刨床的时间是 1814 年，果真如此的话，他的这项发明几乎和马修·默里的一样早，甚至完全有可能二者是同时出现的。这台机器的插图没有流传下来，但福克斯的公司里一位名叫塞缪尔·霍尔（Samuel Hall）的老员工曾向塞缪尔·斯迈尔斯讲述过有关情况。根据霍尔的说法，该刨床的刀架安装在一个自动

图 5-3 德比郡詹姆斯·福克斯的车床，约 1820 年，存于伯明翰科学和工业博物馆

进给复合滑动架上，通过棘轮和棘爪装置做垂直或水平运动。工作台采用的动力驱动，其移动方向可通过一个由三个锥齿轮和双面爪形离合器组成的结构自动反转，爪形离合器在两个交替的主动轮之间的键槽上滑动。工作台上的可调节撞锤触动均重杆或"翻滚摆锤"可启动离合器。如果这台 1814 年生产的机床真的具备这些功能，那么福克斯无疑就是第一位制造此类刨床的先驱。但是，我们也不能完全相信一个老员工的记忆，他们在描述以前的机器时往往会添加一些实际上是后来改进过的功能。即便如此，我们有充分的理由相信，福克斯在 1817 年制造的另外一台刨床确实具备所有这些先进功能。

在伯明翰的科学博物馆里，我们可以看到一台出自德比郡米尔福德工厂的一台车床和一台刨床[①]（图 5-3、图 5-4），米尔福德工厂当年就是用这些机床制造并维护纺织机械的。它们是由水车驱动的，很显然，工厂为容纳这些机床而专门建造了一间厂房，建筑物内的铸铁

① 还有一台这家工厂的小型插床现藏于伦敦的科学博物馆内。——原文注

图 5-4　福克斯的刨床，约 1820 年，存于伯明翰博物馆

横梁和总传动轴支架上都刻着 1817 年的日期，我们可以由此推断出，这些机床是在 1817 年建造的。有些人认为这些机床是威廉·斯特拉特（William Strutt）的杰作。虽然斯特拉特是一位聪明绝顶的工程师，而且毫无疑问，他是建造这幢米尔福德厂房的负责人，但是这两台机床功能先进，设计精湛，足以表明它们都是福克斯的手笔。这两台机床具备福克斯首创的倒 V 形和平面导轨组合特征，而且，刨床的外观设计与塞缪尔·霍尔很久以前向斯迈尔斯描述的样子基本一致，只有一点不同，工作台运动采用的是开口皮带和交叉皮带轮传动。这台机床还有一个值得注意的特点是，主工作台的重量通过使用

4 个子工作台而巧妙地减轻了。当需要加工较长的织机部分时，这些子工作台可以根据需要自由安装。

该车床并不像福克斯后来的机床那样具备螺纹切削功能，但它有福克斯独有的设计特点，即通过一根在方形驱动轴上滑动的蜗杆实现齿条进给。副轴上的阶梯状滑轮通过两个可选的齿轮比驱动车床主轴，而主轴箱上的第三个齿轮驱动轴通过阶梯滑轮和槽带提供进给驱动。尾架也具有典型的福克斯特征，可以通过十字轴和小齿轮与齿条啮合手动移动。承载复合滑动刀架的鞍座设计得非常好，其翼部向前延伸，在起伏不定的镗削下提供额外的稳定性，在这方面，这台车床远远优于晚期出现的许多车床。这两款机床都有力地证明了詹姆斯·福克斯是当之无愧的天才。

尽管福克斯最初设计制造机床只是为了达到改进纺织机械的目的，但大获成功后，他开始制造机床面向国内外销售。他的产品被出口到法国、德国、波兰、俄罗斯和毛里求斯。福克斯制造的一台车床现在保存在波兰西尔皮亚 - 维尔卡的一家工业博物馆里，另一台缩小版的车床模型现保存在巴黎的艺术与工艺学院。这个模型的原型始建于 1830 年，很明显就可以看出来是米尔福德工厂那台车床的改进版本。最初的那台车床体型庞大，床身长达 22 英尺，摆动幅度为 27 英寸。

图 5-5　理查德 · 罗伯茨

另一位刨床先驱是理查德 · 罗伯茨（Richard Roberts，1789—1864 年，图 5-5），他 1817 年制作的刨床现藏于伦敦科学博物馆内（图 5-6）。与同时期的福克斯机床相比，罗伯茨的刨床非常粗糙，它最显著的特征是其平面导轨上有凿子和锉刀的痕迹，证明这些导轨本身没有经过刨削。由此推断，这应该是罗伯茨制造的第一台刨床，其实，默里和福克斯的车间里早就有了类似的机器。

滑动刀架有手动垂直、水平两种进给模式，可进行角度调节以及头部单独进给，头部有一个铰接夹具，刀具在工作台返回时可以升起来。后者长 52 英寸，宽 11 英寸，通过手动绞盘和链条手动来回移动。

图 5-6　理查德 · 罗伯茨设计的采用后置齿轮装置的车床，约 1817 年，图中展示的是进给驱动变速齿轮装置

（来源：伦敦科学博物馆）

理查德 · 罗伯茨的出生地是威尔士卡尔格法村的一所乡村收费站，位于什罗普郡和蒙哥马利郡的交界处，靠近拉纳马内赫。奇怪的是，这么多英国工业革命的领袖都是从偏远的农村地区来到新出现的

工厂车间的，他们并非为生活所迫，也不是因为受到自身周围环境的影响，他们的父母通常也不是干这行的，他们来到工厂仅仅是因为在机械方面有不可思议的天赋，而且极其热爱这份工作。但是，仔细想想，诗歌或艺术天才一般也都有一段无法解释的鼎盛繁荣期，相比之下，似乎也不足为奇了。事实上，这些早期的工程师无疑都是他们这个行业的艺术家，他们的职业发展源于艺术家们迫切需要将其创造性天赋展现出来。罗伯茨也不例外。他的父亲只是一名鞋匠，而他自己20 岁前一直在采石场工作。但他对机械的爱好和天赋不但没被埋没，反而驱使他从威尔士边境来到黑乡，先是在那里的布拉德利和霍斯利钢铁厂工作了一段时间，之后他步行到了伦敦，1814 年，他被亨利·莫兹利聘为车工兼钳工。

莫兹利这位非凡机械大师的工艺对所有与他有关联的人都产生了深远的影响，罗伯茨也是受其启发，于 1816 年在曼彻斯特的丁斯盖特街创办了自己的公司。刚创业时他只有一台车床和钻床，传说他的妻子过去常常在地下室帮他转动曲柄和飞轮，他的车床是用皮带驱动，皮带一直拉到楼上小车间的地板上。1821 年的时候他才建造了一个更大的车间，配备的都是自己设计、生产的机床，还雇用了12—14 名机械技师。但他的机床仍然是手动的，所以不得不以每周11 先令的工资雇用了 3 个人来做这项单调的工作。

除了前面已经提到的刨床，罗伯茨还改进了车床和齿轮切削机（将在下一章提到）、一种特殊的螺纹切削机和插床。根据詹姆斯·内史密斯的说法，最后一种机床是由马克·布鲁内尔设计的系列滑轮制造机床中的榫眼机发展而来的。但有人对此持不同意见，他们说，罗伯茨根本不可能见到更别提使用过这台机器了，因为朴次茅斯皇家造船厂的合同在他为莫兹利工作之前早就已经完工了。然而，这种反对意见忽略了一个事实，即兰伯斯的工厂后来为查塔姆生产过类似的滑轮加工机床，有的还出口到西班牙。此外，罗伯茨似乎也是摇臂钻床的创始人，这种钻床在现在的工业车间里很常见。他之前的钻床一般都是固定头类型，前一章中我们有过相关所述，但霍尔扎菲尔曾写道："应该不会有其他人像理查德·罗伯茨先生一样发明了这么多种类齐全的实用钻床。"

罗伯茨在同一时期发明的工业车床与其刨床一起都保存在伦敦的科学博物馆内，令人惊讶的是，这台车床的外观很现代，体型庞大，长 6 英尺，摆动幅度为 19 英寸，很明显，车床设计上的改进都是他的功劳。它采用的后置齿轮装置后来成为工业车床的标准设计。阶梯形驱动滑轮和驱动副轴的小齿轮在车床主轴上可自由浮动，而紧靠在头架后面的大齿轮是固定的，这样就为重型车削提供了一个双减速齿轮。对于较轻的工件，可将副轴解除啮合，并将滑轮锁定在大齿轮上提供直接驱动。罗伯茨还在他设计的重型钻床上采用了类似形式的后置齿轮装置。

这台车床的滑动托架由床身外的丝杠推动，驱动这根丝杠的方法也很独特。罗伯茨没有使用传统的变速齿轮，而是使用了一个冠状轮，这种冠状轮上面排列着六组同心的销齿。车床主轴尾部的一个小齿轮可以来回滑动，以啮合所需的任何传动比。从冠状轮到丝杠的传动装置与福克斯在他的刨床上使用的传动装置相同——3 个锥齿轮和 1 个双面爪形离合器，离合器与从动齿轮中的某一个啮合。在这种情况下，离合器杠连杆机构连接到一个方便的操纵杆上，操纵杆沿着车床的床身移动。因此，操作者可以很容易地启动、停止或反转自动进给，或者可以通过托架上的可调节撞锤自动停止进给。虽然这种特殊的车床一直使用到 1909 年，但是冠轮驱动丝杠的方式并没有延续下去。然而，后来出现的在切削结束时自动解除进给的统一做法也是车床发展史上一个重要的里程碑。

据考证，罗伯茨也是第一个在工程车间使用“塞规”和“环规”这两种螺纹尺寸测量工具的人，他还大面积地使用样板来确保零件规格的统一。与福克斯的情况一样，罗伯茨改进机床和车间的工艺方式的首要目的是制作出更好的纺织机械。曼彻斯特的棉纺厂老板是他的第一个客户，罗伯茨也因为发明了自动走锭纺纱机而为自己建立了良好的声誉。后来，他与夏普兄弟成了合伙人，成立了著名的“夏普 & 罗伯茨公司”，此时他将同样的车间工艺应用于蒸汽机车的制造，卓有成效的是，在有限的范围内，机车制造历史上首次实现了部件的标准化。大约在同一时期，罗伯茨还设计了一种车轮采用差速齿轮驱动的蒸汽公路运输车。尽管差速器的原理早已经被应用于纺织机械，但应用于公路车辆上这是史上第一次。

1847 年，罗伯茨申请了“提花”多头冲床的专利，之所以这样命名是因为用旋转棱镜驱动冲孔的方法源自提花织机的工作原理。早期的冲床一次只能打一个孔，罗伯茨的这台冲床原本只是为了满足某承包商的需求，该承包商负责建造罗伯特·斯蒂芬森设计的康威铁路桥和跨梅奈海峡的大型管状铁桥。这两座桥梁使用的数以千计的锻铁板就是使用这种冲床快速地冲出了铆钉孔，而且间距也更精确。

罗伯茨是公认的 19 世纪最伟大的机械发明家之一，毫无疑问，他制作的工程机床使一些在上一代人看来是不切实际的想法成为现实，这一点也对他来说是强大的激励。然而，就像其他许多机械天才一样，罗伯茨越来越痴迷于发明，反倒极大地损害了他的业务。他的许多想法在现实中从未付诸实践，由于缺乏商业头脑，他最终在贫困中去世。

图 5-7　詹姆斯 · 内史密斯

亨利 · 莫兹利最年轻的弟子是詹姆斯 · 内史密斯（James Nasmyth，1808—1890 年，图 5-7），他因发明了蒸汽锤而闻名于业界，蒸汽锤彻底改变了重型锻件的生产模式。詹姆斯是爱丁堡人亚历山大 · 内史密斯（Alexander、Nasmyth）的儿子，后者是苏格兰著名的肖像画家，还是一位业余的天才工程师。詹姆斯 · 内史密斯同时继承了他父亲的这两项天赋，但他选择了工程作为自己的终身职业。他年轻的时候，机械工程师莫兹利的大名就传到了苏格兰，并在年轻的内史密斯心中激发了想要为这位机械大师工作的宏大抱负。

1829 年，在父亲的陪同下，他从利斯启航前往伦敦，随身携带了一台他自己建造的蒸汽机模型，想以此证明自己的能力。不出所料，他给莫兹利留下了深刻的印象，令内史密斯非常高兴的是，他被任命为莫兹利专用车间的私人助理。多亏了这种亲密的合作关系，内史密斯后来才能在他的自传中对莫兹利、莫兹利的车间和莫兹利的加工方法进行了精彩的描述。

此时，位于兰伯斯的工厂正在为英国皇家海军舰艇“迪河”号建造一台巨型船用发动机，是内史密斯帮助他的师傅制作了这个壮观的发动机模型，目前该模型陈列在伦敦科学博物馆。建造这台发动机需要大量小的六边形螺母，其中许多螺母在六个角下有圆形轴环，这与内史密斯设计的一种在莫兹利的台式车床上快速且精确地生产这些螺母的方法有关。他做了一个小的分度盘连接到滑动刀架上，螺母毛坯可以固定在一个垂直的心轴上面。将一把铣刀（内史密斯称之为“圆形锉刀”）安装在车床的卡盘上可以加工螺母头的六个平面。用一个装有弹簧的柱塞可将分度盘精确地定位在指定的位置，从而确保平面完全准确（图 5-8）。

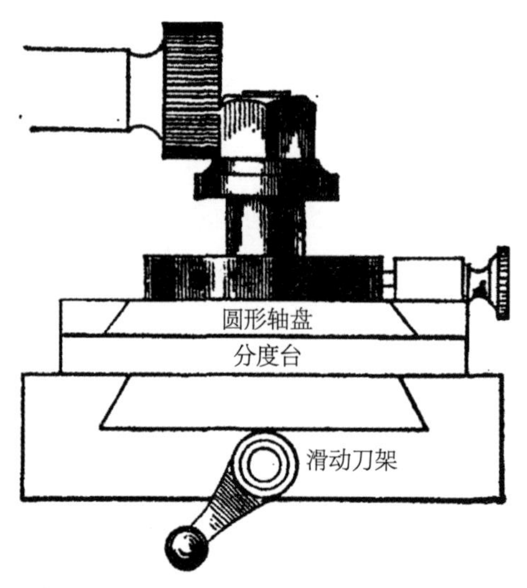

图 5-8　詹姆斯 · 内史密斯发明的螺母铣削夹具，约 1830 年

内史密斯从事的这一系列模型制作活动还有一个成果，这个装置是一个由螺旋弹簧钢制成的挠性轴，用于在难以触及的地方打孔。这种挠性传动轴后来变得很普遍，不仅在工程车间里，还被广泛地应用到无数的其他机械中，但内史密斯没有为他的创意申请专利，甚至在他还活着的时候，该发明的起源就已经被遗忘了。他在自传中曾提

到，有一次在去补牙的时候，牙医自豪地向他展示了一款新型挠性轴钻头，并介绍说，这是美国的最新发明。

1831 年，莫兹利去世后，内史密斯在兰伯斯的工厂又工作了一段时间，但在这一年的 8 月底，他决定回到爱丁堡，创办自己的公司。莫兹利的合伙人约书亚・菲尔德（Joshua Field）给他送上美好的祝福，并允许他带了一套铸铁部件从海路前往利斯，他携带这些零部件的目的是准确地一比一复制出兰伯斯工厂里那台功能最强的大型车床。他在爱丁堡的老家附近购置了一个临时厂房，在这里安装了他父亲的一台老式踏板车床，给它装上了滑动刀架，进行了他自称为“低速运动”的改装，这样他就可以用它来为他那台伟大的“莫兹利车床”加工零件了。这台组装后的莫兹利车床，就是小型刨床、钻床和镗床的始祖。内史密斯的例子很好地向我们展示了那个时代的机械工程师们是如何装备自己的车间的，用一种机床来孕育另一种。正如内史密斯自己所说：“我很快就有了众多合法的派生机器，全都挤在我的小车间里，多到我经常不知道该往哪边转才好。”

有了这些装备后，内史密斯决定去曼彻斯特，在他之前的罗伯茨也持同样看法，他们都认为曼彻斯特才能提供美好的发展前景。于是，内史密斯来到这个城市定居，在戴尔街一个通电的破旧厂房的一隅安装上自己的机床。就是在这里，他的生意蒸蒸日上，后来，利物浦和曼彻斯特铁路的成功引发了对机床及机床产品的巨大需求，这时，戴尔街的厂房显得有点逼仄了。凭借令人钦佩的远见，内史密斯在曼彻斯特和利物浦之间的帕特里克罗夫特买下了一块地。一条跨越布里奇沃特运河的新铁路刚好从这里经过，因此，内史密斯的新厂房所在地就有了铁路、运河两种运输方式。著名的布里奇沃特铸造厂就在此成立了，1836 年正式投入生产。内史密斯和盖斯凯尔公司（后来更名为内史密斯威尔逊公司）以制造通用工程机械和机车而闻名，但他们的业务还有一个重要组成部分，那就是为国内国外的客户制造机床。他们生产的不少机床出口到圣彼得堡。即便沙皇尼古拉斯为了在俄罗斯修建铁路决定不再从英国进口蒸汽机，而是购买的装备在圣彼得堡建立了一个本土火车机车厂。内史密斯的立式镗缸机的模型目前陈列在伦敦科学博物馆，该机床的原型 1838 年安装在伍尔维奇造船厂。

内史密斯因为发明了蒸汽锤而名扬天下，加上他并没有为自己的各项发明申请专利，人们往往忽视了他对金属切削机床发展史的贡献。其实，他还发明了一种新型插床，专门用于切削轮毂内键槽。克莱门特发明的键槽插床，其往复式刀具在工作台上方操作，所以该插床加工的轮子直径受限于机床的间隙或钳口。而内史密斯则将铣刀及其刀具安装在工作台下面，这样插床就可以加工任何直径的轮子。内史密斯还生产了一台基于其他原理的钻槽床，采用的是旋转刀具。促使他发明这台机床的动力也是为了省时省力，因为给机车活塞杆上的十字头开口销切槽非常麻烦。没有任何一种往复式插床可以有效地解决这个问题，车间普遍使用的方法是先给活塞杆钻孔，然后用凿子和锉刀在钻孔中手工切槽。针对生产过程中遇到的这个问题，内史密斯的解决方案是采用当时普遍使用的一种矛尖钻头（使用麻花钻头是很多年以后的事了），去除其中心点，将其转换成一种粗糙的双刃端铣刀。使用这种铣刀的机床上有一个垂直主轴安装刀具，其自动反转工作台可在铣刀切槽时推动工件在刀头下面来回移动。工作台也可以垂直移动，以便给刀具提供进给，每当工作台到达其水平横向移动的终点时，撞针将会启动棘轮推爪机构，这样，进给就自动作用到垂直丝杠上。该机床除了上述用途，还可用于在轴上切削羽状键槽，这项工作也是任何往复式插床都不能胜任的。

惠特沃斯和其他机床制造商随后也生产了类似的槽钻床，但自动水平和垂直运动从工作台转移到了刀架。这是一个明显的改进，因为有时候可能需要用这样的机床对笨重不易处理的工件进行相对较小的加工处理（图 5-9）。

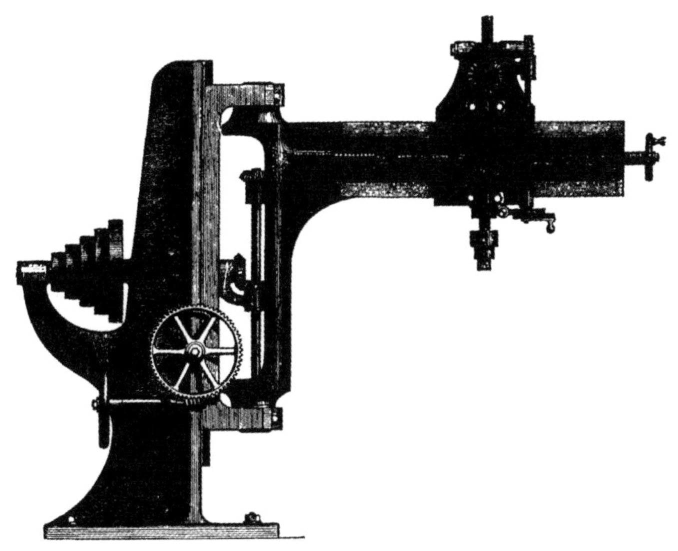

图 5-9　惠特沃斯设计的摇臂钻床，1862 年

从商业角度来看，内史密斯的小型模制机可能是他最畅销的产品。当他发现，采用往复式工作台的刨床在加工小部件的平面表面时，机器工作起来又笨重又缓慢，于是内史密斯决定将加工方式从工作台移动变换成刀具移动，随后他设计了一种简单的机床，上面有曲轴和飞轮、连杆、十字头和滑杆，看起来很像个小型卧式蒸汽机，刀

架安装在活塞和气缸的位置。正是由于这种外观上的相似度，当时的机械工程师给这种机器起了个绰号，称之为“内史密斯的蒸汽臂”（图 5-10）。机床的刀架安装在一个垂直滑轨上，可手动调节，棘轮和棘爪向工作台提供垂直或水平自动进给。这种机器除了平面加工，也可用于分段作业，只需用合适的夹具代替工作台。这个简单而且不太专业的装置却成了最有价值的车间工具。内史密斯在 1836 年建造了这台模制机的初代原型，从发明之日起一直到今天，由它衍生出来的各种同类机器还是采用同样的工作原理，一直是工程师车间的必备设备。

内史密斯发明的大型刨床采用了齿条运动来驱动工作台，但伦敦科学博物馆展出的小型内史密斯刨床则使用了不同的工作原理（图 5-11）。和罗伯茨早期的机床一样，它的工作台也是通过滑轮连接到

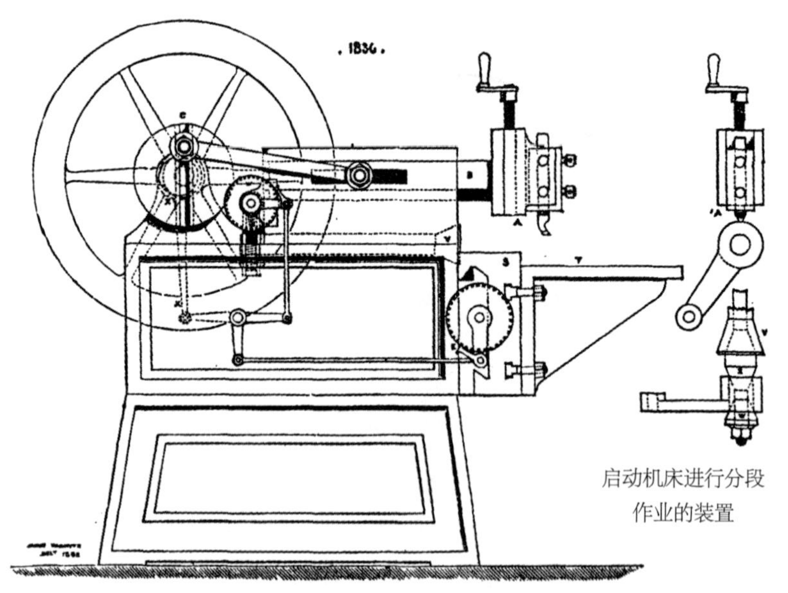

图 5-10 詹姆斯 · 内史密斯发明的“蒸汽臂”模制机，1836 年

链轮上的链条推动着做往复运动，但是内史密斯摈弃了手动操作，而是通过齿轮传动装置将半转动传递到链轮上。链轮的轴上有一个大直径圆盘，圆周仅有一部分装有销齿。与这些销齿啮合的小驱动齿轮安装在一根轴上，小齿轮端的轴承箱可在框架内做有限的横向运动。因

图 5-11　詹姆斯 · 内史密斯设计的小型刨床，1857 年

此，小齿轮能够交替地与销齿的外侧和内侧啮合，从而使运动逆转。销齿通过螺母固定在轮子上，因此可以通过增加或减少销齿的数量来改变工作台移动的长度。刀具箱的横向进给由棘轮和棘爪驱动，后者的传动源于小齿轮轴的横向运动。内史密斯还将这种名为“砑光轮齿轮的装置”应用到了车床上，这样就能够加工机车偏心皮带轮或类似零件的外周了，这些零件的圆形或半圆形部分被突出的凸缘或凸台阻断。

说起内史密斯在车床设计方面的贡献，他还发明了一种简单的可逆丝杠传动装置，即在主动齿轮和从动齿轮之间引入了两个相同的啮合惰轮，惰轮安装在一个带有摇摆枢轴的操纵杆上。操纵杆的运动会产生一个三齿轮或四齿轮传动系统，从而逆转丝杠的旋转方向，同时它也提供了一个空档位置①。这个装置是1837年问世的，从此之后，其他的车床制造商都普遍采用了这种传动方式。内史密斯也是第一批尝试在批量生产规格统一的部件时提高车床生产力的工程师之一。为此，他特地建造了一台命名为“双面或两面都操作自如的车床”。这种车床有一个连体主轴箱，安装在床身的中心，尾座在两端，两个滑动托架共用一个丝杠，丝杠延伸车床的整个长度。该丝杠由自动控制的棘轮制动装置驱动，一个操作人员可以同时平车或螺纹切削两个相同的工件。内史密斯主要用这台机器车削大螺钉，他还设计了一个简单的工作台夹具，由V形块和一个可调节的随转尾座组成，有了这个夹具，部件在车削前可以更快、更准确地进行定心。

最后一条，内史密斯对车间操作流程还有一个微小但很重要的贡

---

① 不知道是什么原因，《内史密斯传》（第417页）对这一装置的描述和说明都是错误的。——原文注

献：他引入了导向丝锥。内史密斯加长了丝锥的柄，给钳工发放了直角夹具和衬套，以确保钻孔的精度。我们今天使用的各种复杂的夹具和固定装置都是从这个简单的创新发展来的，目的都是确保加工过的工件达到相当的精度标准，而且规格一致。

最重要的是，詹姆斯·内史密斯还很有雄辩天赋，他一生都在不遗余力地宣传机床的价值和各种优点。在他生活的那个时代，曼彻斯特的工人因经常喝到酩酊大醉而臭名昭著，工作起来也不太靠得住，虽然可以找到很多借口为这些行为辩解，但他们的种种缺点让内史密斯感到无比愤怒，毕竟，他是莫兹利那所以追求完美为理念的“学校”培训出来的工程师。他在车间发明方面表现出的聪明才智其实只是为了避免工人出错做的预防措施，内史密斯曾如此赞美机床：“它们从不会喝醉；它们的手也不会因为饮酒过量而颤抖；它们从不缺勤；它们不会因为工资问题罢工；它们在精度和匀称度方面也毫不逊色……”。

在所有直接或间接受到亨利·莫兹利影响的工程师中，约瑟夫·惠特沃斯（Joseph Whitworth）是最著名的一位，主要是因为他推动了所有机床生产商都采用同一尺寸的标准螺纹，正因为此，后世的工程师日常工作经常会提到他的名字。事实上，惠特沃斯的名声远不止于此。尽管克莱门特、福克斯、罗伯茨和内史密斯都在发明创造方面取得了不俗的成就，但毫无疑问，在莫兹利之后，能取代他成为机床发展史上另一位主导人物的只有惠特沃斯。更何况，他所创立的公司后来成为世界上最著名的机床生产商。

约瑟夫·惠特沃斯（1803—1887年，图5-12）出生于斯托克波特，父亲是一名牧师兼教师，叔叔在德比郡拥有一家棉纺织厂，他

图 5-12 约瑟夫 · 惠特沃斯

14 岁时就被送到那里学习商业方面的知识。但是，就像这一章中讲述过的其他工程师一样，惠特沃斯在机械制造方面的兴趣是无法遏制的。他无法忍受单调乏味的白领工作。只要一有机会就会逃离他的办公桌，他醉心于研究纺织厂的各种机械，通过这种方式他学到了所能学到的一切知识，后来，他来到曼彻斯特当了一名机械技师。然而，他最后还是对莫兹利这个名字着了魔，远赴伦敦，从 1825 年开始在莫兹利位于兰伯斯的工厂工作。很快，惠特沃斯就展现了自己在机械方面的卓越才能，这一定让他的老板很高兴，根据一些作者的说法，最早采用手刮刀对平面板做最后修整的其实是惠特沃斯，而非莫兹利。

惠特沃斯后来离开了莫兹利，分别在霍尔扎菲尔和克莱门特的工厂工作了一段时间，1833 年回到曼彻斯特开创自己的事业。和内史密斯一样，他租下了某个有电力供应的厂房的一隅，并无比自豪地竖立了一块牌子，上面写着："约瑟夫 · 惠特沃斯，来自伦敦的机床制造商"。这块牌子上的措辞非常重要，充分说明了一条道理，那就是在 18 世纪，伟大的伦敦仪器制造商拥有至高无上的工艺水准，这个好名声通过布拉马、莫兹利和克莱门特这些代理人已经扩展到工程机床贸易的领域。从他们设定的新精度标准中可以看出，这三个人无疑都受到了仪器制造商的影响。但是在这个全新的行业，伦敦的独特地位未能延续下去，事实上根本不可能。罗伯茨、内史密斯和惠特沃斯在搬到曼彻斯特时都表现出了非凡的远见卓识。伦敦本来是机械工程行业当之无愧的中心，但因为它远离新兴的煤炭、铸造和纺织产业聚集地带，其核心地位根本无法持续下去，而与此同时，这些新工业区正在英国的中部和北部地区迅速扩张。只有船舶工程行业在伦敦顽强地存活了下来，这还是多亏了泰晤士河畔自古以来就非常发达的造船业。但是，当木制船体外壳被钢铁船体取代时，即使这个行业也最终难逃厄运。对于通用机械工程师和机床制造商来说，有一点至关重要，那就是他们的厂址应该尽可能地接近燃料和原材料的产地，离工厂主也不能太远，毕竟，从一开始，各个工厂的老板才是他们最好的客户。当惠特沃斯第一次来到曼彻斯特时，他自豪地声称他是在伦敦接受的专业培训，并很快在曼彻斯特立足，成为工业界一位举足轻重的领军人物。1850 年，这个英国北部城市已然成为全世界的机床制造中心。

机床许多细节的改进都是惠特沃斯的功劳。就车床而言，他是第一个使用单个丝杠在一台车床上自动驱动纵向和横向进给的人。这种设计最早出现在 1835 年。纵向移动时，半螺母与丝杠啮合。横向进给时，短垂直轴上的蜗轮与丝杠一直保持啮合，但在滑动托架静止时才转动。驱动通过锥齿轮从垂直轴的顶部传递到两个半轴，这两个半轴与托架上横向进给丝杠的轴线平行。其中一个半轴的终点是手摇曲柄，另一个半轴通过一对直齿轮驱动丝杠。用操纵杆可将一个直齿轮脱离啮合，从而断开进给。在机床停止工作、两种进给都中断的情况下，操作员可以使用手摇曲柄进行快速纵向移动，将托架推送到工件的位置，主丝杠此时充当齿条的功能（图 5-13、图 5-14）。

惠特沃斯设计的第一台刨床可以在工作台的两个方向上进行切

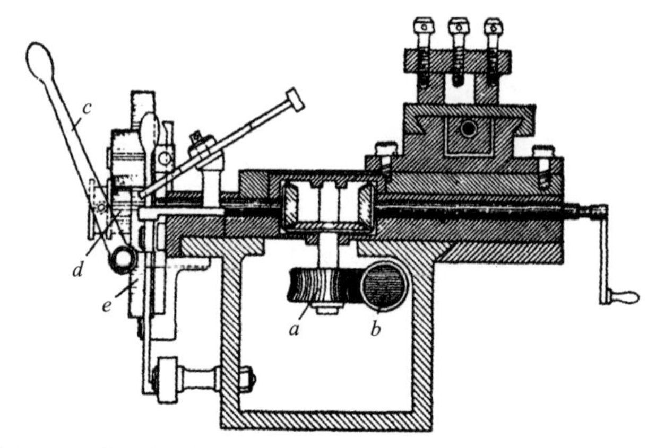

图 5-13　约瑟夫 · 惠特沃斯设计的车床自动横向进给装置，1835 年

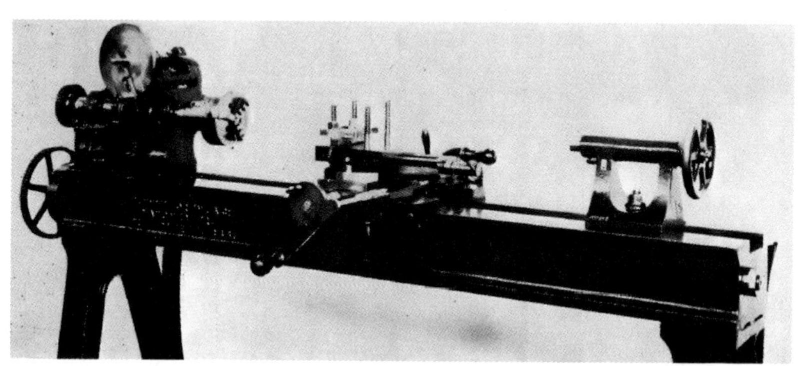

图 5-14　约瑟夫 · 惠特沃斯设计的自动横向进给车床，1843 年

削，但是他没有像克莱门特那样使用一个摇摆刀架和两个刀具，而是使用了一个刀具，刀具安装在绰号为“吉姆 · 克劳”的刀架中，工作台每次运动结束时刀架可以自动旋转 180°。后来，他又恢复了单向切削，滑动托架可以进行快速的回程运动。他还将快速回程运动应用于模制机。为了逆转刨床的滑动托架，惠特沃斯使用了双传动皮带轮，一个是开口式皮带，另一个是交叉皮带，这种传动方法在此后的

很多年里被普遍采用。如此设计的机床，其托架驱动轴承载着两个完全相同的驱动滑轮，这两个驱动滑轮被一个相同直径的游滑轮分开。由托架操纵的皮带移动装置可推动这两个皮带滑轮往复运动，这样，当其中一个皮带轮转动时，另一个位于游滑轮上。再增一个游滑轮可提供一个空挡位置。事实证明，可逆驱动方法比福克斯和其他人使用的斜齿轮和滑动爪形离合器在这一方面表现得更令人满意，加工起来也更顺畅。

然而，这些创新并非约瑟夫·惠特沃斯声名远扬的原因。在他成名之前，其他工程师早已经确立了机床的基本工作原理。只不过，从惠特沃斯制作的机床可看出他对每一个设计细节都给予了一丝不苟的关注，这才是他成功的秘诀。惠特沃斯在机床发展史上的地位堪比亨利·罗伊斯（Henry Royce）在汽车工程史上的地位。这两个人都不是发明天才，但他们对工作都要求有极高的标准，即使是最好的也永远不够好。凭借着准确无误的判断力，他们发现了当时各种设计的最佳特征，做了某些改进，并将它们巧妙地融合为一体。他们二人的成就都是经过深思熟虑有意识主动实践的结果，而亨利·莫兹利建造第一台螺纹切削车床则也是并非是刻意为之的奇迹，二者还是有区别的。后一种发明若非创造性的天才很难实现，因为这些发明都是此前已经存在的各种构想的融合体，但当时很少有人能将这些构想变成现实，这种现象只有后世的历史学家才能看得清楚明白。但是，像罗伊斯和惠特沃斯这样的人在技术发展史上有着同样举足轻重的地位。罗伊斯制造的汽车（劳斯莱斯）使他的名字成为“卓越”的代名词，也是出于同样的原因，在机床上印上惠特沃斯的名字就象征着最高的工艺标准和性能。

惠特沃斯从他的师傅莫兹利的"大法官"千分尺汲取的经验教训是，精确的端面量具是车间精度的基石。他在自己的工作中应用并扩展了这一基本原理，1856 年，他展示了一台能够检测出百万分之一英寸长度误差的机器。在此之前，用直接的机械手段根本做不到这一点。惠特沃斯说："我们使用这种测量方式，可以达到需要的任何精度标准；我们从车间实践中发现，使用端面量具精确到万分之一英寸要比使 2 英尺直尺精确到百分之一英寸容易得多。无论做哪种调试，涉及长度都应使用端面量具，而不是直线。"（图 5-15）

图 5-15　惠特沃斯发明的测长机，1856 年

虽然美国后来发明了光学测量法（见本书第八章），但时间证明惠特沃斯的建议是正确的。40 年后（1896 年）瑞典人 C.E. 约翰森（C.E.Johannson）改进了端面测量法，使之成为所有车间的基本测量方法。

惠特沃斯对螺纹方面的贡献仍然是追随了莫兹利引领的方向。莫兹利和克莱门特对行业的影响力非常大，1840 年时，几乎所有的英国大型工程公司都采用了标准化的螺纹，但不同公司的标准并不一样，惠特沃斯此时意识到，这样是行不通的。必须规定一个统一的国家标准才行，这个标准可以确保同一型号的螺纹不仅仅是螺距相同，螺纹的切削深度和形状也必须相同。他从所有重要生产厂家那里拿到了螺纹样品并做了测量，发现这些螺纹的牙型角的平均值为 55° 。于是，他决定将这个角度设为统一的国家标准，无论任何尺寸的螺纹都适用，其效果是在他提出的范围内螺距和螺纹深度的比例保持恒定不变。1841 年，他向土木工程师学会宣布了他的发现和建议，1860 年，惠式螺纹标准已经在英国普及。后来，社会发展到钢制品逐渐取代铁制品的时代，市场开始需要更细的螺纹，正是由于这个原因，有时人们会觉得惠特沃斯当初缺乏远见。坦白说，这样的批评对他而言不太公平，因为没有一个工程师会为了将来忽视眼下的问题，惠特沃斯在确定他的统一标准时肯定知道，当时大量使用的是铸铁螺纹部件。在脆性材料上切削又细又浅的螺纹是不现实的，也永远不会被工业界接受。惠特沃斯本人在 1841 年宣布他的建议时就很清楚地表明了这一点。他说："我们要记住，上面的表格（即他的标准）中的螺纹显示的是平均值，既适用于铸铁，也适用于熟铁部件；如果只局限于熟铁螺纹，采用统一标准的后果是，成品比原先还要粗糙。"

现代的机床体型庞大、朴实无华、功能齐全，这主要归功于约瑟夫·惠特沃斯，在这方面其他人都没有他的贡献大。18 世纪时，伦敦的那些大型仪器制造商经常给他们的产品增添一些与功能无关的巴洛克或古典优雅的风格。那些为了满足有钱人的业余爱好而专门生产装饰性车床的厂家也是如此。这些工匠大多是钟表制造商，所以他们和他们的客户自然而然地认为，其他的精密机械也应该像钟表的外壳一样加上一些装饰物，使其外形看起来古典优美。这一传统通过布拉马、莫兹利、克莱门特以及与他们同时代的伦敦人逐渐延伸到机械工程师的车间里。布鲁内尔和莫兹利很快在其滑轮机床的框架设计中也融入了这种明显的巴洛克风或古典风格，机器的外形变得越来越没有质感，而且毫无意义，举例来说，一些印刷机的框架或国内某些脚踏式缝纫机的卷曲铸铁支架都设计成类似风格，这种状况一直持续到20世纪初。而惠特沃斯在设计自己的机床时，完全摈弃了这种矫揉造作的传统，不留一丝痕迹。他意识到：有些习惯性做法如果用在木材加工机械、印刷机或缝纫机上可能没有任何坏处，但在设计重负荷金属切削机床时，这些做法是绝对不能容忍的，因为机床的精度取决于它们的绝对刚性。

优雅并不一定是艺术传统的必然产物。当应用于工程领域时，这种传统通常显得很虚假，在这一领域，真正的优雅在于设计师想方设法减轻机床的重量，使各个部件在满足其功能的基础上尽量做到比例协调。即使是这种功能上的简练优雅也被惠特沃斯抛在一边儿，因为他一心一意只追求精度。他意识到，机床制造业是唯一一个没必要考虑减重的工程分支。事实正好相反，对这个行业而言，越重代表着越好。因此，惠特沃斯制造的机床，单纯就其所使用的金属重量而言，比同时代其他人制造的机床要大得多。事实上，其执行的作业任务并不需要这么重的机床。这并不是说惠特沃斯过度使用了金属。从康威河和麦奈海峡上的管状桥可以看出，当时的土木工程师已经证明了箱形截面的强度，惠特沃斯在他的机床设计中广泛采用了箱形截面，结果，其僵硬的直线型外观更显得突兀。惠特沃斯使用箱形截面支撑结构取代了其他制造商常用的那种叉开的圆柱状或弧形支腿。典型的惠特沃斯车床有一个非常深的箱形截面床身，导轨之间有一个极小的开口用于垂直轴，该轴从丝杠上获取自动横向进给的驱动力。丝杠安装在床身内部，在一条导轨下面，惠特沃斯在规划机床丝杠的位置方面总是非常用心，目的是保护它们不要粘上灰尘和切屑。

和内史密斯一样，惠特沃斯也很关注车床的生产效率问题，他的解决方案是设计一种带有两个横刀架的机床，使两个切削刀具可以同时工作。他解释说，两个相对的刀具可以起到滑动托架的作用，消除颤振，减轻车床顶尖在重切削负荷下的压力。他还发明了棒料加工车床用的空心主轴，以及基于膨胀锥原理设计的弹簧夹头，后者还申请了专利。这两项发明后来都成为自动螺纹切削机床或“棒料自动车床”的基本特征。

惠特沃斯晚年开始极度关注武器装备的改进，最初是独立研究，后来与威廉·阿姆斯特朗（William Armstrong）合作，但在本书所关注的时期，他的主要精力还是放在机床上。尽管他对机床设计作出了重大改进，采用了极其严苛的工艺标准，但惠特沃斯在机床发展史上的最大意义在于他是第一个伟大的工程机床制造商。在这一点上，他与迄今为止讲述过的所有其他工程师都不一样。其他人的职业生涯都遵循一个惊人的相似模式：他们都是在作坊里以很少的资本或者根本没有资本开始创业，他们愿意承接任何工程机械方面的订单。随着业务的逐渐扩张，小作坊变成了大工厂，就像内史密斯的布里奇沃特铸造厂，这些厂虽然可以完成更大规模的工作项目，但他们的业务模式并没有改变，其作坊式的灵活传统一直延续了下去。这些公司引以为豪的是，他们有能力解决摆到他们面前的任何技术问题，要么改进机器的设计，要么改进建造程序。总之，他们总能提供正确的解决方案。19 世纪上半叶，技术进步突飞猛进，在很大程度上要归功于这些出色的通用机械工程师，他们头脑灵活，善于变通。然而，技术进步的速度，以及由此引发的对机械工程产品日益增长的需求也带来了一种更加专业化的机械加工形式。约瑟夫·惠特沃斯是否有意识地预见到了这个发展趋势，并判断出变革的时机已经成熟，我们无从得知。但实际情况确实如此，他位于曼彻斯特的工厂开始专门生产工程机床，其产能也达到了前所未有的高度。他的商业投机获得了巨大的成功。有史以来第一次，制造商终于做到了以相对合理的成本快速产出最高质量的机床。而那些不那么专业的机床制造商，由于他们从事的业务五花八门，无论是在快速交付能力还是价格方面都无法与惠特沃斯竞争。因此，惠特沃斯赢得了首屈一指的商业声誉，到 1850 年时，他的公司生产的机床已经主宰了全世界各地的工厂车间。

第六章
驱动装置、齿轮及齿轮切削机床

19 世纪上半叶，蒸汽动力和各种新机器的推广彻底改变了加工厂的传统工作形式。以前，工人建造风力和水力加工厂时几乎都是使用的木头，但在 18 世纪的最后几十年里，约翰·斯米顿和约翰·雷尼（John Rennie）等人率先在动力传输系统的建设中开创了从木材到钢铁的巨大转变。

卡伦钢铁厂发起这场钢铁革命的是约翰·斯米顿。1839 年，威廉·默多克去世，他曾在汉兹沃思的房子前的草坪上竖立起一个雕像座，上面放着一个铁齿小齿轮，这位已故老人曾声称这是有史以来加工厂安装的第一个小齿轮。这个小齿轮是卡伦钢铁厂为他的父亲铸造的，上面写着："这个小齿轮是 1760 年在卡伦钢铁厂为埃尔郡贝洛加工厂的约翰·默多克铸造的，是英国第一个用于磨坊的齿轮传动装置。"①

① 这句话引用自斯迈尔斯的《博尔顿和瓦特的一生》，但在他的《约翰·雷尼的一生》这本书中，他声称斯米顿于 1754 年在卡伦铁制品加工厂引进了第一个铁齿轮。——原文注

开启这场革命下一个进程的是约翰·雷尼，他在1784年至1788年为伦敦黑衣修士区著名的阿尔比恩磨坊设计并建造了水车机械，可惜这个加工厂存在时间并不长。这间磨坊是世界上第一家采用蒸汽动力的大型面粉加工厂，也是第一家几乎完全用铁制机器将两台博尔顿 & 瓦特公司蒸汽机的动力传递给磨粉机的工厂。斯迈尔斯在其著作《约翰·雷尼的一生》（*Life of John Rennie*）中对该设备的安装过程描述如下：

> 阿尔比恩磨粉机的轮子和轴整体都是由这些材料（铸铁和锻铁）制成的，但在某些特殊情况下有例外，部分轮齿由硬木制成，用于插进其他铸铁零件。在需要非常小的齿轮的地方，采用锻铁制成的轮齿。无论是木质还是铁质的轮齿都是通过削和锉的方式精确地加工出外圆滚线的形状。全部的主轴和轮轴都是铁制的，轴承是铜的，所有这些零件都经过精确的安装调试，以便做到最大化利用蒸汽机产生的全部动力，尽可能减少摩擦带来的损耗。

从技术角度看，阿尔比恩磨坊非常了不起，但如果用它来衡量当时甚至之后许多年内这一领域的总体能力水平，那将是一个错误。它有很多方面值得其他加工厂借鉴，可惜的是，在同行还未完全学得其精髓的时候，这个大磨坊在1791年就完完全全地毁于一场大火，而这场火灾是由一个过热的轴承引起的，这表明，当时的人们还没有完全掌握如何安全合理地利用新技术。在19世纪之前，大多数磨坊主仍在凭经验工作，他们偶尔也使用铁，但仅限于在传统生产上使用，一般是用于建造笨重的滑轮组或齿轮组，这些滑轮或齿轮组合安装在巨大的铸铁方轴上，旋转速度非常缓慢。

当 19 世纪那些伟大的机床制造商们生产出了各自的机床，并用这些机床再生产出各种新奇、复杂的专用机器后，比如罗伯茨发明了自动走锭纺纱机，他们很快就意识到，旧的动力传动系统完全不能满足新机器的动力要求。用什么方法才能最好地向机器传送动力？于是，寻找这个问题的答案成了工程师们激烈争论的主题。大家对绳索、平皮带和肠带各自的优点进行了详细的讨论，最后一致认为，必须提高转速来减轻动力传输系统的整体重量。索霍铸造厂的工程师威廉·默多克曾试图完全废除长传动轴，我们在前面的章节中提到过，索霍铸造厂的重型机床采用的是用蜗轮传动。詹姆斯·内史密斯在 1830 年参观了这家著名的铸造厂，他是这样描述这个机床车间的：

> 我参观了车间，对机床的操作特别感兴趣。在那儿的时候，我仔细观察了默多克设计的那套令人赞叹的传动系统，它可以将动力从一台中央发动机传输到其他小型真空或大气发动机，这些小型发动机连接在他们要驱动的各个机器上。动力通过管道从中央气泵或排气泵输送到小型真空或大气发动机，每个小发动机只驱动一台机器，这样就省去了所有的轴系和皮带，速度可以根据需要保持一个固定速度或随意调整，而且不会干扰到其他机器的运转。这种真空动力传输方法可以追溯到帕潘（法国物理学家，发明了高压锅）生活的时代；但这项发明在一个多世纪的时间里没有任何现实意义，只是一项死发明，直到默多克神来一笔，赋予了它生机。

受到默多克机床的启发，内史密斯后来在他的布里奇沃特铸造厂也开始使用小型蒸汽机为单个机床提供动力。

之后不久就出现了液压传动系统，再后来又有了压缩空气传动系统，但它们在工程车间的应用仅限于锻造车间和锅炉车间。而高屋建瓴的默多克设定的目标只有在电动机出现时才能实现。纺织业需要平稳、可靠的恒速传动系统，因此，绳索驱动占了上风，成为当时的主要传动形式，采用绳索驱动方式的加工厂也一直延续至今。肠带其实是当前使用的 V 形橡胶带传动的祖先。亨利·莫兹利起初将其作为机床的主传动装置，但很快它就被降格为辅助传动装置，和克莱门特端面车削机床的变速运动模式相同。在工程师的机械车间里，平皮带因为优势明显很快就得到普及。它通过使用阶梯式滑轮极大地简化了变速操作，并使平滑的可逆运动成为可能，举个例子，惠特沃斯的刨床就采用了这种可逆运动模式。

许多早期制造机床的人同时也改进了驱动机床的方法。比如，詹姆斯·内史密斯发明了用于总传动轴系的自动调心轴承。在长时间的轴系运转中，一直保持轴承的对准几乎是不可能的，而内史密斯设计的球形黄铜轴承壳及轴承座极大地减少了轴承故障和由此造成的机器停机，停机会给磨坊主造成严重损失。毫无疑问，新一代磨坊主中最伟大的应该是威廉·费尔贝恩（1789—1874 年）了，他的《加工厂及相关机械的安装》（*Mills and Millwork*）一书取代了布坎南早先关于该主题的著作，多年来一直是行业的标杆作品。

威廉·费尔贝恩在土木工程和铁制船舶制造领域很有名望，他的弟弟彼得也不甘落后，于 1828 年在利兹的惠灵顿铸造厂创办了一家著名的工程机械厂。但我们本书只关注前者作为加工厂主的业绩。威廉·费尔贝恩出生于苏格兰，长大后成为一名机械技师，在经历了多次起起落落之后，1817 年他与一位名叫詹姆斯·利利（James Lillie）的合伙人在曼彻斯特成功创办了一家小型的普通加工企业。这两个合伙人很快就意识到，邻近的纺织厂的动力传输设计还有很大的改进余地。

>（据斯迈尔斯的著作）他们发现，纺织机器都是由大型的方形铸铁轴驱动，轴上安装的巨大木头圆台滚筒——有些直径长达 4 英尺——以每分钟约 40 转的速度旋转；联轴器安装得很不稳，在很远的地方就能听到它们刺耳的嘎吱声。驱动轴的速度主要是通过一系列皮带和对应的大滚筒轮来提高的，这样不仅使得房间拥挤不堪，而且严重挡光，而操作这些不同的机器必须有良好的光线。纺织机器还有一个严重的缺陷，那就是其主轴的建造方式以及联轴器的固定方法都有问题，于是机器经常因为承受不了负荷而崩溃，几乎每个星期都会有一次甚至更频繁的机器停转问题。

除了设计和工艺上的缺陷，费尔贝恩还认识到，使用低速主驱动装置，然后通过副轴加速，以便将动力传输到快速运转的纺织机器上，这种做法是完全错误的。当传输的动力一定时，如果降低轴和轮子的重量和强度，它们的旋转速度会相应地提高。于是，费尔贝恩决心大幅提高轴系的速度，使其能够直接驱动纺织机，如果有必要，也可以减速副轴。费尔贝恩在这个方向上的第一次尝试就大获成功，于是，当时英国最大的棉纺企业麦克康奈尔肯尼迪公司在 1818 年请求这两个合伙人为他们的新工厂供应纺织机械。费尔贝恩在该纺织厂建造的上述轴系类型的机械直到多年后才被电动机所取代，他们对纺织机的改进大幅提高了效率和产能，后来，其他的制造商不得不争相效仿。

> （斯迈尔斯还告诉我们）在短短几年的时间里，传动系统就发生了一场彻底的革命。笨重的大块木头和铸铁以及占地面积大的轴承和联轴器，全部被细长的锻铁杆和悬挂它们的轻型框架或挂钩所取代。他们还以同样的方式发明了更轻但更坚固的轮子和滑轮，整体设计都有了很大改进，并且，工艺的精度也越来越高，避免了摩擦，同时将速度从每分钟大约 40 转增加到 300 转以上。

自然，发起纺织厂这场革命的工程师们很快就将学到的经验应用到他们自己的机械车间。在最初的工程车间里，装配工的工作台上摆满了杂乱无章的机器，也有的是像索霍铸造厂那样，机械作为车间整体结构的一部分是直接建造在里面的。现在，出现了越来越多体型紧凑、自成一体的机床，新的轻型轴系也逐渐被引进，工程师还认识到，必须将工件从一台机器转移到另一台机器的过程简化，所有这些因素结合起来，最终，机床在专属车间里被配置得井井有条。杰出的瑞士工程师约翰·乔治·博德默（John George Bodmer，1786—1864 年，后文亦称“J.G. 博德默”）在这方面做出了极其重要的贡献。

博德默出生在苏黎世，我们在下一章中将详细讲述他在欧洲大陆时从事的重要商业活动。他于 1816 年首次访问英国，当时他已经下定决心要参观完所有比较重要的钢铁厂、工程车间和纺织厂。1824

年，他第二次访问英国时给博尔顿市一家制造纺织机械的小工厂安装了所需的设备。这次业务并不成功，博德默随后回到了欧洲大陆，但这个细节之所以重要是因为：据考证，世界上第一台桥式起重机就是在这个工厂最早出现的。1833 年，他第三次也是最后一次来到英国，并在那里逗留了几年。曼彻斯特的夏普 & 罗伯茨公司从此开始生产他改进过的纺织机械，但结果并不令人满意，于是，博德默决定自己生产。他在曼彻斯特建了一个机车间，车间配备的机床全部都是他自己设计和制造的。除了齿轮切削机，他的机床本身并没有体现出任何明显的功能上的进步[①]，但作为一个整体，这些机床的安装方式代表了一种非常成功的模式。博德默的长篇回忆录于 1868 年发表在《土木工程师学会会报》（*Transactions of the Institution of Civil Engineering*）上，文章对此描述如下：

> 渐渐地，几乎所有这些机床都被建造了出来并投入使用。根据精心制作的计划，小车床、大车床、刨床、钻床和插床有条不紊地排成行；为了使工人能够更经济、更方便地把待加工的部件放置在车床上，并在加工完成后将其拿走，大型车床的上方还配备有小型移动式起重机，起重机上安装着滑轮组。刨床旁边也架设了足够数量的小型起重机，方便取放物品，除此之外，几根铁轨从车间的这头到一直延伸到

① 然而，值得注意的是，1839 年，博德默申请了立式端面车床的专利，这是世界上第一台立式端面车床，但是，也有人说实际上这台机床他从未完工。博德默的发明在保守的英国并不太受欢迎，但却在美国流行起来，被其他人做了进一步改进，特别是由 E.P. 布拉德和康拉德 · 康拉德逊设计的多轴全自动端面车床。——原文注

那头，目的也是方便用卡车运输待加工的机器部件。

书中接着写道：

> 此外，还建造了一台大型径向镗床和一台能够加工直径长达 15 英尺车轮的切轮机，工艺精湛，尤其是分度轮，还建造了许多有用的缺口或凹口车床，都得到了有效的利用。特别需要提一下，车间另有一些 6 英寸的小型螺纹车削车床，通过踏板作用于头顶上方的驱动齿轮，车床安装的是双滑动刀架，当其中一个刀具进入切削任务时，另一个刀具收回，这样，无论刀架滑块是向前或者向后运动，都可以不间断地进行螺纹切削。因此可以起到事半功倍的效果，同样的工作任务，现在只需要普通切削方法所需时间的一半就能完成。一些滑架车床还可安排同时进行粗加工和精加工。

在工业革命的整个过程中，人们一直在不断尝试如何提高转速获得更大的输出功率，但同时又不增加产生、传输功率所用机械部件的尺寸和重量，从转速每分钟 20 转的瓦特蒸汽机发展到每分钟 5 万转的燃气涡轮发动机。这方面技术的进步可以作为一般技术发展速度的可靠指南。因为提高转速的前提是必须有更精确的工艺，更好的金属材质，更优质的轴承，更好的润滑效果，最重要的是，必须有更好的传动系统才能实现提速。费尔贝恩对提高转速方面的特殊贡献在于，他凸显了 19 世纪早期那些伟大的工程师和机床制造者们仍然存在技术短板的一个重要领域——齿轮的设计和生产。

如今，高应力齿轮，比如汽车变速箱中的齿轮，大都是由硬化的高强度合金钢制成的。尽管这些齿轮的直径不同，但它们的轮齿都能紧密啮合，没有摩擦或干涉，如果不这样设计加工，那么即使用最坚硬的材料也没有效果。轮齿的齿廓必须是曲线型的，只有这样它们才能以最小的摩擦力保持连续啮合，同时它们还必须具备足够的硬度，能够毫无差错地传输所需的功率。这个难题即使是最聪明最心灵手巧的机械技师也无法完全凭经验解决，因为它涉及一个相当复杂的数学和几何问题。

经过测试发现，把齿廓设计成两种形式的曲线——摆线和渐开线，效果最好。W.O. 戴维斯（W.O.Davies）在他的《小机械的齿轮》（*Gears for Small Mechanisms*）中给这两种曲线做了简单的定义，这是目前最好的描述：

> 摆线是指一个圆沿一条直线滚动时，圆边界上一定点所形成的轨迹。该曲线的两种变体用于齿轮传动，即外摆线和内摆线，外摆线是动圆在另一个圆的外侧滚动，内摆线是动圆在另一圆的内侧滚动……渐开线是指当绳子从大滚筒上解开时，拉紧状态下绳子末端所形成的轨迹。

如何将这两种曲线用于现代齿轮的设计是工程教科书的范畴。这里只需说明一点，摆线或渐开线曲线可以分别单独使用，也可以相互组合使用，或者和直齿面或径向齿面一起使用，这取决于齿轮需要执行什么样的任务，如果它们是腕表中的微型小齿轮，或者是一对巨大的船用涡轮齿轮，此时需要根据具体情况采取不同的方案。正如我们现在所看到的，将齿轮设计变成如此精确的一门科学是近些年才出现的事情，因为最初生产齿轮时纯粹是凭借经验，当时只使用了外摆线曲线，而且往往是错误的。即使是在正确使用外摆线的情况下，它也只适用于一对齿轮，如果是不同直径的多个齿轮传动系就不适用了。最早解决这个问题的方法就是引入渐开线这种形式的曲线，标志着人类在现代齿轮设计前进的道路上迈出了重要的第一步。

当数学家和实际设计者为齿形争论不休时，机床制造商面临的艰巨任务则是如何生产出能够在齿轮毛坯上精确复制这些齿形的机床，且不论使用这些齿形正确与否。他们必须考虑到要切削的齿轮类型是正齿轮、锥齿轮、螺旋齿轮或者是蜗杆齿轮，可用的切削工具类型，还有最重要的一点，他们还要知道这些机床究竟是用来生产各种五花八门的“一次性齿轮”还是生产大批量规格统一的零件。难怪他们给出了各种各样令人眼花缭乱的解决方案。

如果要切削的是“一次性”的或非常大的齿轮，首选“样板法”或“画齿规法”，因为这两种方法都可以应用于使用单刃刀具刨齿机的运动。在第一种方法中，主样板确保刀具在进给过程中遵循正确的曲率。在第二种方法中，刀头上的夹具向刀具施加径向运动，从而通过机械方式产生与样板法相同的结果。这两种方法还有一个替代方案，那就是使用一种特殊的刀具，该刀具的切削面精确地制作成规定齿廓的形状。如果是简单的操作，这项技术通过单刃刀具也可以应用于刨齿机。另外，用类似方法制成的多刃旋转刀具，或者说是成形铣刀，也可以用同样的方法来使用（图 6-1）。

截至 1850 年，所有上述方法都得到了一定程度的应用。所采用的各种机器实际上形成了一个机床家族——成员都是以刨床和刨齿机

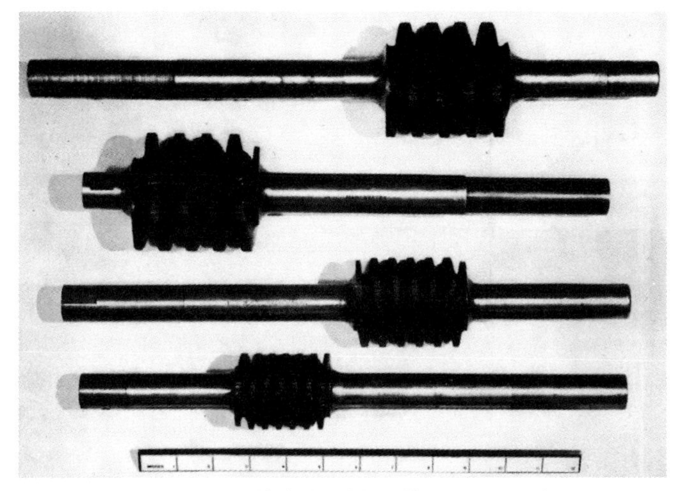

图 6-1　J.G. 博德默设计的涡轮刀具，1839 年

为内核的变种。无论是哪种情况，齿轮毛坯都要安装在一个具有精确刻度的心轴上，每次挖槽任务完成后都需要先手动移动心轴，然后用机械方法移动。其实还有第三种切削齿轮的方法，方法也存在变种。这就是“生成法”[①]。这种方法不需要在工作台上用分度轴，而是让齿轮毛坯保持连续旋转，刀具的运动与其同步。实际效果相当于刀具成为一个主齿轮，当它和齿轮毛坯啮合时，可持续在毛坯上复制出同样的齿轮。尽管早在 1850 年就有人提出使用这样的切齿方法，但直到很久以后才被广泛用于生产。

以上对齿轮设计和生产中的问题做了简明扼要的总结，本书之所以这么做是为了使普通人理解，为什么在机械工程这个特定领域，理论与实践在如此长的时间跨度内都没有实现合二为一。伟大的英国机床制造商们并不缺乏实用方面的聪明才智，他们成功地利用样板法、

① 该方法又有“范成法”“展成法”等名称，后文将主要称其为“展成法”。

画齿规法和成形刀具法制造出了有效且精度尚可的齿轮切削机，但是他们取得的成果存在缺陷，原因在于，他们要么根本不知道形成这些齿廓的基本几何原理和数学原理，要么对这些原理有所误解。这是技术发展史上一个具有重大意义的困境，如果不能成功地把这些原理从数学家的书房搬运到机械工程师的车间加以应用，那么，想通过齿轮装置有效地传递动力就永远是一项不可能完成的任务。船舶蒸汽涡轮和汽车只是许多重大发明中的两个典型，事实上，所有这些发明要想在现实生活中获得成功都高度依赖于工程师是否具备生产出高效、精确齿轮的能力。

齿轮设计所依据的数学理论有着悠久的历史。库萨的尼古拉斯（Nicholas of Cusa）早在 1451 年就研究过摆线问题，外摆线这个概念是由阿尔布雷希特·丢勒（Albrecht Dürer）于 1525 年发现的。法国的菲利普·德·拉·希尔（Philippe de la Hire）在 1694 年发表了第一篇关于齿轮设计的数学论文。德·拉·希尔得出的结论是，在所有可用的曲线中，渐开线的效果最好，但在当时那个年代，理论和实践之间存在不可跨越的鸿沟，直到过了 150 年，渐开线形状的齿廓才得到实际应用。对于那些手上长满老茧的风力和水力磨坊工匠来说，这些理论跟他们风马牛不相及，因而不曾应用理论也丝毫不奇怪；与此相比，当时的钟表制造商更像是会认真关注这个理论的群体，毕竟他们从 16 世纪起就在使用小型齿轮切削机。然而情况并非如此。钟表匠们煞费苦心地试图在他们的机器上标上准确的刻度，要想实现这个目标，有一点非常重要：齿轮齿必须在最大程度上形状规则、统一，但轮齿的形状并不太重要，因为需要齿轮传递的动力太小了。诚然，在大型钟表中，当打点报时轮系停止时，轮系的齿轮也会受到相当大的应力，但这种间歇性动作的要求可以通过强力满足，不需要太过于关注齿形问题。[①] 磨坊普遍使用的木制齿轮装置旋转速度非常低，所以效率差的问题依旧不太引人关注，鉴于材料的性质，噪声问题也不明显。当铁齿轮首次被引进工厂时，在较大的齿轮上都安装的木制榫齿，又成功回避了噪声的问题。这些材料很容易再生，且具有类似的静音效果。可是，在机械运转时，当一个铁齿轮和其他铁齿轮啮合时，麻烦开始了。鲁德亚德·吉卜林（Rudyard Kipling）在他的诗篇《麦克安德鲁的赞美诗》(*MacAndrew's Hymn*）中写道，蒸汽机的几个主要偏心轮“在滑车轮上开始争吵”，但是，当一对早期铁器做的齿轮开始旋转时，其爆发的喧闹声完全把偏心轮的争吵声盖过去了。当时务实的磨坊主明智地接受了这场冲突，并表示如果让他们自己处理，他们会及时解决争端的。然而，通常情况下，齿轮非但没有磨合好，反而磨坏了。

正在这个关键时刻，工程师开始向数学家“求爱”，这是“订婚”的前奏，但他们在最终幸福地“结婚”前也经历了漫长的“磨合期”，因为双方都对彼此充满了误解。最早的误解源于英国工程师的第一批老师只研究过外摆线。德·拉·希尔和他的继任者——伟大的瑞士数学家莱昂哈德·欧拉（Leonhard Euler）的著作对他们来说仍然是一窍不通。莱昂哈德·欧拉此时已经推导出渐开线曲线的数学表达式以及将之用于齿轮齿的优势。但当时的工程师们即便对摆线理论也存在经常的误解和误用。工程师们自己制定了一套生成外摆线齿廓的特殊

① 本段内容不应被解读为在钟表工作中不需要科学的轮齿形状，而是说，由于所给出的原因，18 世纪的钟表匠们凭借经验就能使钟表产生非常准确的运动。如今，高度专业化的外摆线齿和渐开线齿分别用于钟表的“走时轮系”和上弦系或分钟到小时减速轮系。——原文注

规则，而这些规则往往是经验法则。阿尔比恩磨坊是最早尝试将理论转化为实践的试验田之一，正如斯迈尔斯所说的那样，那里的工匠们一丝不苟辛辛苦苦地将轮齿锉削成外摆线的形状，或者更确切地说，是削成雷尼认为正确的形状。雷尼和他的手下作为外摆线齿形的开创者值得钦佩。他们取得的结果按我们当前的标准看可能非常不够准确，效率也不高，但与之前相比肯定有很大的改进。

从此之后，外摆线齿轮的生产分三个阶段进行。第一阶段是手工制作铸造齿轮的样板；第二阶段，加工样板；第三，从原材料或坯料中加工生铁或熟铁齿轮。工业用齿轮切削机是从钟表制造商使用的小型“分度机”演变而来的，像后者一样，也使用的是成形的高速切削刀具，1820 年的时候或者更早之前已经在英国投入使用了。1821 年 5 月 5 日，理查德・罗伯茨在《曼彻斯特卫报》（*Manchester Guardian*）上刊登了一则广告——可能是史上第一个这样的广告（图 6-2）。在这则广告中，他“恭敬地通知棉纺工、铸铁工、机床制造商和机械技师们，他已经根据自己改进过的新原理研制出了一台切削机，这台特殊结构的机床可以根据具体需求加工出任意数量的轮齿：只要直径不超过 30 英寸，任何尺寸、任何螺距的锥齿轮、正齿轮或蜗杆齿轮都可以加工，材质可以是木材、黄铜、生铁、熟铁或钢材的任意一种，而且轮齿不需要锉削”。

罗伯茨的机床其实就是将钟表制造商用的机器倒置过来，使承载分度轮的心轴（在机架的后面）和齿轮毛坯保持水平。分度轮由蜗杆通过变速齿轮旋转，因此可以很容易地改变齿数。绳驱动的高速切削刀采用手动水平进给，但刀头可以倾斜以方便进行锥齿轮切削（图 6-3）。

图 6-2　理查德 · 罗伯茨在报纸上刊登的齿轮切削广告，1821 年
（来源:《曼彻斯特卫报》）

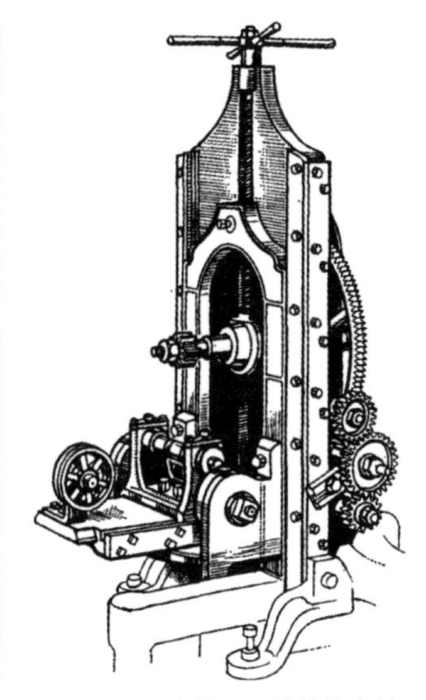

图 6-3　理查德 · 罗伯茨的齿轮切削机，1821 年

早期其他使用高速切削刀的机床是曼彻斯特的 F. 刘易斯（F. Lewis）和博德默生产的，只不过他们安装分度轮的心轴是垂直的，在机床工作台下面。博德默只使用钟表制造商的高速切削刀来制造木制齿轮样板，他是第一个在金属齿轮上使用真正成形铣刀的工程师。为了生产这些刀具，博德默使用了一台配有铣刀的齿轮切削机，根据工件的样版来切削。

博德默也是利用模具成形原理进行齿轮切削的先驱者。① 他于 1839 年获得专利保护的一种特殊刀具的标本现今保存在伦敦的科学博物馆里。设计这种刀具的目的是用于切削蜗轮，它由一个钢蜗杆组

① 约瑟夫 · 惠特沃斯在 1835 年获得了基于相同原理的螺旋齿轮切削机的专利，即使他确实生产过这样的机床，但其采用的刀具未能保存下来。——原文注

成，这根蜗杆与待切削的蜗轮所要啮合的蜗杆相同，不同之处在于它上面有切削齿。如果刀具和齿轮毛坯以正确的相对速度旋转，并且两者一起进给，前者就会在坯料中切削出正确节距、形状和深度的轮齿。这个过程后来被称为“滚齿加工”。

约翰·霍金斯（John Hawkins）于1806年翻译了法国著名数学家夏尔·艾蒂安·路易·加缪（Charles Étienne Louis Camus）的作品，罗伯逊·布坎南（Robertson Buchanan）于1808年将一篇关于轮齿的论文纳入其关于加工工厂和加工工具的著作中。另外，剑桥数学家罗伯特·威利斯（Robert Willis）分别在1837年和1841年发表了相关论述，这三人都身体力行地帮忙将数学家使用的晦涩难懂语言翻译成车间工人可以理解的术语。遗憾的是，加缪的著作完成于1766年，只涉及外摆线曲线，而威利斯的论文尽管很出色，也明确指出自己并未太关注齿轮的动力学，他的意思是，没有太关注负荷和速度的相互影响。业界一直对外摆线齿轮和渐开线齿轮各自的优劣争论不休，因此，尽管威利斯对这两种齿轮都有阐述，但是他并没有就这个问题给出一个明确的答案。而霍金斯对产生外摆线轮齿的方法存在误解，越发混淆了这个问题。至于渐开线，因为此种形式的轮齿可能导致啮合的齿轮分开，机械师们强烈反对这种情况。事实是，在旋转速度较低、原动机速度更低、需要用“加速”齿轮来驱动机器的情况下，摆线型齿轮就够用了。此时根本不存在激励机械技师开发渐开线型轮齿的先天条件。后来，在转速大大提高、有必要给机器传动系统“减速”时，他们才有足够的动力去做这件事。因此，摆线型的齿轮就这样延续了下来，虽然机械技师们实际生产出来的轮齿都未必是正确的摆线形状。这也是为什么当我们今天再去看罗伯茨、福克斯或惠特沃斯制造的早期机床时，最让我们感到陈旧过时的零部件就是其齿轮结构。我们可能对齿轮设计一无所知，但已经在成千上万的齿轮应用中熟悉了现代通用的各种齿形，所以，这些早期外摆线齿轮上挖槽深而且螺距又大的轮齿在我们看来就像老式轧布机或早古时期农业机械上那种铸造工艺粗糙的齿轮一样原始。

19 世纪 30 年代，加缪著作的译者约翰·霍金斯对当时的轮齿加工方法进行了详尽的调查。范围涵盖了所有著名的机械加工厂，包括莫兹利父子和菲尔德公司、雷尼兄弟的加工厂、布拉马的加工厂、克莱门特的加工厂和夏普 & 罗伯茨公司，以及各个知名的时钟和仪器制造商。霍金斯在他 1837 年出版的（加缪的再版著作）译本的附录中总结了这项调查的结果，用清晰而生动的文字向我们描述了当时的情况，特此引用几段如下：

> （霍金斯写道）一项棘手的任务现在摆在眼前，如果避开这项任务不算编者失职的话，编者会很高兴这样做；这项任务就是不得不宣布一个可悲的事实：在大多数令人尊敬的公司车间里，他们的机械师根本不了解切削齿轮的齿形背后依据的工作原理，车间的操作流程也有相当大的缺陷。
>
> 一些工程师和工厂主说他们依据的是加缪的原理，轮齿的形状是从相对齿轮的直径衍生出的外摆线……[①]

① 这个评价非常具有讽刺意味，因为错误源于霍金斯本人。在他出版的第一版《加缪》中，霍金斯在附录中加入了约翰·艾米森著作的节选，该著作错误地声称外摆线的生成圆的直径等于对面齿轮的直径，而不是等于它的半径。参见 R.S. 伍德伯里的《齿轮切削机床的历史》，第 18 页。——原文注

一位工厂主说，“我们除了凭经验操作没有什么其他方法”；另一个说，“我们都是大概估算的数字”。这两种说法可以理解为他们让工人自行决定。

有些人将圆规的一个指针设置在轮齿的中心，在基圆（即节圆）处，用另一个指针画出旁边轮齿外侧的圆弧……其他人将圆规的指针设置在离轮齿中心不同的距离，有时更近有时更远；有的在中心线之内，有的在中心线之外，每个人操作的依据要么是从他们祖父那里学到的要么是偶然听来的一些令人费解的概念。之所以说它令人费解是因为两侧是圆弧形的轮齿啮合时摩擦力都很大，而这种摩擦会造成不必要的机器磨损……

那些被调研的数学仪器制造商、天文钟、时钟和手表制造商中，一些人对这个问题的回答是，“制作齿轮的轮齿我们没有规则，只凭借双眼”；其他人说，“我们将轮齿正确地绘制成大比例图形，这样可以帮助眼睛评估小轮齿的形状”；还有一种回答是，“在兰开夏郡，他们用所谓的月桂叶图案制作表轮的轮齿，完全依赖工人的眼力见儿。如果他们听到你谈论什么外摆线曲线，他们会把你当成一个大傻瓜一样盯着你看。”天文仪器制造商认为月桂叶图案过于尖锐，不利于齿轮的平稳运行，它们会将轮齿的末端加工得比月桂叶的形状更圆。

难怪 19 世纪早期的齿轮在我们看来都有点奇怪，但经历过这种混乱之后，秩序很快就出现了。J.G. 博德默是使用径节系统的先驱，这种系统在英国西北地区非常普遍，以至于被称为“曼彻斯特节圆”。罗伯特·威利斯制定了一条规则，即“在给定的一组齿轮中，划线圆的直径应等于该组齿轮的最小半径”，这条规定成了摆线齿轮传动的标准，直到今天仍在使用。与此同时，渐开线终于开始取得了一定的进展，在这场迟来的革命中，霍金斯起了不小的作用。他和约瑟夫·克莱门特一起进行了一系列摆线和渐开线齿轮的实验，这些实验改变了他之前对这个问题的所有想法。因此，他在1837年版的加缪著作译本中增加了一段话，这一段话实际上与该书的其余部分自相矛盾。其内容如下：

> 由于加缪先生除了外摆线以外没有论述过其他曲线，他似乎认为外摆线应该取代所有其他曲线成为轮齿和小齿轮的形状。编者必须坦率地承认，在上述表格的绝大部分打印出来之前，他也一直持有相同的意见；但是，为了更好地解释渐开线在齿轮、小齿轮齿形上的应用，编者仔细研究了渐开线的比例，结果发现渐开线有很多他以前没有注意到的优点，之所以以前没注意到这些优点大概是源于他对外摆线的特殊偏爱导致内心存在某种偏见，因为在他漫长的一生中，他听到过无数人赞美外摆线比所有其他曲线都好；再加上德·拉·希尔赋予了外摆线至高无上的地位，这种偏见更是越发强烈。[①] 确实，罗比森博士、大卫·布鲁斯特爵士、托马斯·杨博士、托马斯·里德先生、布坎南先生和许多其他

① 霍金斯不可能彻底研究过德·拉·希尔的著作。——原文注

人，他们都陈述过，使用渐开线这种曲线，齿轮与齿轮之间可以传导平稳的运动，但他们这些人没有任何一位把渐开线的重要性提高到与外摆线相同的高度；此外，编者之所以存在这种偏见还有部分原因是他在进行过严谨的调研后坚信，根据外摆线曲线精确成形的齿轮和小齿轮（或两个齿轮）啮合时摩擦力最小，也最耐用。

但编者没有花足够的时间关注到下面这种情况，即如果一个齿轮或小齿轮同时驱动两个或多个不同直径的齿轮或小齿轮时，外摆线就不适合这种情况，因为用于产生驱动轮齿形的圆不可能同时等于多个从动轮或小齿轮的半径。在思考这种情况时，编者发现渐开线能满足产生完美齿形的所有条件，无论哪种尺寸的齿轮，渐开线齿形都可使其与任何其他尺寸的齿轮顺利啮合，尽管也许不等于齿数很少的小齿轮的外摆线。

霍金斯继续解释说，他只是简单列举了渐开线的优点，未来还需要对这个方向进行大量的研究和实验。确实如此。事实上，在 19 世纪最后的十年，关于轮齿形状的最后一次战斗终于在美国打响了。然而，像我们常说的，毕竟霍金斯已经“打开了一些局面”。技术正在迅速崛起，时代要求齿轮以更高的速度运转，传输更大的功率，那些漫不经心切削轮齿形状的方法缺陷明显，不能再这样下去了。在这种情况下，任何有心的工程师都不会忽视霍金斯的话，许多有远见的人很快就走上了他指明的道路。

1844 年时，约瑟夫·惠特沃斯已经通过成形铣刀完善了可切削渐开线齿轮的大型机床。这台机器的毛坯芯轴有齿轮分度，使用平皮带通过蜗杆和蜗轮驱动铣刀。1851 年，这台机床安装了刀头的动力进给（图 6-4）。

图 6-4　约瑟夫·惠特沃斯制造的带有成形铣刀机床，用于切削渐开线齿轮，1851 年

另一个有预兆性的技术进步是霍金斯在他的书中描述的一种新型齿轮切削机，它是由“费城的萨克斯顿先生设计的，他现在正在伦敦，因对机械精度的特征和价值有着极其敏锐的直觉而闻名。”约瑟夫·萨克斯顿（Joseph Saxton）设计的机床规格不大，是为钟表行业定制的，但它的出现意义重大。与英国机床制造商的设计一样，该机床也使用了铣刀，但它的工作原理是基于滚动生成原理。铣刀的表面位于一个平面内，该平面穿过滚动圆的轴线。滚动圆沿着待切削毛坯轴线上的节圆滚动。具体到机床，代表这两个圆的是两个齿轮，轮齿是铣削的，齿距非常细。当时，英国的机床制造商开发的带有分度心轴的齿轮切削机都是依靠以往的经验设计的，生成的齿轮齿形和齿距也全凭他们个人的想法，而且经常粗制滥造，鉴于这一点，像这种

依据滚动生成原理工作的机床只有掌握了齿轮理论的工程师才能设计出来（图 6-5）。

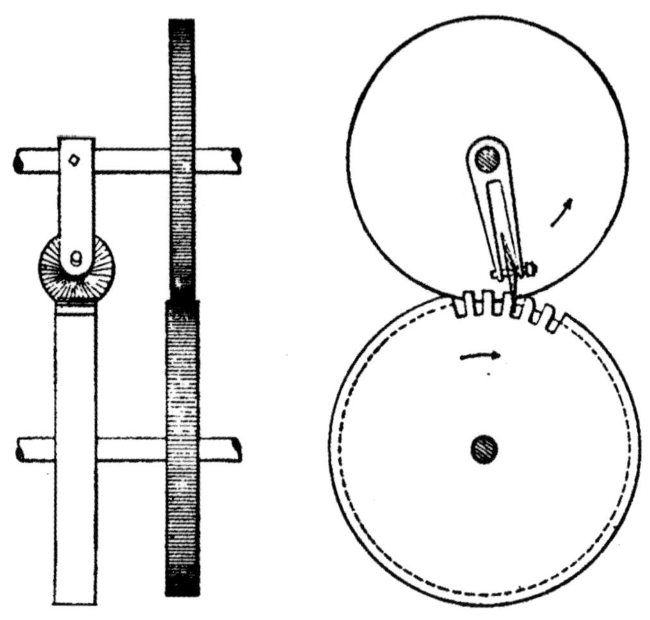

图 6-5　约瑟夫 · 萨克斯顿制造的齿轮切削机，约 1841 年

放在一个更广阔的时代背景下看这件事，萨克斯顿的机床是大变革的预兆。而大变革的设计者是一位美国人，是本书到目前为止提到的第一位美国人。当伟大的英国机床制造商们通过自己的努力迅速将他们的国家提升到一个似乎不可动摇的工程霸主地位时，大西洋彼岸正在发生一系列大事件，不久后美国就从英国手里夺走了这个他们引以为豪的领导地位。

第七章
美国的崛起：可互换性生产

1851年，世界博览会（简称“世博会”）在伦敦的海德公园举行，此时，英国骄傲地称自己为“世界工厂”，这个主张没有受到任何质疑。英国科学家和工程师们在工业革命中创造的丰功伟绩使这个国家在各项技术上都处于全球领先地位，没有证据表明其领导地位会受到挑战。诚然，革命已经席卷了整个欧洲大陆，但欧洲的铁路都是由英国工程师建造的，欧洲的新工厂配备的也都是英国机器，看起来这一地区丝毫不会威胁到英国的技术霸主地位。但实际上，工业革命先驱为英国赢得的巨大技术优势也是一种危险因素，从某种程度上导致工业界出现了自满情绪，技术方面也开始日趋保守，19世纪下半叶，这种情绪在英国的机械工程行业非常普遍。机械车间原本是新创意和新技术的发源地，但工程师们却只想躺在过去的辉煌成就上得过且过，而且这种倾向变得越发明显。伟大的机床制造商们，尤其是约瑟夫·惠特沃斯，为英国的工程师制作出了性能良好的机床，以至于他们也相信了惠特沃斯的说法，即这些机床已经好到没有任何改进的余地。事实证明，这个幻觉很快就要破灭了。

1853 年，一些英国工程师组团访问了美国，正是因为这次访问，以及他们在 1855 年提出的建议，后来，英国政府在恩菲尔德新成立的步枪制造厂配备了至少 157 台美国机床，其中包括 74 台铣床。这个举动相当于承认美国人已经掌握了机床设计方面的主导权。美国作为英国过去的一个殖民地，仅仅在 1783 年才真正成为独立国家，但它竟然如此迅速地达到了技术巅峰的地位，背后的各种因素都是密切相关的，其中最重要的一个原因是英国政府的无能和愚蠢。然而，这里必须指出，大多数政治失误的始作俑者是英国的工业家，是他们成功地把政府变成实施其短视政策的工具。

1718 年，当从北美殖民地的第一批铁材到达英国时，麻烦才刚刚开始。虽然进口量非常小，但足以让英国的钢铁厂老板们坐立不安了。过去，他们一直将北美殖民地视为一个牢牢握在手心的出口市场，现在他们开始担心如果允许殖民地自由开采其丰富的矿石、木材燃料和水力资源，他们必将很快丢掉殖民地这个出口贸易。在他们的游说下，殖民地被禁止生产棒材、生铁或铁制品。这种专横武断的措施根本无法执行，北美殖民地反倒出现越来越多的熔炉厂和铁匠铺，尽管它们的产能很低，只能满足殖民地的一小部分需求。

1737 年，英国有人提议，不如停止从瑞典和俄罗斯购买生铁（其实从俄罗斯进口的量非常小）改从北美殖民地进口，那样将节省大量开支，因为进口的费用可以通过向殖民地出口制成品来转移支付。这一计划遭到了米德兰地区钢铁厂老板们的强烈反对，但在 1750 年，英国政府还是批准了从北美殖民地进口生铁，以及在某些限制条件下进口棒状铁，但维持了对殖民地制成品的禁运政策，严格禁止在殖民地内建立分切或轧制工厂、电镀锻造厂或炼钢炉。

远在三千英里之外的商业利益集团竟然试图遏制并压抑一个幅员辽阔、潜在财富巨大的地区的经济，这种企图是绝对不可能成功的，最终不可避免地导致了独立战争的爆发。在那之后，英国政府又做出了一次愚蠢透顶的行为，它在 1785 年通过了一项法律，禁止向美国出口任何机床、机器或发动机，并禁止任何与钢铁工业或与其相关的制造业有关的个人移民美国，否则将受到严厉的惩罚。对于新世界[①]那些有远大抱负的机械技师来说，这条机械禁运令最大限度地刺激了他们的野心；至于那条阻止熟练工人移民美国的禁令，事实证明，新世界的诱惑太大了。众多技术娴熟的英国工匠成功逃脱禁令来到美国，其中有两位分别是威廉·克朗普顿（William Crompton）和塞缪尔·斯莱特（Samuel Slater），他们曾在阿克赖特和斯特拉特的工厂工作。这两个人都为美国纺织业的快速发展做出了重要贡献。1822 年，梅里马克河畔的戈夫斯顿成立了一家小型纺织厂，斯莱特是创始人之一。戈夫斯顿后来发展成新罕布什尔州的曼彻斯特市，而这家小企业也逐渐成为世界上最大的纺织厂。这家大工厂的持有者阿莫斯凯格制造公司后来成为一家通用工程机械和机床制造商。这说明，美国和英国一样，工程机床的发展都与制造纺织业用的特殊机械密切相关，纺织业的逐渐扩大促进了机床技术的进步。

军备工业是刺激美国机床产业大踏步向前发展的第二大动力。欧

① “旧世界”与“新世界”的说法，在 1492 年哥伦布发现美洲大陆之后逐渐产生，即美洲为当时所认知的欧洲、非洲、亚洲之后的新大陆和新世界，随着美洲大陆的移民不断增加，这一说法变得较为普遍。

洲的历史再一次在美国这个新世界上演，但在美国却出现了截然不同的结果。为了生产笨重的大炮，欧洲很早就出现了镗床，而美国的需求则是更轻、更稳定、更快速的小型武器，而且需求数量比以往任何时候都大。白人殖民者想征服美洲大陆全靠这些武器。定居者向中西部地区的首次试探性扩张让他们意识到，如果用沉重的燧发枪武装自己，他们根本不是北美原住民（印第安人）的对手，因为北美原住民都拥有高超的箭术，而且他们的马儿跑得飞快。除此之外，白人的枪械一旦损坏就成了一堆废铁，因为只有距离最近的枪械师才能维修，而修理枪的人很可能远在数百英里之外。白人定居者不仅需要性能更好、数量更多的枪支，而且需要枪支的零部件可以互换。可互换性意味着，通过携带备用的枪支存量或“拆解”损坏的武器，白人就可以在中西部的前线堡垒和院落中保持足够的武器储备。

从那时起，很多新技术动向在美国逐渐萌芽，互换性生产的想法跟其他技术一样也是起源于欧洲，但最早成功大规模采用这种理念的却是美国。布鲁内尔和莫兹利的滑轮机床都具备了可互换生产的雏形，但船用滑轮只是皮带轮和滑车轮的简单组合，使用机床的目的只是为了生产更多的滑轮；如果说这个过程实现了一定程度的可互换性，那纯属巧合，而不是有意为之的结果。另一方面，就军械制造业而言，所有支持可互换生产的条件都已具备。军械是一个相对复杂的精密部件组装，需要大量规格统一的零件。法国曾三次尝试生产零件可互换的枪械，第一次是在 1717 年，具体情况不详；第二次是在 1785 年，由枪械师勒·布朗（Le Blanc）负责；第三次是 1806 年，在（今德国）黑森林圣布雷兹的一家小工厂，负责人是 J.G. 博德默。

1785 年，时任美国驻法国大使的托马斯·杰斐逊（Thomas

Jefferson）参观了勒·布朗的车间，然后向本国政府汇报了他在那里看到的情况。勒·布朗交给他一个盒子，里面装着 50 把滑膛枪机零件，零件被放置在一个个小隔间里。

> （杰斐逊写道）我自己把好几个零件安装在了一起，随机拿的一些零件，结果组装后特别完美。如果枪支需要修理，这样做的好处是显而易见的。他用的是自己发明的工具，这样做还能减少工作量，因此他认为自己可以生产出比普通价格便宜两里弗[①]的滑膛枪。但他需要两三年的时间才能做到不限量供货。[②]

关于博德默在圣布雷兹进行的可互换生产尝试，他的描述如下：

> 博德默先生没有采用普通的手工制枪工艺，而是发明了一系列特殊的机器投入使用，非常成功，这些机器可制作各种零部件——尤其是枪机零件，这些零件可以随时拿出使用，他不但做到了使零件规格统一，而且还节省劳动力。[③]

1811 年的时候，英国政府拥有至少 20 万个滑膛枪筒，但由于缺乏修理枪机的熟练工人，这些滑膛枪筒毫无用处，这个不幸的事实

① 原法国货币单位。

② 参见《托马斯·杰斐逊文集》，H.A. 华盛顿编，第一卷，第 411 页，纽约，1853 年。——原文注

③ 参见《土木工程师学会论文集》，第 28 卷，573 页，伦敦，1868 年。——原文注

证明，勒·布朗和博德默尝试的可互换生产方法存在巨大的潜在价值。然而，由于某种原因，他们的努力没有取得成效。失败的原因可能是官僚的偏见和保守心态，但也有人认为，美国工程师之所以能在勒·布朗和博德默失败的地方取得成功，可能是因为后者没有使用极限量具来确定其部件的尺寸。可互换生产方法能否成功，有一条原则至关重要，那就是需要确定临界尺寸可容忍的（正负）误差范围，然后通过合适的量具在车间里严格执行这一原则。美国工程师们似乎从一开始就明白这个道理。

多年后，杰斐逊在回顾他当年拜访勒·布朗的情况时写道:“我试图让美国把他招募过来，他同意了，而且也没要求很高的条件。但最终没有促成这件事，我不知道他后来怎么样了。”至于勒·布朗是否通过杰斐逊对美国的发展进程产生了一定影响，真的很难断定。不过，可能性似乎也不太大，因为直到 13 年后，即 1798 年 1 月，伊莱·惠特尼才与美国政府签订了他的第一个订单，用他的互换性生产方法为美国政府生产滑膛枪。但是，也有一种可能，惠特尼计划可互换生产方案的时候已经对勒·布朗的相关工作有所了解。

殖民时期美国工业和技术的发展就像是密闭锅炉中的蒸汽，在这个比喻中，英国政府就是压在安全阀上的一个重物。新英格兰地区早期的铁匠和机械技师们的活动是这个大锅炉接缝处的第一批小漏洞，这些漏洞暴露了一个事实，即一股巨大的潜在能量正在释放越来越大的压力。独立战争中，当压力把安全阀上的重物推翻时，一股巨大的能量突然喷薄而出，造成的后果是，从此以后，美国物质进步的步伐比欧洲任何时候都要快得多。短短不到 60 年的时间，欧洲的优势就被取代了，新世界占据了领先地位。在欧洲，技术飞跃往往需要几代

图 7-1　伊莱·惠特尼

人的时间才能完成，但在美国，一代人就够了，仅仅几位早期先驱者的活动就产生了在欧洲人看来令人震惊的成就。伊莱·惠特尼（Eli Whitney，1765—1825 年，图 7-1）是美国“勇往直前”的第一代先锋中最杰出的一位。作为美国伟大发明家的第一人，他的思想应用于工业后迅速对美国经济的发展产生了相当深远的影响，任何其他工程师都无法与他相提并论。他的聪明才智同时影响了美国的纺织业和军备工业，由于机床的发展最初依赖于这些行业，因此他也算是这段历史中的一个关键人物。

惠特尼是一个农民的儿子，出生在马萨诸塞州的韦斯特伯勒，1792 年，他在佐治亚州的时候创造了第一个伟大的发明，这就是轧棉机，这种机器能成功地从短绒棉中除去种子。手工除棉籽的工作非常劳累，所以当时的人们都认为这种植物几乎没有经济价值，那个年代唯一用于商业种植的棉花品种是长绒棉。这种植物只在海岛上生长，不能在内陆生长。惠特尼发明的机器取得了惊人的成功，供不应求，结果导致盗版泛滥，惠特尼完全没有能力维护他的专利。因为轧棉机的出现，世界上最大规模的纺织业在美国迅速发展起来。这项发明刚出现时，美国棉花的年产量不到 200 万磅；截至 1800 年，产量飙升到 3500 万磅，到 1845 年时，世界总产量为 116960 万磅，光美国的产量就占八分之七。经过漫长而艰苦的斗争，惠特尼成功地证明了他的专利的有效性，但发明并未给他带来太大利润，失望之余，他把注意力转向了军备生产这个新领域。

惠特尼以前并没有制造枪支的经验，1798 年，当他签订第一份 12000 支滑膛枪的合同时，他甚至还没有成立专门生产滑膛枪的工厂，而他第一年就需要交付 4000 支滑膛枪。然而，人们对惠特尼充满信心，康涅狄格州纽黑文市的 10 个重要人物同意为他做担保人。惠特尼在请求政府和他签合同的信中写道：“这台水力驱动的机器为了此项业务做了特殊改造，我坚信，它必将提高生产效率，并大大促进这种产品的生产。锻造、轧制、抹平、钻孔、研磨、抛光等机器都可以充分利用起来。”此外，他一开始的目标就是让不同的枪支可使用相同的标准化部件，这是他的原话。例如枪机，使之像铜版雕刻的连续印记一样彼此相似。

新工厂的地址位于纽黑文，为这个工厂设计并建造相关生产机械是一项非常艰巨的任务，惠特尼一定也预料到要在第一年就完成这项工作并生产出 4000 支滑膛枪是不可能的。截至 1801 年 9 月的时候，他们只完成了 500 支滑膛枪，这份合约原本是两年的期限，而他实际上足足用了 8 年的时间。尽管如此，政府从未对他的能力失去信心，并为他的机器开发预付了大量资金，当合同完成时，还需支付的剩余合约金已经很少了。但此时已经证明惠特尼的方法是成功的，因此，他在 1812 年又获得了 30000 支滑膛枪的合同。1842 年之后，惠特尼的儿子继承了管理权，第一支击发步枪就是在该厂制造的，被称为“哈珀斯费里枪”，1888 年，这家历史悠久的工厂被卖给了温彻斯特连发武器公司，著名的“22 口径连发步枪”就是这里生产的。

惠特尼的兵工厂成立初期，曾到此参观的一位访客对其描述如下：

> 在这种生产体系下，滑膛枪的几个部分需要经历几个不同的加工过程，或者几百或几千支作为一批进行量产。在不同的进展阶段，它们通过机器进行一系列相关加工工序，这不仅大大减少了工作量，而且统一了其形状和尺寸，因此，需要手工操作的地方也不需要机械师具备较高的工艺水平。这种机器的构造和设计合理，没有经验的人或经验很少的人都可以操作，而且能非常完美地完成工作，所以，在加工的最后阶段，当把滑膛枪的几个部分组装在一起时，它们之间的适配性非常好，就像是特意为各自同类型的枪支制造的一样……此时，我们不难发现，在这种生产体系下，任何一个资质普通的人都能很快上手，可以灵活多样地完成工作流程的一个分支。事实上，惠特尼先生发现，指导新招聘的比有相关经验的工人更容易，所以他也倾向于招募无经验的新人，而不是招聘一些其他生产体系培养出来的熟练工，不然还得花费精力去纠正他们原来的工作方法。

根据惠特尼自己的说法，加上上述同代人的描述，后来的作者都倾向于误导人们认为惠特尼是唯一一位在美国推出并完善了互换性生产方法的人。然而，最近的研究[①]表明，惠特尼的说法以及为他背书的人都有点夸大其词。在普及互换性生产的理念方面，他很可能比其他人做了更多的工作，但说只有他一人在做这件事确实是不可能的。整个技术发展史已经证明，这样级别的重大技术革命从来都不是一个

① 参见 R.S. 伍德伯里，伊莱·惠特尼传奇，《技术与文化》，第一卷，第 3 期，1960 年。——原文注

人可以完成的。

尽管惠特尼的方法可能提高了生产效率，但事实上，他在履行第一份合同时并没有实现可互换性，部分有幸保存至今的滑膛枪就是有力的证明。还有人说惠特尼把熟练的机械师借给了位于斯普林菲尔德和哈珀斯费里的政府兵工厂，并以这种方式将他的生产体系引进到这两个工厂，然而，早在 1799 年夏天，惠特尼曾在一封信中写道：“我可能会收买斯普林菲尔德的工人来给我生产他们那里使用的工具。”很明显，互换性生产体系的完善实际上是政府兵工厂和私营兵工厂之间进行富有成效的思想交流的产物，这些私营兵工厂，包括惠特尼的工厂，以及西米恩·诺斯上校（Colonel Simeon North）创建的位于康涅狄格州柏林和米德尔敦的两个兵工厂。

在过渡到可互换性生产体系的过程中，政府兵工厂雇佣的工程师们也做出了很大贡献，特别是约翰·H. 霍尔上尉（Captain John H.Hall）。但因为对惠特尼的索赔，这些贡献被遗忘了，坦白说，这样有失公平。霍尔 1811 年获得专利保护的主体就是他发明的步枪以及在可互换性体系下制造该型号步枪的机器。1817 年，他在哈珀斯费里兵工厂引进了这套生产体系和机器。由于霍尔提出了赔偿要求，一个调查委员会专门去检验了他的机器，反馈回来的报告说：这些机型“与我们在其他工厂见过的任何其他机器都有重大差异……目前所知的任何其他方法都无法生产出完全相同的枪支，也根本做不到零件可互换，之所以如此肯定是因为我们知晓美国现行的全部或者说大多数工厂采用的生产工艺……”

此事发生在 1827 年。多年以后，霍尔在 1840 年致信国会时解释了他的方法与其他厂家有什么关键区别。他写道：“在制造符合某个模型的枪支主体结构时，为了方便，机械师一般会不停变化测量和操作工件的点，在加工过程中难免会导致各个产品出现细微的差别，最终产品达不到统一的规格。为了避免这个难题，我采用的方法是，从固定一个点（称为定位）对主体结构进行每一次测量或操作，这样任何操作上的细微不同只能是另外一点产生的。”

从 1815 年起，政府的军械合同都规定，枪支的零件不仅应与该合同批次中的所有其他枪支做到可互换，而且应与国家兵工厂生产的相同型号的枪支做到可互换。枪支的模型被分发到各个军械厂，并且明令指示，所有成品必须与该模型不差分毫。1824 年，出自不同兵工厂的 100 支步枪被放在一起，完全拆卸后随机重新组装，事实证明，可互换性生产体系的进一步延伸也成功了。霍尔的方法无疑对这一结果起了极大的促进作用。

对于研究“狂野大西部”的人来说，无论是现实还是小说，枪通常只意味着一样东西——左轮手枪。有了这种轻便、快速射击且一击致命的武器，白人向西扩张的道路上再也没有任何障碍了。新体系采用的精密生产方法对这种新型武器的成功起了至关重要的作用。另外两种知名型号枪支的制造商也开始生产这种杀伤性武器。贺拉斯·史密斯（Horace Smith）以前是惠特尼的纽黑文军械厂的一名工人，后来他在康涅狄格州的诺维奇创立了史密斯 & 韦森公司，再之后又在马萨诸塞州的斯普林菲尔德开办了新厂。第一支左轮手枪的发明者塞缪尔·柯尔特上校（Colonel Samuel Colt，1814—1862，图 7-2）直到 1847 年与惠特尼武器公司签订了第一笔政府订单，他的发明才迎来进展。柯尔特对这套生产体系非常满意，于是他决定在规划的新工厂中用这种方法生产改进型的左轮手枪，新工厂计划建在康涅狄格

图 7-2 塞缪尔 · 柯尔特

州的首府哈特福德市。

尽管柯尔特发明的左轮手枪取得了成功，但他本人既不是一个发明天才，也不是一个伟大的工程师，他只是一个有魄力和胆识的商人，在挑选最佳人员和方法上有些天赋。1848 年，当他的新兵工厂还只是一个想法时，他就击败了几个竞争对手，把伊利沙 · K. 鲁特（Elisha K. Root，1808—1865）招致麾下，伊利沙是马萨诸塞州一个农民的儿子，当时被公认为新英格兰地区最好的机械师。柯尔特任命他担任其在哈特福德临时租用的一个小车间的负责人，并让他全权负责新兵工厂的机械和设备。这个新厂于 1853 年开始动工，1855 年建成。柯尔特和鲁特决心进一步贯彻执行新的生产体系，哪怕是很小的手工操作步骤也要尽力根除，比如去除加工零件上的毛刺。为实现这个目标，工厂至少安装了 1400 台机器，其中许多是由鲁特自己设计的。并非所有机器都是金属切削机床，鲁特还负责设计了模具冲压机床（或落锤），用于快速生产高精度的小锻件产品。这一重要发明超出了本书的范围，但只有通过用于生产落锤精确模具的金属切削技术才有可能实现。

尽管在机器上的开销已经很大，但鲁特为新工厂配备的各种特殊夹具、固定装置和量具的费用甚至更高。这是前所未有的情况，其竞争对手，其他的军火制造商都在密切关注着他们的进展，很多人认为柯尔特和鲁特已经失去了理智，整个项目注定要失败。结果，柯尔特的这家新的兵工厂取得了辉煌的成功，在 1861 年时厂房又扩张了一倍。柯尔特次年去世后，鲁特接替他担任公司总裁，直到他自己于1865年也离开人世。

就像莫兹利在兰伯斯的著名工厂一样，柯尔特的兵工厂（图7-3）通过其前雇员也对当时的社会产生了深远的影响。这些前雇员包括库什曼查克公司的创始人A.F.库什曼（A.F.Cushman）、弗朗西斯·普拉特（Francis Pratt）和阿莫斯·惠特尼（Amos Whitney）。后面这个人与伊莱·惠特尼没有直接亲属关系，但他们都是同一家族的后代。离开柯尔特的兵工厂后，普拉特和惠特尼一起在哈特福德的凤凰钢铁厂当了十年的工长，该厂隶属于乔治·S.林肯公司，柯尔特和鲁特的许多机器都是这家公司生产的。正是在这一时期，这两个人开始在业余时间创业，最终，普拉特和惠特尼的名字在美国的知名度犹如劳斯莱斯在英国一样广为人知。美国内战（南北战争）爆发

图7-3　早期工厂：柯尔特兵工厂，哈特福德，美国康涅狄格州，1855年
（来源：J.W.罗的《英美的机床制造商》，1916年版，麦格劳希尔出版公司）

后，军火工业得到空前发展，普拉特和惠特尼在此时离开了林肯公司，完全专注于自己的事业。战争结束后，他们开始为军械行业制造专用机床，海外的兵工厂也都开始用他们的产品更新自己的装备，因此，他们成为第一批美国造机床的大型出口商之一。他们还推出了一系列标准化的管螺纹，并赞助了确定美国线性测量标准的研究。

可互换性生产原理被广泛采纳后，下一步亟须做的就是让美国的所有工厂都使用相同的测量标准。为了确定相关标准，普拉特 & 惠特尼公司委托哈佛大学教授威廉·罗杰斯（William Rogers）和乔治·邦德（George Bond）去做这件事。在确定标准尺及其衍生工具、并使用这些绝对标准来检查精密量具和测量仪器的准确性时，罗杰斯和邦德拒绝了约瑟夫·惠特沃斯的端面测量原则，回到了使用显微镜进行线性测量的方法，其目镜可用测微计调节。有了这个命名为“比测仪”的东西，他们就能够对照主基准检查任何量具或仪器，过程中无须接触主基准，从而消除了端面测量系统的一个缺陷，完全规避了因为测量面的磨损导致结果不准确的风险。

在新英格兰地区，还有一家兵工厂也是采纳的互换性生产体系，该厂用的机床设计非常新颖，其成功主要归功于它的三位天才机械师，而不是外界的影响。这家兵工厂就是佛蒙特州温莎市的“罗宾斯 & 劳伦斯车间”（以下称罗宾斯 & 劳伦斯公司，图 7-4），上述的三位功臣分别是理查德·S. 劳伦斯（Richard S. Lawrence）、弗雷德里克·W. 豪伊（Frederick W.Howe）和亨利·D. 斯通（Henry D. Stone）。该公司创建于 1838 年，因为公司发展势头良好，1853 年在哈特福德开始建设一个规模更大的新工厂。然而，在这之后不久，他们签订了一份没什么利润的枪支生产订单，原本预计后续会有一笔更大金额的订单，结果订单泡汤，这家兵工厂倒闭了。尽管如此，这个昙花一现的企业和与它牵涉的相关人士深刻地影响了美国机床的设计和发展进程，我们将在下一章中详细讲述。此外，1851 年，罗宾斯 & 劳伦斯公司将一套采用他们的可互换性生产体系制造的步枪送到了伦敦的世界博览会参展，并获得了一枚奖章。这些步枪在展览会大放异彩，英国工程师后来特地组团访问美国，正是因为这个访问团的建议，罗宾斯 & 劳伦斯公司和英国政府签订了合同，为恩菲尔德兵工厂供应机床。随同这些机床一起来到英国的还有斯普林菲尔德兵工厂的几名技术人员，美国政府同意让他们来的。他们是第一批来到英国的美国技术人员。参与这一友好访问的各方是否意识到其中的讽刺意味？上一代人的时候，英国政府还在徒劳地试图阻止技术人员和新思想从旧世界传播到新世界，然而这股潮流已经开始向相反的方向涌动了。

图 7-4　早期工厂：罗宾斯 & 劳伦斯兵工厂，温莎市，佛蒙特州，约 1840 年（来源同上图）

访问美国的工程师委员会成员包括英国机床工业的元老约瑟夫·惠特沃斯，他在总结访美印象时如是说：

> 劳动阶级的人数相对较少，但他们几乎在每个行业都使用大量的机器，所以劳动力短缺的问题解决了，或许正是因为劳动力不足他们才如此热衷于大面积用机器作业。只要能用机器代替人力劳动的地方都已经完全机械化了，几乎没有例外……正是因为这种劳动力市场的现状，对机器的高度依赖，加上受过高等教育、高知专业人士的指导，这才是美国走向繁荣富强的主要原因。

惠特沃斯还赞扬了美国推动标准化的趋势，并提醒英国的制造商多关注这方面。

兵工厂首创的生产方法现在已被其他各种工厂普遍采纳，这么做的优势在任何人看来都是不言而喻的。因此，我们原本指望有进取心的欧洲制造商应该也会迅速跟上这种新技术。但事实并非如此。尽管这种誉为“美国体系”的生产方法被应用于英国的恩菲尔德兵工厂、塞缪尔·柯尔特在皮姆利科建立的分厂[①]以及德国和其他一些欧洲兵工厂，但在五十多年的时间里，这些个例对欧洲整体采用的生产体系影响很小，或者可以说根本没有产生任何影响。另一方面，远在大洋彼岸的美国，这项新技术受到各行各业的热烈欢迎，并迅速推广到钟表、缝纫机、打字机、农业机械和自行车的制造领域。造成这种截然

---

① 这个工厂并不成功，因为当时的英国工人不能容忍这套“美国体系”。——原文注

不同结果的原因是多方面的，而且很复杂，对社会、经济和政治都产生了极为重要的影响。

惠特沃斯写的美国访问报告导致英国人认为，“美国体系”产生的根源完全是因为劳动力短缺以及因此造成的工资普遍过高，持这种想法的人很多，而且根深蒂固。这意味着，在劳动力充足且廉价的英国，采用这种生产体系几乎没有什么好处。然而，正如我们前面提到的，驱使伊莱·惠特尼采纳新生产体系的动机并不是劳动力短缺，而是由于批量生产零件可互换枪支的特殊需求。退一步讲，即使惠特尼当时有不限量供应的廉价劳动力，除了可互换生产，其他任何方法都无法满足这种需求。后来，劳动力充足且价格低廉的英国和欧洲都在其兵工厂引进了这种生产体系，更是证明了这个道理。此外，节省劳动力的目的是降低产品成本，但这根本不是惠特尼的目标，况且他这么做并没有降低成本。斯普林菲尔德兵工厂的一名官员告诉来访的英国工程师，新生产体系与旧方法相比并没有降低滑膛枪的成本。他们的目标与当时的英国工程师一样，都是为了提高生产精度，不同之处在于美国人在“将技能融入机器”这条路上走得更远，他们在这方面的成就远远超过了其英国同行在过去甚至未来许多年内取得的进步（图 7-5）。

军备生产自古以来都是一种特殊行业，正常的经济考虑不适用于这个行业。因此，美国互换性生产体系的诞生不需要任何理由，但普通工业快速跟进并采纳这种体系是有原因的。与欧洲相比，美国的劳动力成本更高，这无疑是一个重要因素，但惠特沃斯所说的劳动力短缺也并非全部真相，而且这么说很危险。曾参观过一家大型美国纺织厂的访客在这一点上肯定会强烈反驳惠特沃斯的观点，事实上，美国

图 7-5　传动带“森林”：19 世纪 60 年代典型的美国机床车间

纺织厂的移民工人面临的工作环境比英国兰开夏郡的纺织厂更糟糕。但是，如果说美国缺少的是熟练工，而且美国加工厂的劳动力流动速度比欧洲快得多，这样讲或许更接近真相。

对于来自旧世界的富有进取心的移民来说，美国是一片充满机遇的乐土。一个熟练的手艺人可以很快成为某个行当的师傅。美国西部有大量土地，都是肥沃的处女地，不但不用缴纳什一税，也没有地主征收各种苛捐杂税，对于身体健全、勤劳的家庭来说，与其不名一文、在英国终身从事低薪劳动，还不如去美国当一个农民，开支低，土壤肥沃，可以轻轻松松过上好日子。美国制造商为了把这些手艺人吸引过来，让他们不去西部当农民，最终一致决定用高工资把他们吸引过来。一波接一波、规模越来越大的移民潮证明了美国长期缺乏劳动力的想法是错误的，但是有一点，也有很多移民想在农业或某个行业站稳脚跟，过上独立的生活，于是移民中最优秀的那些人也一而再再而三地逐渐离开工厂劳动力的队伍。技艺高超的工匠可以自己提出要多少工资，而且很可能若老板稍有不慎惹怒他，他就会收拾好工具打包走人。此外，工匠从来不会轻易接受并采纳新生产方法，更不会主动改进新技术。因此，惠特尼自己也承认，他更喜欢使用没有固有成见的生手劳动力，因为这些人没那么聪明，进取心也不强，所以往往更稳定。

即便如此，仍然有许多工人先后离开了。很大一部分工人被高工资吸引进工厂也只是为了积攒足够的资本，有了钱后他们会来到大西部独立营生。在劳动力流动性这么高的情况下，美国制造商主要通过两种方法来确保工厂保持生产的连续性，一种是短期的，一种是长期的，第一种是广泛使用的合同制。例如，如果一个枪支制造商获得了一份 10000 支滑膛枪的订单，他就会与雇员签订分包合同，由他提供所有材料和工具并支付工资，而雇员的义务则是必须履行合同内容。合同到期，许多人都会离开，因此长期的解决方案是将技能融入机器和设备中，新员工不用太长的培训时间就能够接手工作。

正如惠特沃斯所说，在这种情况下，没有人反对引进新机器。在英国，“宪章运动”分子对机器从穷人嘴里夺走面包的行为却大加挞伐，而在美国，机器大受人们欢迎，因为有了它们，技术水平不高的工人也能拿到高工资，多点储蓄，使他们从日益繁荣的新世界中分一杯羹。由于工资水平与机器的生产效率直接挂钩，较落后的美国工业不得不立即采用这种方法吸引劳动力。但是，移民劳工并没有什么忠诚度可言，他们像铁屑之于吸铁石一样总是不可抗拒地流向工资最高的工厂。

惠特沃斯在报告中还提到，美国新工业的发展得到了“受过良好教育和高知人士的指导”，这是千真万确的。而在英国，阶级差别如此之大，所有从事贸易的人员，无论是商人还是技术人员，都被认为比那些从事学术专业或在战斗中担任过职务的人低一等。因此，后两种职业不断地吸走了大量的优秀人才。但是在美国，这种阶级差别并不存在；物质财富是衡量成功的唯一标准，各地充满雄心壮志的年轻人都在努力效仿那些富有的商人或杰出的技术员，他们是成功的最高象征。

在这样的大环境下，也难怪19世纪下半叶美国的技术进步远远超过了欧洲。在美国，新思想没有遇到任何偏见，而在欧洲，一些固有的陈旧观念经常会阻碍新思想的应用。[①] 美国人热切地寻求新思想，并快速加以利用。正因为此，我们发现，虽然许多发明是欧洲人创造出来的，但最早得到大规模发展却是在美国。

因此，认为“美国体系”，也就是我们现在所说的大规模生产，只是为了节省劳动力才引入的想法是错误的。诚然，它的确提高了劳动生产率，但引入这种生产体系的动机不是为了节省劳动力，而是为了吸引更多劳动力到来。欧洲人普遍认为，新生产体系加工出来的最终产品必然是廉价和劣质的，这种想法同样错得离谱。美国造的枪支一点都不比欧洲的差，用该体系生产出的首批商业产品大多质量都很

① 举例来说，皮埃尔·弗雷德里克·英戈尔德（1787—1878年）首创的新制表机器被瑞士人断然拒绝，瑞士认为，这种机器代表了“一种珍稀艺术的退化”。英戈尔德随后带着他的创意来到英国（1839年），但也没有取得更好的进展。虽然英戈尔德失败了，但乔治·奥古斯特·莱肖（1800—1884年）却在1845年成功地制成了这种机器，并采取了严格的保密措施，以防被竞争对手瑞士的钟表匠们窃取。——原文注

好，缝纫机、打字机、自行车，还有新型农业机械，如收割机和捆扎机等，这些新机械设备构造都很复杂，想用任何其他方法成功地进行商业生产都是不可能的。

但是，当我们把美国的机床或其他工程产品与英国生产的同类产品进行直接比较时，美国的劣势就暴露出来了。尽管来访的英国工程师高度赞扬了美国新型机床的巧妙设计，但他们仍然认为这些机床在工艺和耐用性方面远不如英国机床。按照约瑟夫·惠特沃斯制定的标准来看，这个评论是客观公允的。许多其他类别的美国产品，特别是重型工程领域的产品，在英国也遭受了同样的负面评价。1914 年，一位英国机车制造商写道："美国的标准跟我们完全不同，甚至可以说，他们的质量标准真的很低，所以，美国根本不是我们的竞争对手，除非他们的生产方式在准确性和最后的精细加工方面有所进步，否则永远不会威胁到英国的机车出口贸易。"

英国车间里的工人和他们的老板持有同样的观点。阿尔弗雷德·威廉姆斯（Alfred Williams）曾就第一次世界大战前斯温顿工厂引进的美国机床发表过如下看法："美国机床的主要特点是细节之处很摩登现代、每个零件都发挥了最大效用、可高速运转，但结构用材单薄，容易损坏，这就是所谓的经济型机器。他们制造的所有东西都是为了'快速'。另一方面，英国的机床更原始、笨重，设计上较为保守，操作起来也更慢，但它不易出错，而且耐用；事实证明，从长远来看，英国机床更适合投资，也更划算。人们经常看到美国造的滑轮在使用几年后就变得支离破碎，而英国制造的几乎可以无限期地使用。"①

① 选自《阿尔弗雷德·威廉姆斯：在铁路工厂度过的一生》，达克沃斯，1915 年。——原文注

长期以来，许多英国工程师对“扬基人”[①] 的工艺标准存在根深蒂固的蔑视，原因不仅是他们对历来的工艺传统持保守态度，还有一个原因就是：他们不了解美国的哲学。在英国，工业革命早期曾驱使人们勇往直前的光明希望现在已经变得黯淡无光。新技术会引领人类走向物质繁荣的新乌托邦的信念开始受到质疑，人们倾向于巩固过去的成果而不是寻求新的征服。然而，在美国，人们对新技术所能创造的奇迹充满无限的信心；美国和英国的区别就好像一个是乐观的年轻人，而另一个是渐趋保守不再奢望开疆拓土的中年人。在一个技术进步速度如此之快、充满无限可能性的国家，建造一台能用五十年的机器的想法似乎很愚蠢，因为很可能不出十年这个机型就被淘汰了。1832 年，当法国作家阿莱克西·德·托克维尔（Alexis de Tocqueville）在为他的名著《论美国的民主》（*De la démocratie en Amérique*）收集素材时，一位美国朋友对他说：

> 我们对一切事物都有一种特殊感觉，这种感觉告诉我们不要追求永恒；美国人普遍相信人类精神一直在不断进步。我们总是期望在每件事上都能找到改进的空间……几年前，我问我们在北岸的汽船制造商，为什么他们的船造得这么不结实。他们回答说，因为蒸汽航行的技术日新月异，这些船可能还没用坏就被淘汰了。事实上，不久后，这些航速为 8 节或 9 节的船只就无法与其他构造更先进、航速可达到 12 节或 15 节的船只竞争了。

① “扬基人”一词最早是对美洲的英属殖民地新英格兰人的称呼。

因此，如果说这些典型的美国货在欧洲标准看来存在缺陷，背后原因并不是许多英国工程师所认为的是美国的生产方法本身就有问题。事实上，它告诉我们，这是美国经过深思熟虑后决定的一项政策。这种误解产生了重大的历史影响，误解导致了强烈的偏见，结果，欧洲直到很多年后才开始广泛采用这项美国生产方法。从 19 世纪 60 年代末开始，才有越来越多的美国机床出现在欧洲的机械车间里，有些是全装进口，有些是特许本土制造的，但直到 20 世纪，“美国体系”才被欧洲的实业家广泛应用于商业生产。然而，那时，开创这一先进工艺的伟大新英格兰机械师们早已被人们遗忘。1916 年，当约瑟夫·罗（Joseph Roe）撰写他那本介绍伟大的机床制造商的书时，他发现伊利沙·鲁特和罗宾斯 & 劳伦斯公司制造的一些机床不仅保存完好，而且仍在正常使用，他提到这个事实似乎就是为了反驳英国工程师对美国制造的批评之声。

第八章
美国机床及其制造商

据说，当伊莱·惠特尼在1798年首次推出可互换生产体系时，“大部分工作仍然是手工完成的”。[①]这种说法可能是真实情况的反映，但惠特尼肯定改造了当时钟表制造商车间里普遍使用的微型机床，用来生产枪机的小部件，而且滑膛枪的枪管很可能从一开始就做了外表面磨光，因为这种技术在1780年（或者更早的时候）就已经在欧洲开始使用了。他为此特地使用了一个非常大的动力驱动的砂岩砂轮，砂轮的盘面非常宽，超过了枪管的长度。工作台上的一个滑轮将枪管压在砂轮的表面上，这个滑轮连接着一个回转操纵杆，操作者用背部按压着操纵杆。同时，他通过一根杆和手摇曲柄连接装置转动枪管（图8-1）。

---

① 出自《机床百年》，康涅狄格三百周年出版物，康涅狄格州哈特福德，泰勒芬恩公司，1935年。——原文注

图 8-1 打磨滑膛枪的枪管，斯普林菲尔德兵工厂，约 1818 年
（来源：《美国机械师》）

其中一个最大的问题是如何在小部件上加工出足够精确的平面，为了确保零件的可互换性，各个平面及其相互之间的角度关系都要精确无误。当时，大西洋两岸都还没有开发出刨床和塑型机床，即使有，它们都不适合用于这一目的。很明显，这些零件一定是用手工锉削的方式生产出来的，但为了达到足够的精度，做到规格统一，他们还设计了一系列夹具。

遗憾的是，我们无法得知新兵工厂开始用带旋转刀具的机床取代手锉的确切日期。前面的章节已经讲述了高速切削刀的原理，以及后来出现的旋转锉刀，以前，钟表制造商和其他人用这种刀具进行齿轮切削，布拉马也曾使用这种刀具生产他发明的安全锁，但是，没有证据表明它在 19 世纪之前被用于加工平面。根据博德默后来的有关记载，1806 年时，他可能在圣布雷兹的工厂使用过旋转刀具做齿轮切削，但在英国，第一次使用这种刀具的记录是 1829 年，内史密斯用于加工小螺母平面部分的某个小装置上安装的是旋转刀具。美国人进入这一领域的时间肯定比这要早。

我们可以回忆一下，内史密斯为了实现上述的目的对莫兹利的小型台式车床之一做了改造，他将刀具安装在车床主轴上，工件的小分度轴安装于横向滑块。后来，大约在 1830 年，内史密斯生产了一种特殊用途的机床，其实只是他的原始机床的放大版，通过棘轮和棘爪给横向滑块提供动力进给。用工作虎钳代替分度头，更换下刀具，这台机床就可以用于平面铣削。这是史上第一次通过管子将冷却液从一个小油罐输送到铣刀上。早期的美国铣床或多或少看起来都像是从车床衍生出来的一种机器（图 8-2）。

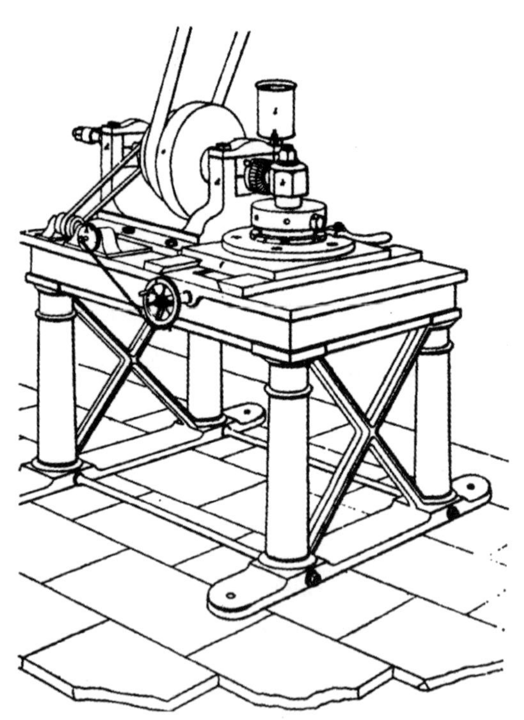

图 8-2　詹姆斯·内史密斯发明的铣床，约 1830 年（来源:《内史密斯自传》）

据考证，最早有记载的美国铣床是由英国枪械制造商罗伯特·约翰逊（Robert Johnson）于 1818 年安装在康涅狄格州米德尔敦的一家小型兵工厂里。一位见过这台机器的人在 1900 年记录下了关于它的细节，据他描述，约翰逊1851年曾告诉过他这台机器的起源。它和内史密斯后来用的机床有点相像，也有车床的主轴箱单元，主轴上是阶式滑轮，安装在一个结实的底座上。这个底座上还有一个横向滑块，通过手摇曲柄带动齿条小齿轮传动装置可移动这个横向滑块。没有分度头，这台机床只用于平面铣削。有人说西米恩·诺斯上校早在1808年就使用过铣床，如果这个传言可信的话，那他使用的铣床大概就是这种类型。

现存最古老的铣床是惠特尼的兵工厂使用过的，据考证可以追溯到1820年前后（图8-3）。在这个时间之前，惠特尼或许和约翰逊一样都使用的是改造的车床，诺斯上校可能也如此，但这台铣床跟以前的相比代表了一个质的飞跃。可惜的是，横向滑块不见了，滑块装载在一个从坚固的盒形框架悬臂伸出来的吊杆支架上，而且是一体铸

图8-3　伊莱·惠特尼发明的铣床，约1820年

造的。在这方面，它超前于升降台式铣床。其主轴和两个轴承仍然有点类似于车床的主轴箱部分，但在这种情况下，滑轮驱动装置被放到主轴的突出后端（缺少滑轮），轴承之间的阶梯 V 形滑轮被用作横向滑块的进给驱动，通过蜗杆蜗轮旋转丝杠将进给从滑轮驱动的副轴传输到横向滑块上。副轴的后轴承安装在耳轴里，前轴承装在由弹簧闩锁控制的立式滑块上，这样蜗杆就可以脱离蜗轮，然后就可以用手摇曲柄移动滑块了。尽管出现的日期更早，但这种由丝杠进行的自动进给驱动比内史密斯的棘轮棘齿更先进，后者会导致滑块出现间歇性的运动。这种驱动方式也比很多后期机床采用的齿轮齿条进给优越。

所有这些早期的机床有两个共同的缺陷。一方面，旋转刀具和工作台之间没有进行垂直调节的装置。因此，如果需要二次切削，工件将不得不用等效厚度的垫片支撑起来。在制造可互换枪支时，铣床在标准部件上一次切削只能进行一次操作，但要想成为多用途的通用机床，很显然，铣床必须进行垂直调整。另一方面，对铣刀主轴的支撑不够。如果刀具只是充当旋转锉刀进行轻度切削，就没有必要做太多改进。但是刀具的设计趋势是朝着更加粗厚的方向发展，后来很快就出现了能够切削较深缺口的有刃铣刀。这样的铣刀切削工件时会带来很大的冲击力，切削过程也是间歇性的，所以会对前主轴箱轴承施加超过其承受能力的负荷，因此有必要在轴承之间支撑起刀具。

为了解决垂直调整的问题，早期的美国刀具设计者常常遭遇“盲点”的折磨，如果我们纵览技术发展史，就会发现盲点问题的确时不时地出现，其出现甚至有时难以解释。本例中，垂直调整的设计盲点源于铣床从车床演变的方式。设计师们似乎认为车床的床身和横向滑块是理所当然的。因此，他们在试图解决垂直调整问题时把精力都集中在刀具主轴而不是工作台上。这是一项费力不讨好的工作。当他们认识到需要在轴承之间给刀具提供支撑时，问题变得越发复杂，解决方案也更加烦琐。

已知最古老的能进行垂直调节且给予刀具主轴适当支撑物的机床是马萨诸塞州北切姆斯福德的盖伊 & 西尔弗公司车间里制造的一台小型铣床（图 8-4）。其生产日期可以追溯到 1835 年。1908 年，这台机床还被拍摄到仍在正常工作。这台机器是一次大胆的尝试，突破了车床的传统设计，但在它之后没有出现过类似的机床。其主轴箱单元是倒置的，主轴轴承位于铸件主体的下方。此外，铸件以悬臂的

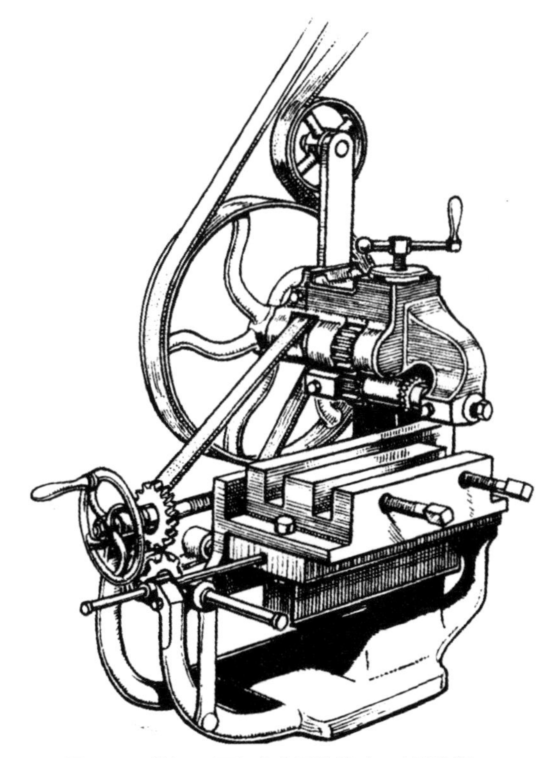

图 8-4　盖伊 & 西尔弗公司的铣床，1835 年

形式做了延长以支撑刀具主轴的外端。整个组件被安装在一个带有垂直滑块的支柱上，该滑道可通过螺丝和手摇曲柄进行调节。主轴的皮带传动装置上有一个导向轮，以保持皮带的张力。1908 年被拍到的时候，该机床的横向滑块已经变成动力进给，其设计几乎与惠特尼在 1820 年为其铣床安装的动力进给完全相同，但早期的插图表明，该机器最初建造的时候只有手动进给，直到 1896 年之后才进行了“现代化改进”（动力进给）！

艾拉·盖伊（Ira Gay）和泽巴·盖伊（Zeba Gay）兄弟来自波塔基特，波塔基特是新英格兰地区机械工程的发源地之一，曾与阿莫斯凯格制造公司有关联。在 19 世纪 20 年代末，他们兄弟二人在北切姆斯福德创办了盖伊 & 西尔弗公司。该企业主要是为纺织行业制造机械，但大约在 1831 年，他们已经成为美国最早的刨床制造商之一。然而，这段历史中，更具有意义的一件大事是弗雷德里克·豪伊（1822—1891 年，图 8-5）在加入佛蒙特州温莎市的罗宾斯 & 劳伦斯公司之前曾受到盖伊兄弟的相关培训和指导。

图 8-5　弗雷德里克·豪伊

加入罗宾斯 & 劳伦斯公司后，弗雷德里克·豪伊和理查德·劳伦斯（Richard Lawrence）合作，于 1848 年生产了一台能够承载更重负荷的铣床，但其实这台机床代表了某种程度上的倒退，使机床发展偏离了其真正的进化路径。这台机床与车床的近亲关系非常明显。它有一个类似车床的长床身和用于支撑刀盘主轴末端的随转尾座。皮带传动装置被置于头架上的滑轴，通过一对减速齿轮驱动刀盘主轴。头架轴承和尾架单元都安装在垂直导轨中，通过三个螺钉手动控制它们的运动。两个头架螺丝通过床身下面的齿轮相互连接，因此可协同操作头架的垂直调节，但尾架必须单独调节。主轴和齿轮的排列方式迂回曲折，由刀盘主轴上的皮带轮驱动，然后通过齿条和小齿轮为横向滑块提供进给。在负载过重的情况下，机器会发出吱吱作响的声音。横向滑台只能操作有限的纵向调整，要想满足这一要求，齿条啮合的小齿轮需要变长。主传动带和进给传动带都有导向轮，以便对主轴进行垂直调整。

两年后的 1850 年，罗宾森 & 劳伦斯公司生产了一台分度铣床。这台铣床代表着设计上的一个根本性转变，据说也是第一台为了出售而生产的铣床。这台机床有一个车床那样的床身，上面安装有导轨，但这台机器的主轴箱单元安装在一个滑动托架上，其轴线与导轨成直角关系。主轴箱承载着刀具主轴，主轴的轴承之间只有一个驱动皮带轮。动力进给是作用于滑动托架而不是工作台，此外，可以通过操纵杆制动器带动轴承和传动皮带轮向前推进刀盘主轴。工作台支撑在一个垂直立柱上，立柱由床侧面伸出的悬臂支架上的轴承承载。立柱上带有分度盘，可以在水平面上将工作台精确调整到任何角度，或者通过丝杠进行垂直调整。丝杠的转动是通过一个安装方便的手轮带动齿轮传动装置和垂直轴实现的，手轮不仅可以用于调整工作台的高度，还可以在需要时提供垂直进给。这是一次了不起的尝试，目的是使铣床具备更多功能。这台铣床也是第一台成功突破车床设计的传统、对工作台而非主轴进行垂直调整的机床。但缺陷是刀盘主轴末端没有支撑物，工作台也不够牢固。

弗雷德里克·豪伊在 1852 年为罗宾森 & 劳伦斯公司设计了最后一台铣床，设计这台铣床的时候他显然考虑到了上述缺陷，此时他可能想起了多年前在盖伊 & 西尔弗公司的车间看到的那台小机器。总之，这台铣床与盖伊公司早期的机床一样将齿轮头架单元倒置了过来，给刀盘主轴提供了悬臂支撑，并将整个组件安装在一个垂直导轨上。豪伊用一个圆形卡盘代替了以前所有机型中普遍使用的矩形工作台。与他以前设计的机床一样，这一台也是支撑在一根垂直的立柱上，并装有一个分度盘，但支撑的方法更加坚固、灵活。它是按照升降台式原理设计，同时具备垂直和水平的滑块，以及卡盘式膝关节支具。这样，夹持工件的卡盘可以在分度盘的控制下旋转，根据需要进行倾斜并在水平或垂直方向上移动，两个平面都可提供动力进给。这台机器被称为“万能”铣床，尽管它的用途非常广泛，但此时的“万能”还不是我们字面理解的那样。它的结构过于烦冗复杂，第一台真正意义上的万能铣床直到 9 年后才出现，该铣床就像莫兹利的车床一样，也是综合了之前所有型号的最佳设计特征，受到它们的启发才发明创造出来的。

这种“万能”铣床本是罗宾斯 & 劳伦斯公司根据英国政府的订单为恩菲尔德新兵工厂提供的铣床，伊利沙·鲁特在哈特福德的柯尔特兵工厂也采用了豪伊设计的铣床，但由于罗宾森 & 劳伦斯公司经营出现问题，原本前途无限的公司突然倒闭，给新柯尔特兵工厂用的机床便在乔治·S. 林肯公司位于哈特福德的凤凰钢铁厂制造。在这期间，伊利沙·鲁特和他的助手弗朗西斯·普拉特对豪伊 1848 年设计的铣床做了全面的改进，机器变得更加紧凑稳固，用蜗轮蜗杆和丝杠提供进给驱动，取代了之前吱吱作响的齿条和小齿轮驱动方式。他们还摈弃了豪伊采用的通过螺丝对尾架单独进行垂直调节的设计方案。鲁特为柯尔特铣床设计了一个圆柱形悬臂，悬臂上有一个带有死顶尖的可调整支架，但当时的插图显示，其他铣床的刀盘主轴末端要么没有支撑物，要么用简易角形支架上的一根轴承支撑，支架固定在床身上，可以进行水平或垂直调节。

这种设计的机床被命名为“林肯铣床”（图 8-6），从此成了名牌产品。1861 年，仅向柯尔特兵工厂就提供了 100 台这种铣床，该厂的产能翻了一番。美国内战期间，林肯公司和普拉特 & 惠特尼公司制造了大量的铣床用于枪械的生产，后来开始出口到欧洲。其中一份有代表性的出口订单是 1872 年 6 月给普鲁士政府军械库交付了 65

图 8-6　林肯铣床，弗雷德里克 · 豪伊 1848 年设计的铣床，伊利沙 · 鲁特对它做了部分修改

台铣床。位于施潘道、爱尔福特和但泽的枪械工厂完全由普拉特 & 惠特尼公司提供生产用铣床。这台铣床很多年里一直没有停产，据约瑟夫·罗估计，林肯铣床的总产量肯定超过了 150000 台。有些铣床连续工作了 70 余年。这家公司还生产分度铣床，但数量较少。一幅早期绘制的林肯分度铣床插图显示，除了没有动力进给外，这台机器几乎与豪伊 1850 年设计的铣床完全相同（图 8-7）。

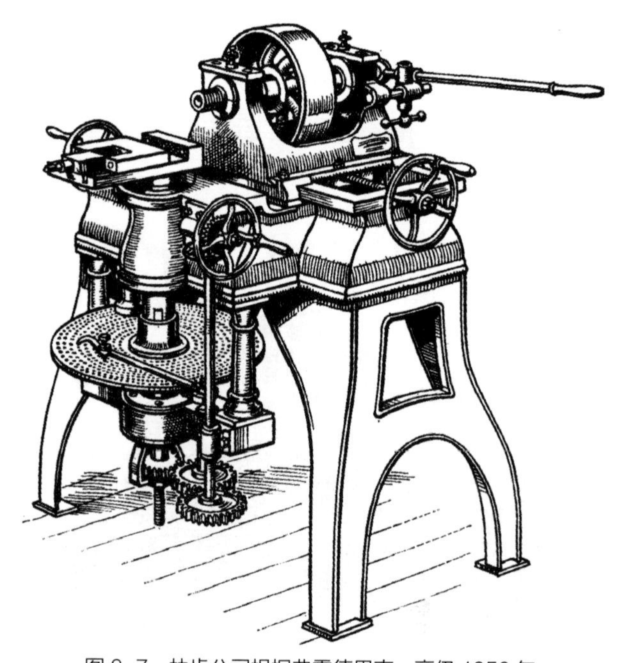

图 8-7　林肯公司根据弗雷德里克·豪伊 1850 年设计建造的分度铣床

在“美国生产体系”的早期发展史中，铣床是所有机床里贡献最大的，它本身就是美式体系的产物，但车床和钻床也发挥了相当的作用。写到这儿，在进一步了解铣床的演变路径之前，我们最好先看看美国的机床制造商是如何根据本国生产体系的需求开发出这些比铣床更古老的机器的。

早在 1798 年，美国波塔基特地区的大卫·威尔金森（David Wilkinson）就获得了一种螺旋切削滑动台架车床的专利（图 8-8），正因为此，他的名字经常与亨利·莫兹利相提并论。其实，将威尔金森的发明称为螺纹加工机更为合适。这台机床的双联头架和尾架单元被固定在工作台的两端，这样可以使丝杠和工件并排放置。在头架端，它们两个与一个中央驱动轴相啮合。沿着工作台在滚轮上移动的托架上安装着刀架和一个与丝杠啮合的螺母。如果我们回过头来看看达·芬奇 1500 年制作的螺旋切削机，二者的相似度很明显，一眼就能看出来，但达·芬奇提供了变速齿轮，而威尔金森没有，所以他的机床只能用于复制自己的丝杠。尽管威尔金森的机床功能有限，但实际上还是很成功的，显示了美国早期的机械技师为推翻英国在机床制造业的主导地位所做的辛苦努力。

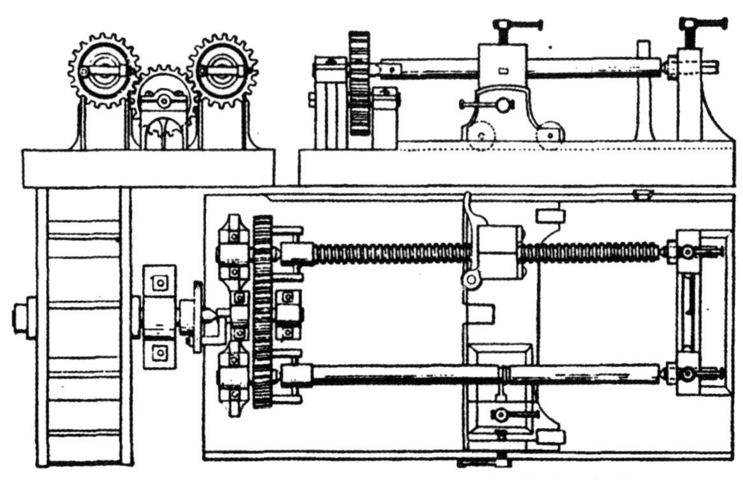

图 8-8　大卫·威尔金森 1798 年设计的螺纹机的三视图

（来源：《美国机械师》）

然而，多年来，通用型美国车床的质量仍然远远不能赶上英国的同类产品。19 世纪 40 年代，当约瑟夫・惠特沃斯在英国遥遥领先之时，普通的美国车床还只是一个装有镀铁导轨的木质床架。美国工程师初次对车床的发展做出重大贡献是在设计制造可互换枪支的专用机器的时候。1818 年，托马斯・布兰查德（Thomas Blanchard，1788—1864 年）在他的家乡马萨诸塞州伍斯特市的一个小车间里制造了第一台车削枪托的专利车床，这台机器安装在斯普林菲尔德兵工厂内，在那里持续运转了 50 多年。这个奇怪的发明乍一看不像是车床，反倒像是某种原始的农业机械，但我们可千万别嘲笑它，因为正是它为工业车间引入了一个重要的新原理。自 17 世纪以来，切削装饰物的欧洲车工一直在使用不规则形状的车削方法，但为了确保零件规格一致，布兰查德的机床是使用主枪托根据受电弓原理操作的，因此，它是所有后来出现的仿形车削的车床之母。

布兰查德的木工机床精度非常高，在一段时间内甚至超过了兵工厂使用的金属加工机床的精度。为了确保锁定板与枪托紧密贴合，布兰查德设计了一种使用真实的锁定板作为样板的枪托榫槽机。马萨诸塞州奇科皮的艾姆斯制造公司为美国和欧洲的兵工厂制造了数百台布兰查德设计的枪托加工车床，这位发明家后半辈子都是靠他的专利收入过着惬意舒适的生活。

车床的下一个重要发展里程碑源于兵工厂对许多小型统一部件的需求，这些部件需要在卡盘车床上车削。19 世纪 40 年代，当第一批击发式枪机开始取代滑膛枪和手枪中的老式燧发装置时，这种小零件的市场需求越来越大。此时，我们已经看到了惠特沃斯、内史密斯和英国其他的机床制造商是如何提高普通车床的工作效率的，比如在刀架上使用多把刀具，或者使用两个相对的横刀架，或像内史密斯的“两面都操作的车床”那样使用两个滑动托架。在现代的普通车床中都可找到这些装置的对应物，只不过后者更加精致，但美国人要想提高卡盘车床的效率就需要一种不同的解决方案。

康涅狄格州米德尔菲尔德的斯蒂芬·菲奇（Stephen Fitch）与政府签订了 30000 支手枪的合同，为了生产击发式枪机所需要的大量螺钉，菲奇于 1845 年设计并制造了世界上第一台转塔式六角车床[①]，菲奇设计的长圆柱形转塔在一个水平轴上旋转，主轴上安装了8 把刀具，每把刀具都可以根据需要向前移动，操作工件的那把刀具位于最上面。一个三臂转轴将绞盘转塔托架向前推进，应用进给。通过这种方式，可以在不停下机器更换刀具的情况下快速完成 8 个连续的切削操作。这是自莫兹利以来在车床设计方面取得的一项重要发展。1900 年，美国人爱德华·G. 帕克赫斯（Edward G. Parkhurst）特写道:“只有充分认识到斯蒂芬·菲奇发明了有史以来最节省时间的一种机床，才算是真正的怀念他。”（图 8-9）

与铣床的情况一样，北切姆斯福德的盖伊 & 西尔弗公司通过弗雷德里克·豪伊对转塔六角车床的发展产生了开创性的影响。1850 年之前，当他在那里接受培训时，公司车间里已经有两台转塔六角车床。其中一台是菲奇型的，但另一台的转塔是在一根垂直轴上旋转，这是此种机床最早的相关记载。使用转塔有很多优势，所以，在

① 英国工程师认为转塔六角车床（turret lathe）和绞盘六角车床（capstan lathe）有区别，前者的转塔直接安装在机床的主托架上，后者的转塔安装在托架的一个独立纵向滑块上。美国人不使用“绞盘六角车床”这个术语，而是将后一种类型的机床统称为滑块式转塔车床。由于英国人对这两种车床的区分容易引起混淆，本书只使用“转塔六角车床”这一术语。——原文注

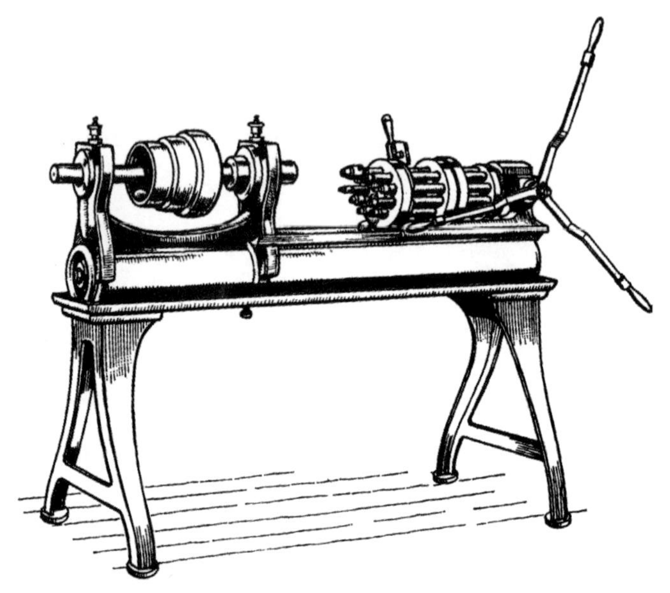

图 8-9　第一台转塔六角车床，由斯蒂芬 · 菲奇制造，1845 年

1850 年后转塔六角车床迅速被其他人跟进使用。伊利沙 · 鲁特和哈特福德的 J.D. 阿尔沃德（J.D. Alvord）分别在柯尔特和夏普的兵工厂推出了水平轴转塔六角车床，但罗宾森 & 劳伦斯公司更有远见，他们特地选择了垂直转塔。据说亨利 · 斯通和理查德 · 劳伦斯对罗宾森 & 劳伦斯公司的第一台转塔车床的设计工作也有贡献，但其背后的真正功臣是豪伊，他之所以选择垂直转塔很可能是因为他在盖伊 & 西尔弗公司工作时曾亲自操作过这两台六角机床。

对于旨在对单一工件进行连续操作的螺杆机[①]和卡盘式车床来说，采用豪伊所倡导的垂直轴转塔已经非常普遍。许多与螺杆机相关

① “螺杆机”实际上也是车床的一种形式，除螺丝外还可用于生产许多小部件。时至今日，该术语经常用于描述单轴和多轴类型的自动车床，因此本章中使用的这个词也是指广泛意义上的此类车床。——原文注

的装置，比如组合刀具和空心铣刀，都起源于罗宾森 & 劳伦斯公司，在这家历史悠久的公司关闭后，豪伊和斯通都在其他地方继续做研发。后来，当罗宾森和劳伦斯的工厂车间被琼斯 & 拉姆森机械公司收购后，温莎市再次成为转塔六角车床的发展中心，琼斯 & 拉姆森机械公司专门生产操纵杆操作的高转塔车床，这种车床带有动力进给器和后置齿轮装置。1889 年，詹姆斯・哈特尼斯（James Hartness）加入了这家公司，之后对车床做了许多改进，其中最引人注目的是推出了一系列平转塔六角车床。他惊喜地发现，一系列早期的图纸和草图与他的许多想法不谋而合。这些图纸是弗雷德里克・豪伊在近 50 年前绘制的，这个巧合更是表明，豪伊的机床设计思想远远领先于他所处的时代。当著名的机床工程师爱德华・G. 帕克赫斯特在 1900 年回顾豪伊一生的行业经验时，他表示，在美国，没有人比弗雷德里克・豪伊对金属切削车床的发展贡献更大。鉴于豪伊对铣床的发展也做出了一定贡献，称他为美国的亨利・莫兹利一点也不夸张。

在谈 19 世纪中期美国机床行业的其他进展之前，我们不妨先把转塔六角车床的故事讲完，该车床最后顺理成章地发展成单轴和多轴形式的全自动螺杆机。1871 年 8 月，爱德华・G. 帕克赫斯特申请了一个套爪卡盘和闭合装置的专利，该装置可使长条形棒材通过空心车床主轴进给，然后在不停止机器的情况下被卡盘夹住。无论帕克赫斯特的装置是否是基于约瑟夫・惠特沃斯更早时在英国生产的套爪卡盘，其影响力是毋庸置疑的，因为不久后，第一台自动螺杆机就出现了。

这一领域的先驱是克里斯托弗・迈纳・斯宾塞（Christopher Miner Spencer，1833—1922 年），他出生在康涅狄格州的曼彻斯特。斯宾塞是一个多才多艺的发明家，在 1862 年时就为自己制造了一辆蒸汽车，他对纺织机械进行了许多改进，还发明了一种七连发步枪。斯宾塞曾为北方联邦军生产了大量枪支，因此，这种斯宾塞步枪在南北战争中发挥了决定性的作用。他被授予专利的自动络丝机由普拉特 & 惠特尼公司制造，使整个公司逐渐迈向成功之路，尽管一开始他们只是在哈特福德租了一个小车间，在业余时间里生产这种机器。

内战结束后，斯宾塞与 C.E. 比林斯（C.E.Billings）合伙共同在马萨诸塞州的阿默斯特成立了比林斯 & 斯宾塞公司，比林斯之前是罗宾斯 & 劳伦斯公司的机械师，斯宾塞在柯尔特兵工厂工作时与他结识。斯宾塞就是在这里制造了一台用于车削缝纫机线轴的特殊自动车床，正是这台机床让他产生了制造一台用于车削金属螺钉的全自动转塔六角车床的想法。机器的原型是在库什曼卡盘公司工厂上方一个租来的车间里完成的。它由一台标准的普拉特 & 惠特尼公司生产的手动转塔车床组成，斯宾塞将其改装为自动操作。改装机的核心特征是一个斯宾塞称之为“脑轮”（brain wheel）的装置（图 8-10）。这个装置实际上是一个凸轮，一个大直径的滚筒，其外边缘用螺栓固定着条形钢凸轮。当这个轮子旋转时，凸轮与从动件啮合，从动件通过杠杆和扇形齿轮驱动卡盘、转塔和滑块。通过改变条形钢凸轮的位置和角度，可以很方便地调整机器的运动模式，以适应不同的工作类型。

斯宾塞在做第一次改装实验时，将唯一的“脑轮”安装在了转塔后面，由主轴箱的长轴驱动。显然，他已经意识到这样做只是一种笨拙的权宜之计。1873 年，他在生产获得专利认证的第一台螺杆机时，

图 8-10　自动化的诞生：克里斯托弗 · 斯宾塞的第一台“脑轮”全自动机床，1873 年

他采用了两个“脑轮”，分别用于控制夹头和转塔的运动，并将它们及其驱动轴安装在床身下面。

和许多其他发明家一样，斯宾塞并没有多少商业头脑。他错误地认为独家使用这台高效率机床比制造出来卖给别人更有利可图。因此，他与柯尔特兵工厂的另一名员工乔治 · A. 费尔菲尔德（George A. Fairfield）一起创立了哈特福德机械螺丝公司。同时，他授权普拉特 & 惠特尼公司生产他发明的机器，但这样并未给他带来多少盈利。斯宾塞的专利律师犯了一个莫名其妙的错误，使该项发明的关键部分“脑轮”未能得到有效的专利保护，最终导致了不可避免的后果，很多公司不久就推出了各种同类产品。

在增加了车床的刀具并使它们的连续操作自动化之后，下一步就是增加主轴，这样可使多个刀具同时切削工件，而不是轮替作业。当然，这涉及刀具的径向排列，菲奇在他的第一台转塔六角车床上使用就是这种排列方式。但斯宾塞更进了一步，他率先设计了一种三轴自动车床，采用盘绕的金属丝生产小螺钉。一位派驻在哈特福德的前普拉特 & 惠特尼公司的学徒莱因霍尔德・哈克韦塞尔（Reinhold Hakewessel）购买了几台这样的机器，成了哈特福德机械螺丝公司的竞争对手，这让后者非常恼火。哈克韦塞尔利用从这项业务获得的利润和经验开发了一台四轴杆式自动螺杆机，他将这台机器命名为“顶点”。在经历了一系列商业运作和生意上的起起伏伏之后，哈克韦瑟尔的发明最终在俄亥俄州克利夫兰的“国家 - 顶点螺丝制造公司”找到了归宿。

正如其名称所示，这家公司最初效仿了斯宾塞在哈特福德的做法，只允许自己独家使用这种高效机器提高产能，只不过，哈克韦塞尔后来迫于市场需求也开始为其他商家生产“国家 - 顶点”螺杆机。

与此同时，詹姆斯・哈特尼斯的门生乔治・O. 格里德利（George O.Gridley）于 1906 年在佛蒙特州的温莎市自主生产了一台改进版的四轴自动螺杆机。通过出售相关权利，这两种四轴设计方案最终被合并为“顶点 - 格里德利”机床。后来，格里德利成为“新不列颠机械公司”的首席工程师，并为该公司设计了“新不列颠 - 格里德利”自动机床。再后来，格里德利在温莎的工长弗兰克・L. 科恩（Frank L. Cone）对四轴自动机床做了进一步的改进，并成立了“科恩自动机床公司”来拓展自己的机床业务。科恩机床的显著特征是，凸轮轴及其大滚筒没有安装在床身下面，而是用一个延伸至机器全长的顶置床身将凸轮轴支撑在头顶上。这样设计有很多好处，最终生产出了一个非常精确而且功能齐全的批量生产机床。最后，宾夕法尼亚出现了“费伊自动机床”。詹姆斯·哈特尼斯买下了这台机器的专利，委托琼斯 & 拉姆森机械公司生产。

在 19 世纪 50 年代，为了生产可互换枪支，机床的发展也有了很大突破。鲁特、豪伊以及劳伦斯在 1848 年至 1852 年间生产了一台精确的靠模切削机，这台机床解决了布兰查德先前给枪托安装不准确的锁定板时所遇到的麻烦。1855 年，伊利沙·鲁特为塞缪尔·柯尔特设计了一台小巧的立式开槽机，用于切削柯尔特左轮手枪弹匣中的花键，弹壳弹出器的主轴就在其中滑动。此时，多轴钻床也出现了。1859 年的一幅插图展示了一台林肯公司生产的四轴机床（图 8-11），提升工作台可施加进给，通过一个小齿轮齿条传动装置用手动杆或者脚踏板来完成。该机床的应用直接引发了两个具有重大历史意义的发展态势，而且二者是紧密相关的。

在可互换枪械的生产过程中，需要快速准确地钻出许多孔，此时，古老的矛头式钻头无论是速度还是精度都不能达到要求，这种钻头的起源因为太过久远已经不得而知了。为了解决这个问题，新英格兰地区的机械师们发明了我们今天所熟知的麻花钻。很显然，这种钻头有着压倒性的优势，但是，起初生产这种钻头非常困难，而且成本高昂。最早制造这类新钻头的公司之一是位于罗得岛州首府普罗维登斯的“普罗维登斯工具公司”，弗雷德里克·豪伊在罗宾斯 & 劳伦斯公司失败后来到这里工作。这家公司受委托生产精确的麻花钻，用于给新型击发式枪机的击发喷嘴钻孔，内战期间，美国生产了大量的

图 8-11　林肯公司生产的一台早期脚踏式四轴钻床

此类型步枪。1861 年的一天，豪伊去看工匠如何制作这种钻头，此人当时正在耐心地用鼠尾锉在一段工具钢棒上切削螺旋形的凹槽。豪伊于是开始思考，这种单调乏味的工作是否可以用机械来完成。随后他与朋友约瑟夫 · R. 布朗（Joseph R. Brown，1810—1876 年，图 8-12）讨论了这个问题，他的朋友是附近的布朗 & 夏普公司的。布朗回答说，解决方案就是设计并建造第一台真正的万能铣床。

图 8-12　约瑟夫 · 布朗

布朗&夏普公司是大卫·布朗（David Brown）和他的儿子约瑟夫于1833年创立的。1850年，卢西恩·夏普（Lucian Sharpe）成为该公司的合伙人，但约瑟夫·R. 布朗（Joseph R. Brown）始终是公司的技术主管。在长达20年的时间里，这家小公司的主要业务是维修时钟、手表及科学仪器，但在1850年这一年，约瑟夫·布朗发明并制造了一台给量尺刻刻度的自动线性分度机。事实证明，这台机器成了他们打开财富大门的敲门砖。这个产品后来衍生出了钢尺、游标卡尺、手动测微计以及多种精密量具和测量仪器，从此，布朗&夏普公司的名字广为人知，全世界的工厂车间和工具室中都有他们的产品。这家公司在内战前并不生产机床，内战爆发后，豪伊说服布朗帮助自己为普罗维登斯工具公司供应新型机床，用于生产击发式滑膛枪，直到此时，该公司才开始生产机床。他们二人都很看重彼此的能力，事实证明，他们的合作是最富有成效的。豪伊为此倾注了他毕生从事机床设计工作所获得的经验，而布朗则贡献了一种全新的解决问题的视角，而且，作为仪器制造商，布朗的思维方式受过严格训练，在他们之前，布拉马、莫兹利和克莱门特都曾得益于这种严格的思维模式。

他们二人的第一项合作成果是一台转塔六角车床，由布朗&夏普公司生产。这台机器的总体设计是豪伊完成的，但布朗添加了他自己想出的一些特色功能：一个自转转塔，在滑块的回程运动中由棘轮棘爪驱动；一个可反转的模具固定器；还有一个在机器运行时释放、进给并抓取棒料的装置。接下来是麻花钻的问题以及解决这个问题的机器，这方面的功劳完全归于约瑟夫·布朗，豪伊就是第一个公开承认他做出重大贡献的人。

布朗的第一台万能铣床和他的设计图纸被布朗 & 夏普公司保存至今。这台机床具有重要的历史意义，值得本书对其进行详细描述。此时，酝酿多年早就呼之欲出的“膝柱式铣床”[①] 终于出现了，外形简约，平淡无奇，乍一看，丝毫感觉不到制造该机器的人是一位天才。换句话说，就像所有真正受灵感启发的新型设计一样，它看起来是那么的天然。带有阶梯式滑轮驱动的铣刀主轴由两个轴承支撑在一个空心箱型“柱”的顶部，这个空心箱柱有严格规定的功能，即内部容纳一个刀具柜。“膝部”被支撑在这个“柱子”表面的滑轨上，使用前面的曲柄手柄通过锥齿轮和丝杠进行垂直调节。与丝杠平行的垂直主轴上有一个可调节的止动器，限制“膝关节”可以升高的范围。因此，可以通过这个止动器预先设定最大允许的切削深度。“膝盖”上方首先有一个滑块，滑块通过螺杆与铣刀主轴一致做水平运动，螺杆方形的那一端连接着进行垂直调节的那个曲柄手柄。在这个滑块上，承载工作台的楔形块安装在一个垂直轴上。这样，可以通过一个弧形刻度板在水平方向上调整工作台至任何角度，然后将其牢牢地夹在某个位置。

工作台本身就像是一个带有头座和尾座单元的微型车床，沿着平面导轨滑动它们可以改变位置。这两个单元都有用于安装工件的死顶尖，或者也可以用一个通用卡盘替换头座顶尖。工作台的丝杠可以

① 又名“升降台铣床”。

通过手动或动力来转动。动力进给是通过阶梯式皮带轮从铣刀主轴的后部由皮带驱动，然后通过主轴传输到小齿轮和冠状齿轮。主轴上有两个万向节，可以对膝部进行垂直调节。头座单元可以使用带分度的手摇曲柄通过等径伞齿轮和蜗轮蜗杆进行旋转，另外，使用工作台上的丝杠通过与等径伞齿轮啮合的正齿轮也可做这种运动。通过这种方式可以自动铣削麻花钻的螺旋槽，并通过变速齿轮改变其螺距。通常情况下，机床切削的是右手螺旋线，但布朗提前预留了位置，可以在变速齿轮组上增加一个额外的轮子，用来反转运动方向，这样机床就可以根据需要切削出左手螺旋线。头座单元被夹在其外壳的四个角之间，因此它可以向上或向下调整至任何角度。通过这种方式，机床可用于切削锥形螺旋线，或用于铣削锥形铰刀的直槽。动力进给由杠杆控制，它也有一个自动止动器。最后一点，这台机床也可用于普通铣削，只需去掉头座和尾座装置，替换成一个适合工作台导轨的简单工作虎钳。

1862 年 3 月 14 日，这台具有历史意义的机床被交付给普罗维登斯工具公司，它完美地解决了当初遇到的生产问题，原本就是这些问题促使发明家设计了这台机床。这台钻床无论是切削速度还是精度都有了很大提高，在接下来的 10 年里，现在我们所熟悉的麻花钻陆续出现在世界各地的工程车间里。但工程师们很快就发现，除了切削麻花钻外，布朗的万能工具还可以完成许多其他迄今为止需要手工操作的高成本工作，但是，如果安装上相称的成形铣刀，这台钻床还可用于切削许多类型的齿轮。结果，为了满足市场需求，布朗 & 夏普公司的有限资源很快就消耗殆尽。到 1862 年年底，该公司共制造并售出 10 台这样的机床，此后产量稳步增长。后来出现了可以承载更重负荷的机床，外形更大，其刀具主轴驱动都采用了后置齿轮装置，刀具主轴的末端有个圆柱形的悬臂支撑，悬臂可调节，这种支撑结构是鲁特最先采用的。再后来，许多重型机床都在悬臂末端和膝盖之间设计了可调节支架，但是，这么做在一定程度上限制了膝柱型机床的优势（图 8-13）。

布朗的万能铣床并没有取代豪伊更早时开发的床式铣床，林肯公

图 8-13　布朗＆夏普公司制造的重负荷万能铣床，带有悬臂支撑装置，约 1870 年

司大力推广的豪伊机床适用于常规生产过程中所需的普通铣削操作，由于在常规生产中不需要机床有多种功能，因此，它被称为“生产型铣床”。另一方面，万能铣床很快也找到了自己的位置，那些专注“短期”生产的普通工程车间和大型制造商的机床车间都需要万能铣床。1863 年，弗雷德里克·豪伊在普罗维登斯工具公司工作时，生产了一种改进版的床式铣床，借助巧妙成形的刀具，这台铣床可以一次性铣削出步枪机板的复合曲线。1868 年，豪伊加入了布朗 & 夏普公司，之后他又设计了一台类似的机床，与那台万能铣床并排放置。它曾以“12 号普通铣床”的名字出现在该公司的商品目录中，但业内人士都称之为“豪伊铣床”。尽管他早期设计的铣床都被其他公司仿制出盗版，但这台产品（也是他开发的最后一台）在市场上一直大卖特卖。

开发出这台精湛的万能铣床之后，约瑟夫·布朗接着又改进了用于齿轮切削的成形铲齿铣刀的设计，这种铣刀同样产生了深远的影响。他的工作因为涉及钟表和分度器，所以一直很关注精密齿轮切削问题，1855 年，他建造了一台使用成形铣刀生产渐开线轮齿的齿轮切削机，坯轴是垂直的，工作台下面有一个分度板，变速齿轮可确保分度正确无误。最初建造这台机器只是为了自己公司使用，但后来，当布朗 & 夏普公司开始制造机床后，这个产品作为“精密”齿轮铣刀出现在他们的商品目录中（图 8-14）。其实他那台成功的万能铣床也能切削出齿轮，这个特别的装置再次凸显了当时使用的刀具存在不足之处。此时，能够切削深槽的齿形刀具已经使用了 12 年之久，但轮齿设计得比较小，这种情况下，很难保证成形齿轮刀具的精度。如果轮齿出现磨损，让其恢复原形的唯一方法是先对刀具进行退火处

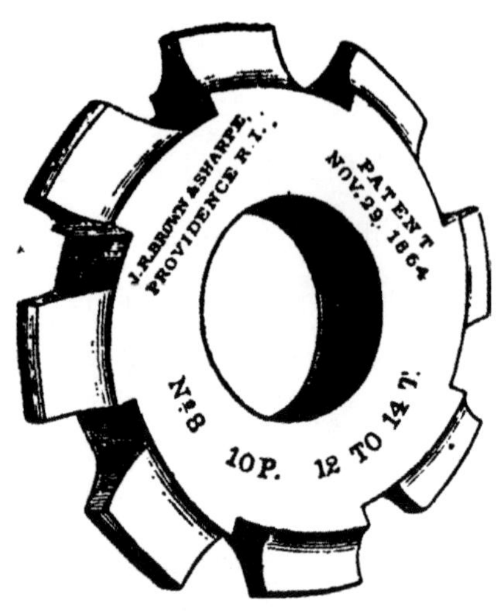

图 8-14　约瑟夫 · 布朗改进过的成形铣刀，用于齿轮切削，1864 年

理，通过用手动冲头打磨来提升轮齿的高度，在车床上使用样板对其进行校正，再用锉刀打磨，然后重新硬化。针对这个问题，布朗的解决方案是生产一种分段齿铣刀，每个分段齿的横截面都完全符合所需齿形的轮廓。该横截面在每个齿的整个长度上是均匀的，根据刀具的周长倾斜每个齿的齿冠可产生必要的切削间隙。磨掉每个轮齿的表面就能削尖刀具，而且这个过程可以反复进行，而不会以任何方式改变其形成的轮廓，直到刀具逐渐老化得无法继续使用。这项设计上的改进非常简洁，进一步证明了布朗是个机械天才，而且对当时的工程师产生了振聋发聩的影响，铣刀的设计迅速得到了进一步的改进。

到目前为止，本章只关注了新英格兰地区，原因无他，因为它是美国机械工程和机床制造的摇篮。但在这样一个充满活力的社会中，经济和领土都在加速扩张，新英格兰不可能长期保持垄断地位。19 世纪 50 年代和 60 年代，费城的工业迅速发展起来，该市一度成为美国最伟大的工程和机床制造中心。与新英格兰一样，费城的机械工业也是起源于为纺织行业服务的作坊，但其后来的发展走上了与新英格兰完全不同的道路，这个城市把重心放在了重型机械上。对这一发展产生决定性影响的是费城伟大的鲍德温机车厂，该公司始创于

1833年1月，当年，是马提亚·W. 鲍德温（Matthias W.Baldwin）将他生产的第一台火车头成功地行驶在费城至日耳曼敦的铁路上。我们前面已经讲过，铁路的出现使得曼彻斯特的机床工业开启了迅速的扩张之路，同理，铁路给费城也带来了同样的影响。

费城机床行业兴起的过程中，占主导地位的是威廉·塞勒斯（William Sellers，1824—1905年，图8-15），他出生在宾夕法尼亚州，1848年在该市开设了他的第一个小规模的机床作坊，这个作坊很快发展为一个伟大的企业。塞勒斯被称为“美国的惠特沃斯”。确实，这两个人在工程机械和机床制造方面为自己国家做出的贡献非常相似。如插图展示的那样，早一代新英格兰机械师制造的机床尽管设计很精巧，但在我们看来显得非常陈旧。这是因为，机械师在设计机床床身及其支撑物时，以往的建筑惯例在新世界比在旧世界存在的时间更长。机床的设计师似乎更关注外形是否简练雅致，而不太在意机器的强度，正是塞勒斯从自我做起，引领了这场革命，犹如当初惠特沃斯在英国进行的变革。

图8-15　威廉·塞勒斯

关于塞勒斯，约瑟夫·罗在1915年这样写道：

几乎从一开始，塞勒斯就摆脱了当时普遍采用的设计风格。他是最早意识到那些红色涂料、串珠、花饰以及其他各种装饰品在机床设计中都不该出现。他推出了一种‘机器灰’涂料，这种颜色后来成为机床的通用色；他认为机床的外形设计应该是为功能服务的，摈弃了所有的口袋及串珠饰物。费城还有一位机床制造商叫比门特（Bement），他们二人一致认为当时美国制造的机床重量太轻了；他们二人都在制造机器时用了比其他地方更多的金属。他一开始就制定了一套标准并严格遵守这些标准，所以，50 年前制造的机器还可以用现在生产的零件维修。

在 1873 年的维也纳世界博览会上，威廉·塞勒斯公司制造的车床因其实用的设计和卓越的性能而被评为第一名。

1864 年，塞勒斯建议了一系列的螺纹和螺栓尺寸作为行业标准，该标准在 1868 年被美国政府正式采纳，并在接下来的十年里在全美范围内推广使用。他没有采用惠特沃斯的 55° 牙型角和圆弧形牙顶和牙底部的螺纹形式，而是选择了 60° 角牙型角和平牙底的螺纹，他声称这种螺纹生产起来更容易，因此更便宜，精度也有保证。1898 年在苏黎世举行的国际大会上，塞勒斯的螺纹形状被采纳为欧洲通用的标准。

1873 年，塞勒斯成为米德维尔钢铁公司的总裁，就是在这家公司，弗雷德里克·W. 泰勒（Frederick W. Taylor）在塞勒斯的鼓励下开始了长达 26 年的切削刀具实验。我们下面将会看到，泰勒的这些实验对金属切削技术和机床设计都产生了深远的影响。

从 1814 年起，新英格兰兵工厂中率先采用的生产工艺被普遍应用于钟表制造业，一开始钟表都是木制的，后来开始采用黄铜，钟表业改革的先驱是伊莱·特里（Eli Terry）。钟表工厂采用“美国体系”的目的与军火行业明显不同，他们选择可互换性的生产方式是为了降低产品的成本，而不是为了方便维修。其目的是生产出价格便宜的时钟，便宜到客户购买一个新时钟的费用比维修旧时钟的费用还要低。这一目标很快就实现了，而且大获成功，结果，一个新钟表的价格被降到 50 美分以下，1855 年的时候，新英格兰地区每年可生产 40 万个时钟，其中有相当一部分出口到欧洲。此时，位于马萨诸塞州沃尔瑟姆的美国钟表公司也开始用这种新方法生产手表了。

1846 年，埃利亚斯·豪伊（Elias Howe）发明了一台缝纫机，威尔逊、辛格和吉布斯也迅速推出了他们设计的竞品。这是一台精密缝纫机，其构造非常适合兵工厂使用的生产方法，而且只有通过这种方法生产最终产品的价格才有优势。因此，在 19 世纪 50 年代，新英格兰地区的许多兵工厂和机床制造商进入了这个新领域，但内战期间对枪械的巨大需求让这个进程戛然而止。等战争结束后，美式生产体系重新崛起，得到大范围的应用。[①] 其强劲的发展势头导致美国的机床行业迅速扩张，这种新英格兰兵工厂中发展起来的特色工艺被应用于更大更重机器的生产。新英格兰和费城车间里的熟练技师开始向西部进军，从 1880 年起，越来越多的机械师越过阿利根尼山脉来到西部。他们在俄亥俄州的辛辛那提、克利夫兰和汉密尔顿定居下来，业务开展得非常顺利，很快就与东部的老牌机床制造商不分伯仲，再后来，辛辛那提取代费城成为美国的机床制造业之都。就举一个例子，1880 年，威廉·霍尔茨（William Holtz）开始在辛辛那提自己家的厨房里制作槽式丝锥，使用的是他自制的铣床，因为他太穷了，买不起铣床。他的小本生意后来逐渐发展成为辛辛那提铣床公司，该

① 1880 年的时候，仅一家美国公司每年就可生产 50000 台缝纫机。相比之下，整个欧洲的总产量只有 15000 台。——原文注

公司现在经营着世界上最大的单一机床制造厂。后来，“年轻人到西部去”这句口号吸引很多人来到大西部，俄亥俄州的工业原本已经很繁荣，年轻人的到来更是使得这个州一跃而起，后来，印第安纳州、伊利诺伊州和威斯康星州都出现了非常成功的机床企业。

图 8-16　查尔斯·丘吉尔

新英格兰地区的一些其他机械师没有选择去中西部发展，而是把目光瞄向了旧世界，认为他们的企业在旧世界也能搏出一番天地。内战结束后，这些最早一批离开美国前往欧洲的人中就有查尔斯·丘吉尔（Charles Churchill，图 8-16），他是一位工程师的儿子，1837 年出生在康涅狄格州的汉普登。1861 年，他前往英国是为了安装编织裙撑的特殊机器，但为了帮助他的朋友海勒姆·马克西姆（Hiram Maxim）解决他的机枪生产问题，丘吉尔还进口了一些金属切削机床。这些机器引起很多人的关注，丘吉尔意识到，进口这种机床在英国销售非常有利可图。为此，他在 1865 年成立了查尔斯丘吉尔公司，并一直留在英国工作生活，直到 1916 年去世。1906 年，他成立了自己的第二家企业，即曼彻斯特的丘吉尔机床公司，开始在英国生产机床。美国的机床设计和其英国同行原本在沿着不同的路线发展，但是，通过像查尔斯·丘吉尔这样的人，英美两国的设计风格开始趋于一致。据记载，丘吉尔进口了第一个莫尔斯麻花钻，第一个自定心卡盘（库什曼生产的），以及第一个手持式千分尺（布朗 & 夏普公司生产的），这些产品之前从未在英国出现过。

如果我们能参观一下 1870 年时美国最先进的机械车间，我们会发现现代工程师常用的工具当时基本已经存在了，而且功能齐全，只有两样东西除外——精密磨床和拉床。在沉睡了几个世纪之后，磨床的迅速发展将对其他机床和生产技术产生重大影响，这些更先进的机床和生产技术首先使自行车的批量生产成为现实，然后是汽车。约瑟夫·布朗和他的设计团队的聪明才智在精密磨床的发展过程中发挥了重要作用，下一章我们再做详细介绍。

第九章

精密磨床及其影响

截至本书撰写之时，已有的精密金属切削刀具都无法触及淬硬钢的表面。19 世纪，科技飞速发展，随着时间的流逝，刀具不能切削淬硬钢的硬伤越发成为一块碍眼的绊脚石，世界各地的机床设计者都在试图进一步提高机床的速度以及其能承受的最大负荷。设计师需要精密的淬硬钢部件，但工程师却无法提供这种产品。无论这些零件在柔软状态下加工得多么精确，在随后的硬化过程中都会不可避免地发生一些变形。当时亟须一种工具在零件硬化后将其加工成精确的尺寸，并把外表面修整完美，显然，唯一能达到这个要求的工具就是磨轮（图 9-1）。

从 1830 年起，英国、德国和美国的工程师们生产了许多通用或特殊功能磨床，这些磨床或者使用的是天然的砂岩、石头碎（比如内史密斯的机床）或者金刚砂颗粒与皮革面轮结合使用，或者把金刚砂颗粒嵌入一些软金属或木材中。通过这种方法，钟表的边缘轮、织

图 9-1 一台磨床，约 1860 年
（来源：《罗斯》杂志）

布机的纺锤、造纸厂和其他地方用的滚轮、针以及水泵的球阀都可在硬化状态下做最后的抛光了。用这种方法可以使成品具备很高的光洁度，但还是无法做到尺寸精确。在生产可互换精密部件时，因为天然石制砂轮（包括金刚砂石）磨盘工作起来性能易变、不可预测，所以，即使是设计最好的机床，最熟练的机床操作人员在精度方面也束手无策。

在 1856 年马萨诸塞州发现了金刚砂矿之前，希腊的纳克索斯岛一直是世界上金刚砂矿的主要产地，但从 1825 年起，印度、锡兰、缅甸和马达加斯加就一直在向欧洲和美国出口“刚玉”，一种比金刚砂的氧化铝纯度更高的矿石。1871 年，北卡罗来纳州和佐治亚州都发现了大量的刚玉矿床，后来在加拿大也发现了此类矿产。人们发现，刚玉的切削性能远远优于金刚砂，但由于晶体形态不够规则，两者都不能用作天然石材。因此，要想在磨床上合理使用这两种材料，必须将晶体与其他材料结合起来制成人造石。1840 年至 1870 年间，大西洋两岸都尝试了许多种黏合物质和技术，成功的也不少。一些看似最不可能的成分都被拿来与金刚砂粉混合，然后通过添加树胶、胶水或水泥来把它们黏合在一起。1857 年，法国人德普兰格（Deplangue）使用硫化橡胶（硬橡胶）作为黏合剂，这次尝试在一定程度上获得了成功，直到今天，它仍被用于一些特定情况，特别是用于切削轮和无心磨床的调整轮。

1842 年，亨利·巴克莱（Henry Barclay）在英国首次尝试制造陶瓷砂轮。他把斯陶尔布里奇的黏土和金刚砂的混合物压入模具，然后烧制，但无论他怎么努力，都无法防止烧制过程中出现裂缝和变形。1857 年，另一位英国人 F. 兰塞姆（F. Ransome）在成功的道路上更进了一步，他使用的是硅酸钾黏合剂或苏打，在低于巴克莱使用的温度下烧制混合物。布莱恩·唐金（Bryan Donkin）用兰塞姆烧制的一块石头做了切削能力测试后宣布它比最好的天然砂岩轮还要强 50 倍。然而，由于这些先驱者面临各种困难，所以当时只取得了有限的进展。砂轮的成分构成必须均匀，它还必须能准确地运行，保持平衡，最重要的是，它必须有足够的强度来抵抗离心力，因为砂轮如果在高速运转时破裂可能会造成致命的后果。

1872 年，吉尔伯特·哈特（Gilbert Hart）开始在美国生产硅酸盐砂轮，但第二年，马萨诸塞州伍斯特市的富兰克林·B. 诺顿（Franklin B.Norton，以下也称 F.B. 诺顿）的作坊里一位名叫斯文·鲍尔森（Sven Pulson）的制陶工人告诉他的老板，他相信自己用黏土能做出比哈特的质量更好的砂轮。30 年前，巴克莱在英国的相关尝试失败了，但鲍尔森第三次实验就成功了，他使用的是金刚砂、黏土和易熔黏土的混合物，他的作坊里上釉用的就是这种易熔黏土。后来，当 F.B. 诺顿在 1877 年为该工艺申请专利时，他用长石取代了易熔黏土。这是史上第一个真正获得成功的人造砂轮。有了它，精密研磨终于成为可能，之后，新英格兰和费城相继成立了多家砂轮制造公司。由于身体欠佳，F.B. 诺顿于 1885 年将公司出售给“诺顿金刚砂轮公司”，即今天我们所熟知的诺顿公司。

第一次尝试做精密研磨工作是通过将砂轮轴固定在普通车床的横向滑块背面，这个操作很简单，但结果差强人意。砂轮由一个长滚筒皮带轮驱动，从而使其能够在车床顶尖之间移动，使用手动横向进给进行切削。磨削时，水被吸附到工件上，水接触到产生的磨削粉尘会产生致命的混合物，所以根本无法保护导轨不受到这种混合物的侵蚀。虽然设计上加入了工件架，但它硬度不够，而且工作起来很难避免咯咯吱吱的噪声。事实上，砂轮和工件可供选择的速度非常有限，而且都是操作工人根据自己的经验定的，所以在这方面完全无济于事。即便如此，普通的外圆磨削还是用这种方式加工的；内圆磨削的加工方法是夹住工件并在另一个心轴上安装一个小直径砂轮。

1868 年，美国人 J.M. 普尔（J.M. Poole）试图用这种方法在一台单砂轮重型车床上精磨大型硬化轧光辊，但未能达到所需的高精度。1870 年，普尔制造了一台特殊的重型轧辊磨床（图 9-2），其操作原理以前从未在机床上使用过。这台磨床非常成功地解决了上述问

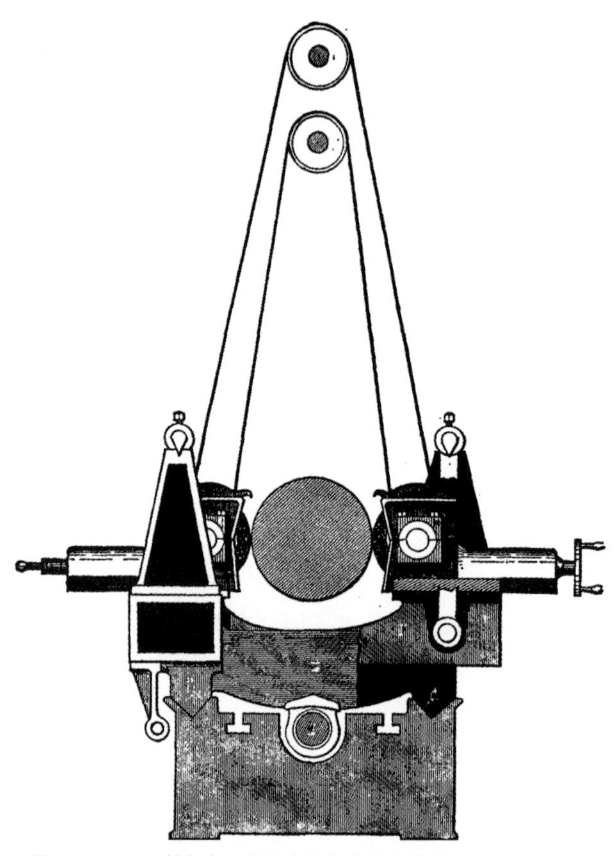

图 9-2 J.M. 普尔发明的精密轧辊磨床的横截面图，1870 年（来源：《罗斯》杂志）

题，至今仍在生产类似的机器。车床托架由一根丝杠横穿，靠垂直柱和刃形枢轴支撑，两个悬垂的摆动架里面各包含一个砂轮，其心轴分别安装在两个横向滑块上。它们在待研磨的轧辊两侧面面相对，像钟摆一样悬挂在枢轴上。在机器静止的情况下，调整两个砂轮在各自横向滑块上的位置，使这两个砂轮边缘之间的距离恰好等于规定的成品的直径。当机器启动并接合横移装置时，这台机器就像一对巨大的卡钳，这样就可以调整轧辊全长的尺寸。轧辊尺寸正确的地方不会有磨削，但不正确的部分都会给这两个砂轮中的任何一个带来压力，迫使摆动架偏离垂直方向，此时磨削工作就开始了，直到轧辊达到精确的尺寸摆动架才恢复平衡。普尔这台原创的机器没有精确加工的导轨，而是利用摆锤的惯性实现了精度磨削，误差在0.000025英寸范围内，这个精度水平是以前的重型加工机床遥不可及的目标。

普尔的方法对于小规模的外圆磨削操作并不适用，为了减少车床改装的缺陷，普拉特 & 惠特尼公司和其他美国机床制造商生产了一种特殊的磨床。这种磨床使用的是非常重的托架，目的是让车床牢固，防止震颤，通过阶梯式滑轮可快速驱动托架，托架移动方向可逆转，共有三种转速可选，托架上的防护装置延伸到导轨上，以保护它们免受研磨粉尘的侵蚀。这类车床通常都安装有用于研磨锥体的特殊附具。

1860 年至 1870 年间，布朗 & 夏普公司开发了一种类似的磨床，用于研磨威尔科克斯 & 吉布斯牌缝纫机的针杆、踏杆和主轴，这个品牌的缝纫机都是布朗 & 夏普生产的。尽管部分车床是为了销售而制造的，但自己的车间工作的实践经验使约瑟夫 · 布朗清楚地了解这些车床的缺点。要想持续生产出高精度的产品，必须具备最精湛的技术、最谨慎的态度。该公司的第一位磨床操作员托马斯 · 古德勒姆（Thomas Goodrum）在 1867 年的工资就高达每天 7 美元，除了两位管理合伙人，他是唯一一位有权利在这里戴上高高的丝绸礼帽的人。据说古德勒姆的高明之处在于他知道站在哪里，以及如何在正确的时间和地点恰到好处地操作这台机器。如此微妙的技艺是不能急于求成的，结果，研磨作业成为生产中的一个严重瓶颈（图 9-3）。

图 9-3　布朗 & 夏普公司制造的第一台铣床，1862 年

为了克服这一瓶颈，约瑟夫·布朗在 1868 年构思了一个改进版本的“万能磨床”，但由于其他方面的压力，这张勾勒出他的创意的图纸被搁置不提，直到 1874 年才重新开始执行该计划，这一次，布朗本人似乎没有发挥什么积极作用，而是将第一台万能磨床的设计和建造工作交给了他的员工。1876 年 7 月，约瑟夫·布朗去世，几天后，这台万能磨床的原型才被安装在布朗 & 夏普公司的机械车间，正式开始运行。

约书亚·罗斯（Joshua Rose）在他的著作《现代机械车间实践》（*Modern Machine Shop Practice*）中把布朗 & 夏普公司的这台新机床称为“万能磨床”（图 9-4），但实际上，这台磨床与之前那些临时当作磨床用的车床并没有什么相似之处。首先，它的操作模式刚好是相反的；不是砂轮沿着工件移动，而是工件从砂轮上越过。因此，头架和尾架单元安装在移动的工作台上，其实，这台机器与其说和车床相似，还不如说更接近于布朗的万能铣床。工作台的移动范围由机器前部的可调节跳板自动控制，如果进行锥形磨削，上层工作台的滑轨可以通过横移工作台一端的调整螺钉来调整角度。工作台的设计可以很好地保护导轨不受磨料粉尘的影响。这台磨床从喷嘴中输入冷却液并将其导流到床身背面的水桶中，从而降低弄脏导轨的风险。从图 9-4 可以看出，这台机器的尾架刚开始的时候有一个活顶尖，这个活顶尖与头架一样由高架副轴上的大滚筒传送带驱动。后来，业界才一致认定，弹簧式死顶尖才是确保精度的最佳方法。

图 9-4　第一台万能磨床，布朗 & 夏普公司制造，1876 年（来源:《罗斯》杂志）

砂轮主轴在淬硬钢制成的双锥轴承中运行。砂轮轴安装在一个横向滑块或鞍座上，砂轮被前面的分度手轮牵引着切削。调整横向鞍座滑块可以改变相对于工作台的进给角度。心轴可以被拆除，换成内磨削用的特殊附具。做内磨削的时候可以在头架上安装一个卡盘，头架也可以调整角度进行内锥体磨削。

有人认为，如果当初约瑟夫·布朗亲自参与了制造过程，这台机器某些细节上的缺陷或许是可以避免的。尽管如此，灵感和创意来源于他，虽有不足之处，但这个结果与以前生产的所有磨床相比起来都有很大进步，可以说是精密磨床的鼻祖。就像莫兹利的车床和布朗的万能铣床一样，这是当时最好的设计。今天我们所用的万能磨床尽管在许多细节上做了改进，但还是可以一眼看出跟以前的磨床基本相同。

斯文·鲍尔森在 1873 年发明了玻璃砂轮，紧接着就出现了第一台精密磨床，这显然不是一个巧合。毫无疑问，正是因为鲍尔森改进了这种砂轮的性能，约瑟夫·布朗才决定着手将他 1868 年的创意付诸实施。新砂轮和新机器的完美结合很快就大获成功，不久后，美国的布朗 & 夏普公司以及众多其他机床制造商都制造出了各种不同类型的平面磨床。刨式磨床、圆柱磨床和端面磨床都曾以其他形式出现过，但以前的各种机型都达不到精密的结果。

在第一台万能磨床开发出来的时候，一个名叫亨利·利兰（Henry Leland）的年轻人正在布朗 & 夏普公司的车间里担任工长，更早的时候他曾在那里做学徒。显然，他对这台新机床的历史意义以及布朗本人在其开发过程中所发挥的作用毫不怀疑，许多年后，当利兰成为凯迪拉克汽车公司的总裁时，他回想起早年在那儿度过的时光，并写道：

> 我认为布朗先生最伟大的成就是万能磨床。在开发和设计这台机器的过程中，他独自开辟了一个全新的领域，正是因为他开发的机床，我们才能够先对工件进行淬火，然后以最高的精度对其进行磨削……如果突然把所有这些机器都拿走，很难想象会出现什么样的结果。我们或许将再也不能对机器和工具的核心零部件进行淬火，也不可能再把这些工件加工成圆弧形、不偏不斜，并且在每个细节上都能达到最精确的极限。在我看来，这是最了不起的发明之一，对这台机床以及布朗先生所表现出的坚韧不拔、出色的领导力和天才，无论给予怎样的赞扬和肯定都不为过……在我认识的人中，没有谁配得上享有比约瑟夫·布朗更高的地位，也没有谁为美国现代高标准的互换性零部件生产做出的贡献比他更多。

当亨利·利兰写下这些文字时，磨床正迅速成为汽车工程师的机械车间中不可或缺的生产工具，但这是后话。最初，精密磨削技术是通过机床车间间接地对制造业产生了极大的影响。无论是在布朗 & 夏普公司自己的车间还是在其他地方，精密磨削技术都极大地改善并促进了各种精密量具和测量仪器的生产。19 世纪 80 年代的车间里，精密工具和精密测量仪器相互作用，产生了更高的精度标准。早在 1776 年的时候，詹姆斯·瓦特用薄薄的六便士硬币来衡量精度，约瑟夫·克莱门特是用一张纸的厚度来衡量，而 19 世纪 80 年代的机械师则用千分之一英寸作为他的精度标准。他的儿子或许不久就会用万分之一英寸来衡量。

精密磨床的出现也使得各种精密淬火钢切削工具的生产过程变得相当容易，比如钻头、丝锥、铰刀，尤其是铣刀。在此之前，制造或维修刀具不但成本高，而且难度大，进而限制了铣床的发展和大规模应用。作为一种生产工具，铣床的用途局限在普通铣削加工方面，这些操作原本用最简单的刀具类型就能完成。现在，由于精密磨削可以加工出各种形状、更好用的铣刀，很快，机械厂的车间内就出现了大量新型的水平及垂直主轴铣床。许多以前在刨床、牛头刨床、立式车床或镗床上完成的工作现在都可以用新的铣床完成，而且速度和效率都大大提高了。举例来讲，一个需要在一个端面和四个侧面进行加工的工件，如果使用牛头刨床，需要在工作台上安装五次，而如果使用垂直主轴铣床加工，成形只需安装一次，并更换一次刀具，加工速度大大提高了。

因为磨削使淬硬钢铣刀的生产维修更方便，所以，使用铣刀进行齿轮切削的方法应用越来越普遍，布朗 & 夏普公司从 1864 年开始销售布朗发明的专利成形铣刀。第一台有文字记载的全自动齿轮切削机就是成形铣刀类型，是由新罕布什尔州纳舒厄市的盖奇 & 华纳 & 惠特尼公司在 1860 年前后制造的。这台机器巧妙地利用了古老的配重滚珠原理，猛推离合器，使铣刀进给方向逆转。当刀具回到它的起点时，滚珠再次被抛出，在同一时刻，齿轮毛坯被自动转位到下一个轮齿。

1867 年，在巴黎举行的世界博览会上，威廉・塞勒斯展出了一台相同类型的机器，其自动运动的顺序是由止动器控制的，除非齿轮毛坯被正确地转位到下一个轮齿，否则切刀不会自动前进。当毛坯上的所有轮齿都切削完成时，机器就会自动停工。

1877 年，英国曼彻斯特市的克雷文兄弟公司、美国的古尔德 & 艾伯哈特公司和布朗 & 夏普公司这三家企业都向市场推出了类似的切齿机，从那时起，越来越多的厂家开始应用这种自动工具生产中小型号的渐开线直齿齿轮或锥齿轮（图 9-5）。为确保齿形正确，非常大的齿轮的轮齿一般使用样板控制的单刃刀具刨削。19 世纪 80 年代出现了自动切齿机。这时，世界上最著名的样板齿轮切削机制造商是纽约州罗彻斯特市的格里森公司，他们生产的机床可以切削直径长达 15 英尺的齿轮。如此大型的齿轮通常是按照精度标准铸造而成的，机床需要切削掉的金属量很少。

图 9-5　1876 年在费城举办的百年纪念博览会上展出的科利斯锥齿轮切齿机床

某些摆线齿形使用任何类型的成形刀具都无法做成。替代方案是用一种基于生成原理操作的切齿机切削，这种机床不需要对齿坯进行分度，而是让刀具和齿坯进行同步运动，使二者正确地啮合在一起。造型生成刀具可以是直齿齿条，也可以是与坯件完全啮合的齿轮，尽管展成法切齿机使用的是单刃刀具，但其操作原理是一样的。在19世纪末，展成法逐渐流行起来，特别是在小工厂车间里，因为它不需要复杂和昂贵的刀具，使用一个简单的切削刀就行，并且还可以在塑型机上使用。

正如我们在前一章中所看到的，美国人约瑟夫·萨克斯顿早在19世纪40年代就在伦敦小规模地演示了展成法的应用，但这种类型的最初两个生产设计图纸是德国工程师E.哈根－托恩（E. Hagen-Thorn）和古斯塔夫·赫尔曼（Gustav Hermann）分别在1872年和1877年做出来的。事实上，当时的德国正在迅速成为机床设计方面一股不可忽视的新生力量。哈根－托恩并没有亲自参与机器的制造过程，但他明确地演示了一个合格的工程师应该如何改造普通牛头刨床，以及如何使用双刃刀具通过交替切削每一个轮齿的侧面来形成渐开线齿轮的。赫尔曼的方法甚至更容易适用于普通牛头刨床，只需一个单刃刀具就能切削渐开线或摆线正齿轮。

美国人安布罗斯·斯韦齐（Ambrose Swasey）和乔治·格兰特（George Grant）也设计了同样类型的机床，前者的机器是基于车床改造的，使用的是一种小型圆柱形刀具，由普拉特＆惠特尼公司制造并销售。但这一时期，这种方法在欧洲比在美国更受欢迎。这种情况完全可以理解，因为展成法虽然准确，但速度很慢，因此，与美国的大批量生产体系相比，这种方法显然更适合欧洲的小批量生产模式。

1884年，雨果·比尔格拉姆（Hugo Bilgram）在费城生产了一台基于展成法工作原理的齿轮插齿机，其明确目的是为当时在美国非常流行的无链自行车加工小锥齿轮。在此过程中，他独创了一种被称为“奥克托齿轮”的新齿型。在他之后，斯韦齐于 1885 年设计了一台精妙无比的机床，这台机床可通过回转铣刀用基于展成法工作原理切削正齿轮。铣刀穿过齿坯的圆周，二者的轴线相互成直角。由于两者做同步运动，于是齿轮刚好与直齿条啮合。

将这一发展阶段推向高潮的切齿机直到 1897 年才出现，它就是 E.R. 费洛斯（E.R.Fellows）的插齿机，也是史上最经典的机床设计之一（图 9-6）。这台机器也是基于展成法，但费洛斯没有采用斯韦

图 9-6　第一台费洛斯插齿机，1897 年

齐使用的直齿条原理，而是采用了淬硬钢尖齿形的完整齿轮。这种刀具被用于一种本质上是专业开槽机的机器。齿坯安装在一个垂直心轴上，当坯料和刀具同步缓慢旋转时，刀具做垂直往复运动。该机床可以切削外直齿轮或内直齿轮，但不能切削锥齿轮。费洛斯设计的刀具齿形很灵活，只要节距相同，一把刀具可以用来生产不同直径的齿轮，但轮齿必须是刀具设计的特定螺旋角（图 9-7）。

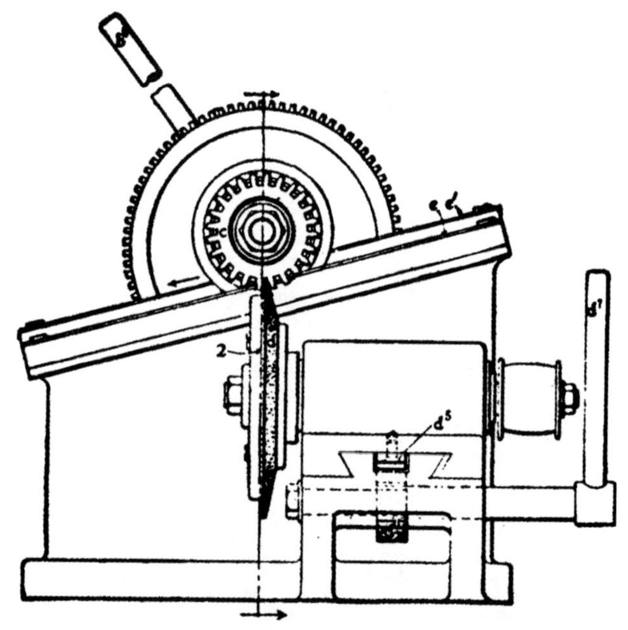

图 9-7 费洛斯发明的插齿机和伞齿轮刨齿机的侧视图，1897 年（来源：《美国机械师》）

尽管费洛斯插齿机很快就涌向了世界各地的车间，但这项发明最重要的特征不是插齿机本身，而是费洛斯设计的专门为这类型插齿机生产淬硬钢刀具的机器。他的插齿机能否成功完全取决于他能否生产出高精度的淬硬钢刀具齿轮。费洛斯首先在一个插齿机上将齿轮切得稍大一些，淬火后，再在磨齿机上将其加工成精确的尺寸，这个磨削过程是基于展成法操作的，使用了金刚砂轮而非钢制切削刀具。精磨让费洛斯插齿机成为可能；同时，它也预示着在不远的将来，硬化齿轮磨削将成为一种常规的生产程序。

E.R. 费洛斯这个人最了不起的地方在于，他在设计机床时其实并没有太多相关工作经验。他从未接受过工程师方面的培训，22 岁以前他在一家卖窗帘和地毯的商店设计橱窗展品。詹姆斯・哈特内斯一定是从这个年轻人身上看到他拥有潜在的机械工程天赋，因为他 1889 年加入琼斯 & 拉姆森机械公司时是带着费洛斯一起去的。费洛斯在车间里只待了一周就被调到绘图室，在这个新的工作岗位上，他不久就展示出了自己非凡的设计天赋，仅仅几年后，他就不负重托地生产出两台出色的机器。这两种机床的成功使费洛斯有了足够的资本创立自己的公司，即佛蒙特州斯普林菲尔德的“费洛斯刨齿机公司”，用它们为自己谋利。

关于精密磨床作为一种工具室机械所产生的间接影响暂且讲这么多。在本章所涵盖的时间段内，磨床作为生产工具的应用范围非常有限。生产工程师只是将其视为延长机械加工部件寿命的一种手段，零件长时间使用后自然都会出现磨损。这些部件的加工方式与之前完全相同，只有一点区别，它们加工过的尺寸比之前稍大，这是为了之后再将它们硬化并研磨到所需的尺寸。1891 年，火车车轮轮胎和轴颈开始做硬化加工并进行表面磨削；火车头的气门运动销、连杆及其他类似的容易磨损部件也做了同样的处理。然而，多年来，磨床主要在美国使用。在其他国家，特别是英国，人们错误地认为用磨床加工轴承表面是不可取的，因为磨削后的端面会吸收磨轮上掉下来的颗粒。

因此，精密研磨最初只是作为生产过程之外的一道额外的精加工程序。工程师们终于拥有了可将硬化零件加工到极其精确的工具，这一点让他们深深陶醉，故步自封。美国人查尔斯·H. 诺顿（Charles H. Norton）让他们醒悟过来，原来精密磨床还可以用作一种高效、高产的重型金属切削工具。于是，一场伟大的科技革命从 19 世纪末开始轰轰烈烈地展开了，并从根本上改变了各种金属切削机的设计，诺顿的工作只是其中一个方面。大变革开启的时间差不多刚好与汽车的诞生时间相吻合，这纯粹是巧合，历史再次重演。在这场科技革命发生的一百年前，瓦特的蒸汽机和斯蒂芬森的机车的未来掌握在机床制造商手中；而在这场科技革命发生之时，内燃机、汽车和飞机能否成功同样取决于机床制造商是否能生产出制造它们的机床。如果他们做不到，那么汽车可能仍然只是发明家的一个梦想，或者充其量是一个昂贵的玩具，1903 年威尔伯·莱特（Wilbur Wright）在北卡罗来纳州的基蒂霍克进行的历史上第一次动力飞行也就永远不可能发生。

第十章
金属切削成为一门科学

1861年，当威廉·费尔贝恩回顾自己漫长的一生时，他不由自主地遥想起当年自己经历过的那场轰轰烈烈的工程技术革命，当今的工程师和他一样，在自己的有生之年也见证了一段重要性不亚于第一次工业革命的历史时期。费尔贝恩生活的时代，自动机床问世并得到广泛应用。一个世纪后，在差不多同样长的时间内，机床的性能已经发生全新的变化。在第一次工业革命时，蒸汽机的发明先是直接促进了蒸汽发动机制造业，后来又间接推动纺织业和其他行业对动力驱动机械的需求。在第二次工业革命中，内燃机成了工业发展的推动力，特别是它在公路运输车辆上的应用。可以说，从1895年到现在，汽车工业一直是工程机床的最大消费者，同时，这个行业也给机床制造商带来了相当大的压力，敦促他们不断改进并研发新型设计。

当汽车工程师和机床制造商决定开启共同合作集思广益时，他们引发了一系列的技术革新大串联，不同行业之间积极互动，相互促进，这是自托马斯·纽科门时代以来工业革命的一个明显特征。机床制造商生产的新机床使汽车设计师用上了更好的轴承和齿轮，从而生产出更高效、更精细、更紧凑的传动系统。而机床制造商也很快意识到，他们也能将汽车工业使用的最新型的轴承和齿轮用在自己的车床上，比如内置变速装置的车床主轴箱。然后，这些改进过的新型车床又供应给汽车工业，从此开启了汽车工业和机床工业之间互相促进对方革新的新一轮循环。

汽车工业对机床设计产生了非常重要的影响，本章甚至也可以用“机床和汽车”做主题，或者也可以称为“电力的应用”，因为电动机和机床之间的结合具有至关重要的意义。这是自蒸汽机取代脚踏板或水车以来，机械车间里发生的最重要的大事件。然而，比这两个因素更重要的是机床上使用的金属切削刀具也有了相当大的改进。技艺再高的木雕师使用钝凿也无法工作，同样道理，金属切削机床用起来能否达到令人满意的效果取决于其使用刀具的性能，无论是单刃刀具、铣刀还是砂轮。我们可以由此看出，机床设计的着手点必定是刀具的切削性能，一台高效的机床将使其操作员能够充分利用其切削能力。然而，这个看似简单的命题存在一个很大的问题。除非机床设计师对刀具的潜在性能有透彻的了解，否则他根本无法以刀具为出发点做改进，更无法根据刀具性能打造出高效的机床，就像汽车工程师在不知道所安装发动机功率输出曲线的情况下根本无法设计底盘和传动系统一样。

研究汽车发展史的历史学家们都知道，并非每个设计师都能成功地围绕内燃机制造出令人满意的汽车，尽管他们的问题与机床设计师面临的问题相比更简单。对于机床设计师来说，涉及的变量因素太多，很难对切削刀具的最佳性能进行真正的评估。然而，设计者还必须根据刀具性能评估去决定机床的强度、零件的尺寸以及为工件主轴和进给驱动器选择什么样的齿轮比。现在，我们找到了问题的真正症结所在。由于影响结果的变量太多，只有通过系统深入的科学研究才能确定评估刀具性能的有效依据。迄今为止，成系统的研究几乎完全局限于纯科学领域。这些科学研究成果之所以能成功转化为技术最终要归功于一些杰出的专业人士，是他们将自己的科学知识结合实践解决了车间里遇到的问题。直到 19 世纪的最后二十年，科学研究方法才在商业赞助下广泛应用于金属切削等生产过程的研究。这是一个新颖的观念，很快就产生了惊人的成果。从 19 世纪末以来的 70 年里，伴随着技术的总体进步，机床设计行业也实现了高速发展，这其中最主要的原因是采用了科学的研究方法，其他任何原因都不是决定因素。

本书一再强调，亨利・莫兹利和英国其他伟大的机床制造商之所以取得非凡的成就完全是因为本杰明・亨茨曼开创了坩埚炼钢工艺，这种工艺为他们提供了碳钢切削刀具。尽管英国政府试图阻止向美国出口技术知识和相关技能，但来自谢菲尔德的移民很快就将坩埚炼钢的秘诀带到了新世界。

1868 年，科尔福德附近的一家小型钢铁厂（厂址位于格洛斯特郡迪恩森林的中心地带）生产出了世界上第一批改进的工具钢。它的发明者是罗伯特・福雷斯特・马希特（Robert Forrester Mushet，1811—1891 年），他父亲是著名的苏格兰钢铁厂厂主大卫・马希特（David Mushet），于 1810 年南迁到科尔福德。罗伯特・马希特早些时候提出在冶炼过程中添加一种富含锰的普鲁士铁矿石——镜铁，这种方法解决了贝塞麦工艺制造的钢品质低劣的问题。马希特和他父亲一样也是一位伟大的实验家，因为太沉迷于实验，所以并未在商业上取得太大成功。在这个时期，英国应该没有其他的钢铁厂老板比马希特更了解钢铁及其合金的属性。

1868 年以前已经有了合金钢，但合金的添加对钢材性能的影响还无人知晓，没有人意识到合金或许可以提高碳钢切削刀具的性能。早在 1819 年，迈克尔·法拉第（Michael Faraday）在一位名叫詹姆斯·斯托达德（James Stodard）的谢菲尔德刀匠的协助下在英国皇家学会的实验室里进行了合金钢实验。法拉第成功地生产出了铬钢，但产量很小，无法进行机械测试。[①] 直到 1877 年，法国于尼约的雅各布·霍尔茨（Jacob Holtzer）才开始生产商用铬钢。据考证，法拉第也曾在英国皇家学会生产出镍钢，但大家通常将镍钢的发明归功于约翰·康拉德·费舍尔（Johann Conrad Fischer），他于 1824 至 1825 年间在瑞士沙夫豪森的钢铁厂最早冶炼出镍钢。位于法国勒克勒佐的大名鼎鼎的施耐德钢铁厂最早将这种钢材大批量投入市场。钨钢是由奥地利化学家弗朗茨·科勒（Franz Koller）于 1855 年发明的，后来在奥地利埃姆斯河畔赖希拉明的一家专门工厂生产。

马希特在迪恩森林地区的小工厂以“泰坦尼克钢铁公司”这个响亮的名字而闻名于业界。工厂内配备的有坩埚熔炼炉，马希特使用铬、锰和钨合金进行了许多相关实验。1868 年，一位名叫 J.P. 史密斯（J.P. Smith）的格拉斯哥制造商带着一份商业合约找到马希特，希望马希特生产史密斯发明的一种新型“金刚”铸钢工具。这正是马

① 然而，应该载入历史记录的是，谢菲尔德的格林匹克斯莱公司用法拉第生产的合金钢制成了餐具。——原文注

希特感兴趣的项目，但结果非常失败，生产出的新刀具太脆了。但马希特将这次失败看作一种挑战，他继续进行实验，想看看自己是否真的没有能力生产出具有卓越切削性能的工具钢。在一次至关重要的实验中，他将一块用从富含锰矿的铁石铸造的生铁锭粉碎，并在其中加入一定比例的钨矿砂，然后将混合物放入坩埚炉中，随后再将熔融混合物倒入钢锭模中。马希特忠心耿耿的助手乔治·汉考克斯（George Hancox）用跳动锤将这枚历史性铸锭的一部分[①]锻造成一根工具钢棒，显然，他们立刻发现自己创造了一种极具价值的合金，其性能远远超过了他们的期望。这种新型合金钢的切削性能不仅优于碳钢，而且，与后者不同，他们生产出的是自硬钢，这是马希特从未敢奢望的一种特性。碳钢工具必须通过加热然后在水中淬火来硬化，结果能否成功取决于刀具工人的实践经验和技能水平，而这种新材料只需锻造后在空气中冷却即可自行硬化。

马希特的泰坦尼克钢铁公司后来倒闭了，原因和他那项伟大发现没有直接关系，但他与谢菲尔德的塞缪尔·奥斯本公司达成了一项协议，由后者生产并销售“R. 马希特的特殊钢铁”。马希特钢材作为工具钢的优越性使其迅速在世界范围内畅销无比。马希特也因为这项发现收到许多感谢信，其中有一封来自利兹著名的蒸汽机引犁制造商约翰·福勒公司，信中写道，他们现在可以在车床上以每分钟 75 英尺的速度车削铁轴，在用他们的镗床加工钢轮时，粗切削深度可达到半英寸。

马希特没有申请专利，他决定不外传制作这种合金的工艺，并

---

① 剩余部分由谢菲尔德的塞缪尔奥斯本公司保存。——原文注

采取了最高标准的保护措施阻止其他同行窃取他的秘方。即使在把熔炼加工转移到谢菲尔德后，此后相当长的一段时间里，原料的加工和混合仍由马希特和他精心挑选的几个人在迪恩森林的钢铁厂这个隐蔽的地方秘密进行。钨矿砂和其他原料总是用暗号来指代，并通过中间人订购，这样他们的目的地就不会被追踪到。混合物装在桶里，经由多条迂回曲折的路线从森林运到谢菲尔德，仍然是通过中间人。这些安全措施非常有效，尽管后来有人解析了“马希特钢（一般简称为 R.M.S.）”样本的成分，但马希特实际使用的冶炼工艺至今仍是一个谜。

与此同时，大西洋两岸迅速引进了贝塞麦转炉炼钢法和西门子－马丁平炉炼钢工艺，接着又同样迅速地将锰钢应用于火车车轮轮胎和车轴的生产。要想更加经济地加工这种坚韧的材料，马希特的工具钢是必不可少的原材料。事实上，许多工程师倾向于将马希特的钢与精密磨床一样视为切削坚韧材料的一种手段，而不是改进普通金属切削工艺的手段。这种材料作为切削工具的特性和潜能甚至连马希特本人都没有完全掌握，所以他的发明对机床设计并未产生什么影响。在大西洋两岸的各个国家，机床设计仍然是凭借经验展开的，即他们在金属切削实际操作方面积累的基础。

1876 年，技术发展史上发生了一件极其重要的大事件：托马斯·阿尔瓦·爱迪生（Thomas Alva Edison）在纽约附近的门洛帕克开设了一间新实验室，这是一家新型科研机构——世界上第一个“发明工厂”，在这里，一组研究人员在爱迪生的指导下致力于探索有前景的新创意，并将其开发至商业应用阶段。爱迪生在门洛帕克取得了惊人的成果，这一点让美国实业家深受震撼，如今，每一个大型工业组织都有自己的研发部门。显而易见，只要有充足的资金支持，这样的研发组织可以在短短几年内完成一些单凭个人一辈子都不太可能完成的研究项目。因此，19 世纪下半叶的技术进步日新月异，被誉为“第二次工业革命”。但是，就像物质进步有其负面影响一样，团队组织的发明也有不利的一面。第二次工业革命之前，富有进取心的商业组织通常会以发明者无法预见的方式利用这些发明牟利，但发明者本人仍然是自由的个体。现在，有创造力的人才不再游离，用社会上的行话来说，就是他们被“集体化”了，被吸收到某个生产组织中，接受老板的命令必须实现某个规定的商业目标。当那些以前可以自由流动的创造性人才被纳入经营体系，然后以这种方式根据老板的命令从事发明工作时，必然会损失很多新鲜创意。所以，研究技术发展史的历史学家发现，随着时间越来越接近现代，他的编年史也变得越没有人情味，因为这些发明工作都是由匿名团队完成的，而不是像过去那样由少数专心致志的卓越发明家创造出来的。

就本书所涉及的内容而言，爱迪生对技术发展史的影响是间接的。他在门洛帕克并没有从事过与机床有关的工作，但他却成功地说服美国众多的商界领袖和工程师，使他们相信工业研究是一项有价值的投资，宾夕法尼亚州米德瓦尔钢铁公司总裁威廉·塞勒斯就是其中之一。

米德瓦尔钢铁公司专门生产锰合金机车轮胎和铁路车轴。该公司经营着一家小型机械厂，在那里加工轮胎和车轴，几乎不用说，便可知这个工厂使用的是马希特特制的工具钢。1880 年，名叫弗雷德里克·W. 泰勒（1856—1915）的年轻人被任命为这家机械厂的工长。泰勒很快就意识到这些机器的产能太低了，但他知道，不能指望其他人也这么认为，因为他无法提供任何真实数据来证实他的观点。唯一的答案就是对切削刀具进行一系列井然有序的实验，泰勒很幸运，在以下三个方面都不用担心：首先，厂里使用的材料是一样的质量；其次，有一台功率强大的机器——66 英寸的镗床，可供他进行第一次实验；最重要的是，他公司的总裁威廉·塞勒斯对这个想法表示赞同。塞勒斯不仅在资金上支持了这个项目，他还为泰勒提供了一个由 5 名助理组成的团队，他们都是美国史蒂文斯理工学院技术专业的大学毕业生。

1880 年的时候，塞勒斯，甚至泰勒本人，都没有意识到实验将持续长达 26 年，总耗资超过 20 万美元。1889 年，泰勒离开了米德瓦尔钢铁公司，但在其他地方继续进行他的实验，最著名的是在附近的伯利恒钢铁厂，在这家工厂，他开展的新实验是在冶金学家蒙赛尔·怀特（Maunsel White）的帮助下完成的。这样一个耗资巨大、旷日持久的研究计划并非没有遭到任何反对，但泰勒之所以能坚持下去主要归功于威廉·塞勒斯即便年迈但依旧坚定不移的支持，毫无疑问，塞勒斯作为美国最具影响力的机床制造商是有很大话语权的。他对泰勒的信心终于有了回报，在他生前泰勒就取得了重大进展。遗憾的是，塞勒斯于 1905 年去世，一年后，泰勒在纽约向美国机械工程师学会发表了他的经典演讲——《论金属切削的艺术》（*On the Art of Cutting Metal*），演讲中泰勒总结了他多年的劳动成果。然而，在发表这场历史性演讲的 6 年前，即在 1900 年的巴黎世博会上，参会的人已经看到泰勒的发明在现场进行了令人叹为观止的演示，人们惊讶地看到刨花在蓝光下从一台美国车床上剥落下来，切削刀具的刃还是炽热的。

泰勒那篇具有历史意义的论文如果改成《论切削金属的科学》（*On the Science of Cutting Metal*）这个标题更恰当，因为它是基于5万次实验的结果，实验用的刀具总共切削了80万磅重的金属。早期的实验是用马希特钢刀具进行的，在第一年，泰勒证实了圆头刀具可以比老式的菱形尖头刀具运行得更快，而且，在给定的时间内，进行低速粗切削比高速细切削可去除更多的金属。接着，泰勒发现，持续不断地向清理切屑的地方注入水流可以提高切削速度，实验机器的产量可提高30%~40%。这是一个非常重要的发现。以前，马希特坚持认为他的自硬化刀具必须在干燥状态下运行，泰勒的发现反驳了马希特的观点。为了防止生锈，清理切屑的水应添加“苏打碳酸盐”（碳酸氢钠），使之成为我们现在所说的“肥皂水”。① 不久之后，米德瓦尔新建了一个机床车间，这个车间所有的机床都配备了“肥皂水箱”。“肥皂水”被排入一个单独的污水池，然后经由水泵返回到高架的供水箱。虽然安装这个装置不是什么机密，但直到14年后的1899年，其他工厂的车间才添置了同样的设备。

泰勒还驳斥了另一个谬论，即新型自硬化刀具只能用于加工硬质金属。他的实验证明，用自硬化刀具切削软质金属时更节约时间——软铸铁的切削时间缩短了90%，而硬钢或冷硬铸铁的切削时

---

① 尽管马希特对此有非议，“肥皂水”（或称“泡沫水”）在19世纪70年代的英国仍被用作冷却剂。克莱罗的助理牧师弗朗西斯·基尔弗特就是一位见证者，尽管听起来有点匪夷所思。1872年6月，他参观了位于伯肯黑德的莱尔德造船厂，关于这次船厂之行，他写道：“车床也很精妙，可剥掉铁制气缸生锈的外壳，让它们变得闪闪发光，而剥落下来的薄铁片呈自然蜷曲状，落入一个容器中，可再次冶炼，与此同时，不断有肥皂水洒落在车床正在加工的气缸上。”——《基尔弗特日记》，编辑，威廉·普洛默，1939年，第二卷，第216页。——原文注

间只缩短了 45%。于是，从这个时候开始，所有粗切削加工都使用的是新型自硬化刀具。

泰勒在 1883 年的另一个非常重大发现便是所有米德瓦尔钢铁厂在用的机床的进给动力都相对不足，他证明了在车床刀具变钝的情况下，需要的动力与驱动切削所需的动力一样多，因此，米德瓦尔重新设计了所有机床，使其进给功率与驱动功率相等。

泰勒成功的秘密，以及他的实验前后持续这么长时间的原因，在于他真正区分了机床切削金属时所涉及的各种变量因素，然后在实验的过程中应用了黄金科学法则——每次实验只改变一个变量，所有其他有重要价值的科学发现都是通过这种方式得来的。在同一时期，英国曼彻斯特也进行了类似的试验[①]，但由于没有遵守这条黄金法则，实验结果几乎没有什么价值。举个例子，在曼彻斯特的实验中，切削面积被视为一个单一变量因素，而泰勒则意识到它是切削厚度和切削深度这两个变量的乘积，其中第一个变量由进给量决定，更为重要。如果泰勒没有对二者进行区分，他就不可能得出必须提高进给功率的结论。

泰勒辨别出金属切削过程中存在不少于 12 个变量因素，但发现最困难的部分是数学问题，即如何把结果用公式表达出来。不过，他最终成功地设计出了一种计算尺供生产工程师使用，从此计算尺取代了机床操作员的经验法则，机床车间管理有了科学依据。

在某次实验中，泰勒曾尝试改变钢制刀具的成分和加热程度，然后让它们在空气中硬化，这次实验取得了惊人的结果。根据 14 年的实验取得的经验，他得出的最优方法便在所有其他因素保持不变的

---

① 这些实验由曼彻斯特工程师协会、曼彻斯特理工学院和阿姆斯特朗惠特沃斯有限公司联合赞助。这些实验的最大特点是使用测力计测量刀具压力。——原文注

情况下，让刀具在运行 20 分钟内损坏，以英尺 / 分钟为单位的精确切削速度作为对刀具性能做比较的最佳基准。刀具测试是泰勒多年实验的高潮部分，是他与蒙赛尔·怀特在伯利恒钢铁厂共同进行的。对马希特钢的成分解析显示，这种钢含有 7% 的钨、2% 的碳和 2%~5% 的锰，泰勒和怀特成功地证实了赋予马希特钢自硬化特性的是其中的锰含量。1892 年，亨利·布吕斯特兰（Henri Brustlein）开始在法国的与尼约地区的钢铁厂生产一种铬工具钢，雅各布·霍尔茨早些时候在那里率先使用了铬。1894 年，布吕斯特兰向米德瓦尔公司送去两份铬钨钢样品，并由泰勒和怀特在伯利恒工厂对这种钢进行了测试和分析。在这个过程中，他们发现，就自硬化性能而言，铬可以取代锰，同时铬具有更好的性能。怀特随后增加了铬和钨的含量，钨的含量高达 14%。他还添加了硅，结果发现硅可以提高钢的抗冲击性能。当泰勒和怀特把这些实验用刀具加热到不同的温度时，他们的发现震惊了整个工程界，包括他们自己。

在那之前，所有公认的钢铁权威机构都坚持认为，新型合金工具钢的加热温度不得超过 1550 华氏度（大致是金属颜色呈樱桃红的温度区间），否则它们的切削性能会降低或完全毁掉。但泰勒和怀特的实验证明，如果把马希特钢过度加热，它往往会破碎，但如果是钨铬钢刀具，他们发现刀具的切削性能反而会随着加热温度的升高而不断提高，直到达到熔点。如果把这种刀具加热到“樱桃红”的温度然后在空气中自然冷却，每分钟 30 英尺的切削速度足以在规定的 20 分钟内导致刀具崩溃。当类似的刀具被加热到 2000 华氏度时——刚好低于其熔点，冷却后的刀具切削速度可以提高到每分钟 80 或 90 英尺，直至出现故障。1900 年巴黎世博会上引起轰动的那台车床配备的就是泰勒和怀特研发的一种铬钨钢刀具。

泰勒和怀特并没有因为这次成功而沾沾自喜、止步不前，1900年世博会之后，他们继续用其他合金进行试验。钼和钛都尝试过，但由于成本太高而放弃了，后来发现，加入0.3%的钒可进一步改进刀具的性能，然后把钒的比例逐渐增加到0.7%。这一系列著名的实验终于在添加钒后结束了，世界上有了高速工具钢可用。一位工程师在1914年写道："机械制造商有意识地从高速刀具的发明中获得了巨大的利益，整个世界都也无形中受益于其发明"[①]。但是，高速工具钢刚出现的时候，工程界的第一反应却是沮丧，因为新型钢的能力在一夜之间使当时所有的机床都面临被淘汰的命运。巴黎世博会展出之后不久，德国最著名的机床制造商之一、柏林的路德维希·勒韦机械有限公司在他们厂制造的一台车床和一台钻床上测试了这种新型"高速钢"制成的刀具，结果，这两台机床因为使用了新型刀具发挥出了最佳性能。但仅4个星期后，这两台机器都变成了废铁。键从齿轮和主轴上脱落；铸造齿轮也裂口了，主传动轴发生扭曲变形；推力轴承完全损坏，很明显，这两台机床的润滑系统很差。[②]

这一次极具破坏性试验的寓意很明显：要想利用好这种新型刀具，必须重新设计安装它们的机床。机床必须更加坚固；进给功率和驱动功率都必须提高；必须用硬钢齿轮取代两个驱动装置中的铸造齿轮；润滑系统也必须改善，最重要的是，两个驱动的速度范围必须更大，并且在可行的情况下尽量做到接近无级变速，这样，无论工件是

① G. 施莱辛格写于《德国工程师协会杂志》。——原文注

②《柏林路德维希勒韦机械有限公司发展史：1689—1929年》，1930年版，柏林，这两处资料来源均引自卡尔·威特曼，参见书目表。——原文注

什么材料、多大的直径或者需要切削哪种深度和厚度，都能实现最佳切削速度。换句话说，必须根据新型泰勒 - 怀特刀具的性能重新设计机床，而且不能再单凭经验设计。泰勒不仅给机床设计者提供了新型刀具，而且还提供了相关的数学公式，通过这些公式可以将刀具的性能转化为具体的进给、速度和刀具压力。

就速度范围而言，这个固有的老问题因为高速刀具的出现变得更加尖锐。约瑟夫·克莱门特在 1827 年就已经制造出带有无级变速传动装置的经典端面车床，从那时起，机床驱动装置的问题，尤其是车床的进给驱动装置，就像发明永动机的想法一样，一直吸引着有抱负的发明家。发明家在这方面的各种尝试多到可以再写一本书。但在本书中，我们只能简单地追溯一下高速刀具发明后才开始在车间普及的装置的起源。

费城的费理斯 & 迈尔斯机床厂的弗雷德里克·B. 迈尔斯（Frederick B. Miles）因为改进了蒸汽锤在美国出名，其实他在 1871 年还申请了螺旋切削车床进给驱动器的专利（图 10-1）。该装置的插图显示，

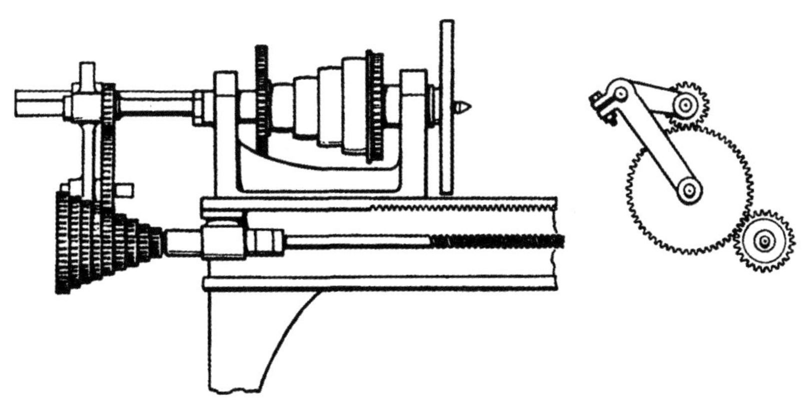

图 10-1　弗雷德里克 · B. 迈尔斯发明的快速变速进给驱动装置及齿轮结构，1871 年

丝杠末端有一组阶梯齿轮，总共 9 个。用于啮合任何一个阶梯齿轮的惰齿轮安装在摇臂上，摇臂的轴是从车床主轴延伸出来的。惰齿轮与车床主轴上的一个驱动小齿轮啮合，摇臂和该驱动小齿轮均可沿主轴滑动，以进行速度变化。几乎可以肯定的是，迈尔斯本人并不知道这一事实，但亨利·莫兹利在近 60 年前已经使用过的这种车床主传动装置算是有了新应用。

尽管迈尔斯的发明与传统的变速轮相比节省了不少时间，但它并没有流行起来；事实上，这项发明似乎已经沦落到了无人问津的地步，直到 1907 年，兰金·肯尼迪（Rankin Kennedy）① 挖掘了这个装置并成功引起人们对它的关注。此时，这项发明的重要价值已经变得显而易见。1892 年，另一位美国人温德尔·P. 诺顿（Wendell P.Norton，简称 W.P. 诺顿）在迈尔斯 20 年前失败的地方取得了成功（图 10-2），这主要归功于马希特和泰勒发明的新型工具钢。诺顿的进给驱动装置在原理上与莫兹利和迈尔斯的没有什么不同，但诺

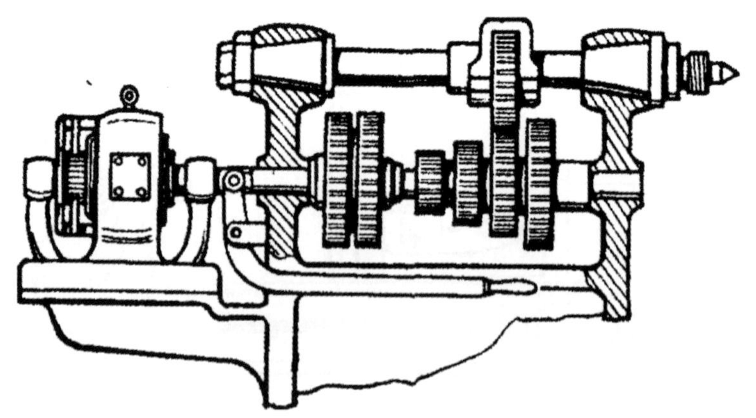

图 10-2　W.P. 诺顿发明的换向齿轮传动装置的侧视图，1892 年

① 兰金·肯尼迪，《现代的机床车间》，1907 年，第 190 页。——原文注

顿的成功恰好出现在了合适的时间节点。从那之后，诺顿快速变速箱一直在世界范围内用于机床进给驱动器。

而在机床主传动的改进方面，弗雷德里克·泰勒亲自指出了前进的方向。他早期在米德瓦尔钢铁厂用马希特钢刀具进行的一系列实验使他确信，当前将机床皮带绑缚在副轴和总传动轴上的做法是一个缺陷。我们得知，在伯利恒钢铁厂的最新实验中，他使用了一台由电动机驱动的机床，并配备了无级变速驱动器，这个无级变速驱动装置的设计是个机密。当时最常见的无级变速传动装置依然是克莱门特和惠特沃斯使用的锥形皮带轮，但如果用于切削重型工件，其性能不太令人满意，因为锥形皮带轮和扁平皮带的组合从机械角度看本来就不够结实。尝试过的众多替代方案中，最有希望的是在伸缩 V 形皮带轮之间用一根 V 形皮带传动，这种传动装置是美国人 M.O. 里弗斯（M.O.Reeves）在 1897 年申请的专利。然而，关于重型机床的动力需求，任何仅仅依靠摩擦力的变速驱动装置都不可能做到完全令人满意。强制传动是必不可少的。然而，如果目标是追求完美的饰面，机床设计师很快发现，不能完全放弃使用无噪声而且运行顺滑的皮带传动系统。因此，随着扁平皮带被电动机淘汰，V 形橡胶带（相当于机床先驱们用的“肠带”）取而代之，直到今天仍在使用。

泰勒从 1894 年起一直在使用电动机驱动他做实验用的机床，这也是技术发展史上一个非常重要的大事件。这就好像是原本两条独立发展的平行线到了某个阶段后突然变得彼此不可或缺，从此就合并在了一起，这当然是一桩幸事，但也可以说是纯粹的偶发事件。马希特或泰勒最初开始试验高速钢时，不可能考虑到发电技术和输电系统的发展这些因素，但如果不是因为电动机的出现，他们的劳动成果永远不会在机床车间取得大的进展。同样，当戈特利布·戴姆勒（Gottlieb Daimler）和卡尔·本茨（Karl Benz）在德国制造他们的第一辆“不用马的马车”时，他们也没有意识到大西洋彼岸的工程师们正在迅速完善各种工具，正是美国工程师们的辛勤成果使“为百万人制造汽车”这个梦想成为可能。

法国人泽诺布·泰奥菲勒·格拉姆（Zénobe Théophile Gramme，1826—1901 年）在 1873 年的维也纳世界博览会上首次展示了如何用电动机驱动机床，次年，他在自己位于巴黎的工厂中安装了电动机来驱动总轴系，这么做相当于开了一个先河。虽然看起来很奇怪，但大家应该还记得默多克和内史密斯曾用他们的小型真空发动机和蒸汽发动机做过类似的尝试，可惜的是，此后 20 多年的时间里，竟然无人认识到电动机在机床车间有巨大的应用潜力。电动机可使机械车间摆脱那些杂乱无章的皮带和线轴，这些东西不仅遮挡光线，还妨碍起重机的自由移动。但直到 19 世纪的最后几年，电动机才逐渐用于为单个机床提供动力。1901 年，人们首次尝试将电动机和刀具合二为一，但合并后的整体显得非常笨拙，部分原因是早期电动机的尺寸太大。随着技术的不断进步，功率不变的情况下电动机的尺寸和重量都缩减了，此时把电动机和刀具结合为一体就比以前的试验成功得多。工程师也曾多次尝试用变速直流电动机来代替机械变速齿轮，但很少有成功的，因为只有超大型的电动机才能在低速运转的情况下产生足够的动力来进行重切削。如果对速度范围要求比较高，最好的解决方案是将变速电动机和机械形式的变速装置组合使用。同时使用这两种动力装置可以提供非常大的速度范围，而且是阶梯式的，调速方便。在配有这种装置的现代机床中，电气分级调速和机械分级调速是自动协调的，机械变速由电动离合器执行。

第一次世界大战之前，机床设计出现了另一个重要的发展动向——使用辅助电动机为机床的进给运动提供动力。自莫兹利时代以来，为了“将技能融入机器”，工程师们的聪明才智几乎全部耗费在如何用机械方式从主传动轴获得运动动力这个问题。随着机床的改进，精度标准越来越高，工程师们的解决方案也必然变得越来越复杂。面对复杂的机床设计，要想让操作人员既能控制好速度又简单顺手真的很不容易，这也一直是每个机床设计师的目标。辅助电动机恰好在正确的时间点为设计师们摆脱这一僵局提供了一条出路。使用电动机有很多优势：分组控制简单化、更方便，去除了大量冗杂的机构，进给速度不再与主轴速度有关联。在大多数情况下，这也是一种更好的机械解决方案。例如，在比较大的重型车床上，用长丝杠或主轴驱动滑动托架的传统方法显然不太合理，因为在整个行程中，长丝杠或主轴缺乏必要的支撑装置，于是人们设计了许多巧妙的机械设备试图减轻丝杠或主轴的动力负载。然而，这些方法都没有在托架上安装辅助马达那样简单方便，而且效果也没有更令人满意。同样，使用这种电动机的话，给非生产性运动（比如完成切削后托架的返程运动）提速变得简单得多。最后，因为有了电动机，就可以使用标准部件（例如若干动力工件头座）来制造一台特殊用途的机床，使用这种机床可以同时或先后对一个工件进行多种操作。

以泰勒为榜样，业内人士对铣刀和砂轮进行了类似的系列科学研究，切削刀具以及和使用它们的机床不久后都有了很大改进。铣刀的研究工作是由辛辛那提铣床公司的 A.L. 德·莱乌（A.L. De Leeuw）进行的。他的研究成果以及根据他的发现新设计的刀具于 1904 年公布于世。德·莱乌的实验表明，当时使用的切削刀具性能与机床不匹配，因此在机床达到最大功率之前刀具就会出故障。他改进过的刀具与以前的相比，齿更少也更粗糙，且齿间距更大。齿的前倾角是认真计算出的结果，某些类型的刀具采用蜗线齿或交错齿也是如此。最早制造的新型刀具之一是平面铣刀，每马力可多削去 50% 的金属。

人们认识到，要想充分利用铣刀的性能，切削速度不应因为所使用的铣刀直径不同而受到影响，而且应该做到在不改变铣刀主轴速度的情况下可以改变进给速度。只不过在这种情况下，需要考虑的是刀具的直径而不是工件的直径，确保恒定的最佳切削速度和进给的问题与车床或镗床上的问题相同，所以其解决方案也类似。1901 年出现了第一台由单独的电动机提供全档等速传动的铣床，其进给速度可以随意设置，与主轴速度无关。这是约翰·帕克（John Parker）为布朗 & 夏普公司设计的第二台万能铣床，也是今天用的等速铣床的原型。今天的等速铣床与过去的相比，唯一值得一提的改进是在刀具主轴上加装了个飞轮，因为现今使用的硬质合金刀具的切削能力更强，所以飞轮就成了必需品。

在转到磨床及其砂轮这个话题之前，此处有必要探讨一下高速钢对切齿机的影响。高速刀具加快了现有机床的生产过程，从而满足了市场对精密齿轮快速增长的需求。但是这个提速过程产生了一个新的问题。除了费洛斯的牛头刨床，当时使用的机床不管使用的是单刃刀具还是旋转刀具，都是在毛坯的外边缘一次操作切削一个轮齿，如此持续重复这个切削过程。但是，较高的切削速度会导致毛坯的局部过热，最终导致成品齿轮出现变形。为了解决这个问题，设计师对机床进行了改进，不再一个一个相继切削轮齿，而是先切削一个齿，然后跳过几个齿再进行下一次切削，以这种方式操作，直到整个齿轮切削完毕，这么做的目的是更均匀地分散热量，现在这种切削方法已经成了惯例。但是，这个问题将人们的注意力再次聚焦到模具展成法的齿轮切削，这种方法使用的是旋转刀具或蜗杆形式的滚刀。滚刀不是一次切削一个齿，滚刀和齿坯同步旋转时通过进给装置啮合在一起，此时滚刀会一个个先后从齿坯上凿挖出所有的轮齿。因此，在切削过程中产生的热量会均匀地分布在齿坯上。费洛斯插齿机也是渐进式切削，但它是插齿刀决定齿轮的螺旋角，使用滚刀可生产出 0° 至 180° 任何螺旋角的齿轮。

齿轮滚刀的原理非常简单，伦敦的科学博物馆展出的博德默滚刀就是证据，这说明齿轮滚刀并非什么新鲜事物。然而，将这一原理成功地应用于精密齿轮切削并不是那么简单，这也是为什么尽管博德默、惠特沃斯和克里斯蒂安·席勒（Christian Schiele，1856 年）做了很多尝试，但都没有成功，此后又过去了很多年，滚齿机才发明出来。刀具和坯料的轴线和中心的角度关系及校准是至关重要的，很难确定。此外，只有不断提高精密磨削技术，淬硬钢滚刀才能达到必要的精度。德国的 F.A. 荣斯特（F.A. Jüngst）和 J.E. 雷内克（J.E. Reinecker）以及英国的弗雷德里克·兰彻斯特（Frederick Lanchester，图 10-3）分别在 1893 年、1894 年和 1896 年制造出了专门的滚齿机（图 10-4），1897 年，另一位德

图 10-3　弗雷德里克·兰彻斯特

图 10-4　兰彻斯特发明的涡轮滚齿机，1896 年

国工程师赫尔曼·普法特（Hermann Pfauter）生产了第一台万能滚齿机。克服了这些实际困难后，人们发现，只要滚齿机的设计足够坚固，就可以充分利用高速钢刀具的优势，以比以前用更快的速度切削出精密齿轮，而且不会因为局部过热产生变形。这种方法相当成功，所以，1909 年时至少有 24 家制造商在生产滚齿机，主要是为了满足新兴汽车工业的需求。滚齿机对蒸汽轮机的成功也起到了至关重要的作用。生产涡轮机的减速齿轮必须用滚刀，所以，滚刀的重要性犹如生产瓦特蒸汽机的气缸必须使用威尔金森的镗床一样。查尔斯·帕森斯爵士（Sir Charles Parsons）的小型实验快艇"透平尼亚"号尽管表现出色，但是也证明了一个事实，如果涡轮机的轴速太高，就无法直接推进船舶。所以，如果不是机床制造商用滚齿机帮他解决了问题，他的伟大发明可能也胎死腹中了。

1884 年，底特律金刚砂轮公司的吉尔伯特·哈特（Gilbert Hart）对金刚砂和刚玉砂轮进行了一系列详尽的测试，结果证明，后者是一种更优质的磨料。到 1895 年，刚玉砂轮已经基本取代了金刚砂轮，但因为天然刚玉比较稀缺，质量参差不齐，而且成本太高，所以制造商试图找到一种质量可控的合成磨料。1891 年，美国人爱德华·G. 艾奇逊（Edward G. Acheson）试着在电弧炉中熔化碳和黏土的混合物，结果生产出一种硬度仅次于钻石的晶体。这些晶体其实就是碳化硅。这个实验室的产物原本就是为了满足好奇心的意外结果，因为艾奇逊并不知道其成分，所以将他的发现命名为“carborundum”。制备碳化硅的配方很简单，但艾奇逊的发明若出现早一点，则根本无法大规模应用，因为商业规模的“冶炼”会有很高的电力消耗。1895 年，艾奇逊的“卡宝蓝顿公司”[①] 建立在尼亚加拉瀑布区，因为那里有充足的水力发电设施可用于生产，第二年，该公司开始销售碳化硅磨轮。

1897 年，另一位美国人查尔斯·B. 雅各布斯（Charles B.Jacobs）将纯度很高的氧化铝（铝土矿）与少量焦炭和铁屑融化，成功地生产出了人造刚玉，即人们常说的“刚铝玉”。诺顿金刚砂轮公司购买了这种冶炼方法的使用权，不久后将公司名称缩短为“诺顿公司”，因为这种新型合成材料迅速取代了天然金刚砂和刚玉。雅各布斯的生产工艺和艾奇逊的一样，也需要大量的电力，因此，1901 年，第一家大规模生产商用钢铝玉磨轮的公司也把厂址选择在了尼亚加拉瀑布区。

查尔斯·H. 诺顿为磨轮发展所做的工作堪比泰勒在单刃刀具或德·莱乌在铣刀方面的贡献。他还主要负责生产磨床的开发，这些磨床用的是新型合成钢铝玉砂轮。查尔斯·诺顿与诺顿公司的创始人

① “卡宝蓝顿”是“carborundum”的音译。

图 10-5　查尔斯 · H. 诺顿

富兰克林 · B. 诺顿并没有亲属关系，这一点容易让人误解。[①] 查尔斯 · H. 诺顿（1851—1942 年，图 10-5）出生于马萨诸塞州的伍斯特。他在康涅狄格州托马斯顿的赛斯 · 托马斯钟表公司接受了机械工程方面的培训，在那里工作了 20 年，后来接替他的叔叔 N.A. 诺顿（N.A. Norton）成为公司的总技师。该公司的生产范围包括大型塔钟，刚刚接手负责厂内工具设备的诺顿从这项工作中获得了当时通用的轻研磨技术方面的经验。1886 年，诺顿离开托马斯顿，加入布朗 & 夏普公司，担任总工程师爱德华 · 帕克斯（Edward Parks）的助理。

诺顿到普罗维登斯后的第一项任务是仔细研究公司的万能磨床，看看有什么改进的空间。正如我们在前一章讲到的，虽然这台机床和之前那些临时用于研磨的车床相比已经有很大进步，但经验表明，还有很大的改进空间。这台机器是工具车间里的一个重要设备，但作为一种生产工具，其表现远远不能令人满意。它的产能极低，主要是因为生产规格统一的精确工件要求操作员有很高的技能和耐心。诺顿先与诺顿公司[②] 的查尔斯 · 艾伦（Charles Allen）合作，一起研究了砂轮的性能。他在这一领域的研究一直持续到 1905 年。该研究从始至终与诺顿公司开发磨床的过程是同步进行的，也是他研发过程中的一

---

① 正确的情况，如本书第九章所述，诺顿公司的前身是富兰克林 · 布莱克默 · 诺顿（简称“F.B. 诺顿”）于 1858 年创立的一家小型陶器公司。F.B. 诺顿在公司开始生产砂轮后不久就离开了。——原文注

② 为了简单起见，此处和本书后面的章节都使用了该公司的简称。——原文注

个关键因素，但在这里，我们最好还是先总结下查尔斯·诺顿在砂轮方面的研究成果。

查尔斯·诺顿首先发现，万能磨床上使用的磨轮平衡性不佳，而且运行速度太快，他后来发明了一种可使砂轮保持动态平衡的机床。诺顿用显微镜观察研磨粉尘后发现，砂轮在超速运转时会烧掉部分金属，这个过程会毫无意义地消耗掉大量电力，将其转化为热量。当他把速度降低到没有燃烧的程度时，显微镜显示，砂轮会把金属切削成微小的碎片，与其他形式的金属切削刀具没有差别。这是他进行的一系列实验中最早的一次，后来的实验中，诺顿分别用不同等级的砂轮以不同的速度进行了很多不同类别的研磨工作。这些实验一直持续到合成砂轮问世的时代，所以，诺顿才能够根据特定的研磨作业决定正确种类的砂轮以及合适的速度。

诺顿还研究了砂轮的修整和整形过程，并对这两种工艺进行了区分。前一种操作通常使用镶嵌有硬化钢尖头的滚筒进行，其目的是去除因长期使用而变钝的表面磨料层，把新的锋利切削表面露出来。诺顿的实验显示，这种粗野的修整技术对于铸造厂用于铸件清理的砂轮才有必要，但不应将其应用于精密砂轮，如果精密磨轮的等级和速度选择正确，完全没必要使用这种修整技术。此外，要想保持砂轮的轮廓精确，就需要时不时地进行整形操作。诺顿刚开始调查整形工艺的时候，整形工作一般都是操作员用一块旧砂轮碎片手工进行，但诺顿却宣称这种做法是修整工艺的另一种方式，并不是整形，他坚持认为，砂轮整形只能通过金刚石刻刀进行。即便如此，操作人员还是倾向于过于频繁地对车轮进行整形以确保安全，到 1925 年的时候，机床已经配备了金刚石测量点，测量点可指示何时需要整形。在许多现代机床上，车轮整形是定期自动进行的，砂轮厚度的减少量都会在横向进给机构中自动补偿。

现在，从砂轮转向机床，诺顿发现，即使布朗 & 夏普公司的万能机床的砂轮能保持平衡，以正确的速度运行，机床的轴承也不够好，而且对于生产工作来说，它的构造太轻了。因此，他重新设计了这台机床，使其更坚固，至今依然如此。事实证明，这台新机床比上一代的机床准确得多，但其生产效率受到砂轮尺寸的限制。它只有半英寸宽，即使是这样的宽度也因为操作人员的不断整形都磨掉了，最后只留下一个刀刃，操作人员坚持认为必须做整形才能达到准确的结果。因此，其性能并不太理想。诺顿认为，在生产机床上使用更大尺寸的砂轮能使其展现更大的优势，但在当时，他的呼吁因为各种偏见被置之不理。

1890 年，诺顿和他们车间的工长亨利 · 利兰一起离开了布朗 & 夏普公司，两人搬到了底特律，在那里成立了利兰 - 福克纳 - 诺顿公司。诺顿在底特律待了 6 年，正是在这段时间里，他第一次对汽车制造业的问题产生了兴趣。1893 年，查尔斯 · 杜里埃（Charles Duryea）和弗兰克 · 杜里埃（Frank Duryea）兄弟二人在马萨诸塞州斯普林菲尔德制造了他们的第一辆“汽油汽车”，这是美国人自己的叫法，此时，美国的工程师很快就敏锐地意识到这辆车孕育着无限的可能性。利兰 - 福克纳 - 诺顿公司是这一新领域的先驱，后更名为凯迪拉克公司，底特律就是因为这个公司的存在逐渐成为美国汽车工业的中心。

1896 年，查尔斯 · 诺顿回到布朗 & 夏普公司，面临各种偏见和反对的声音，他全然不顾，设计了一台更重的端面磨床。到了第二年，他在生产研磨方面得出了明确的结论，然后开始努力将这些理论总结付诸实践。必须再次强调一下，此时，人们仍普遍认为，磨床只是一种超级精加工工具。无论材料表面是否做了硬化处理，部件在被传送到磨床做最后精细加工之前都将被加工到所需尺寸，精度为 ±0.002 英寸。而诺顿得出的结论是，生产磨床应该在粗加工阶段就以很高的速度和精度将零件缩小到成品尺寸，完全没有必要在车床或其他类似的金属切削机上再慢条斯理做一遍精加工操作。诺顿的提议能否成功取决于有没有宽砂轮可用，总之，这个理念本身就是一个很大的进步。结构足够坚固的机床已经有了，诺顿现在需要考虑的是把砂轮再加宽至少一英寸，如果可能的话，使砂轮的宽度超过工件的长度。他说，使用这种砂轮就没有必要再沿着工件来回移动砂轮，反之亦然，只需要将砂轮进给到工件中。诺顿就这样开创了我们今天称之为“切入式研磨”的技术。他同时也意识到，这种技术不仅适用于平面磨削，而且也可应用于成形磨削，只需使用金刚砂刻刀把砂轮做成所需的轮廓形状。[①] 最后，诺顿设想这种机器可以当自己的千分尺使用，换句话说，它可以将工件尺寸调整到非常精细的范围之内，以便操作员调整到 0.00025 英寸的指数，这样，机床就会把工件精确地缩减到那个数值。

如果贯彻执行诺顿的理念，布朗 & 夏普公司本可以再次创造历史，但不幸的是，这些想法遭到了工程总监里奇蒙·维亚尔（Richmond Viall）的嘲笑和打击。维亚尔顽固地坚持当时的主流观点，认为用宽砂轮不可能获得精确的结果。他还坚信，诺顿设想的那种机床第一

---

① 如今，这种砂轮是通过将砂轮压在所需形状的轧辊上旋转而“压制成形”的。螺纹磨砂轮就是这样生产的。——原文注

成本将非常高，超过了它节省劳动力的优势。由于维亚尔反对诺顿的想法，完全没有调和的余地，于是，诺顿在1899年放弃了自己的主张，转而去寻求诺顿公司的帮助，诺顿公司的查尔斯·艾伦是他的老朋友，他对诺顿的境遇充满了同情，也非常支持他的想法，曾在诺顿进行系列实验的初级阶段给予过他很多帮助。这个事情的最终结果是，诺顿研磨公司[①]成立了，查尔斯·诺顿担任总工程师。

1900年3月，诺顿设计了他的第一台重型磨床（图10-6），同年11月，最初的两台机床已经建造完毕。第一台卖给了纽约的一家印刷机制造商，在那里连续运转了近30年。这台历史悠久的机器现在存放在福特博物馆。从这台机床可以看出，诺顿比较明智，脚踏实地，绝不会在学会走路之前就开始跑步，因为该机床其实是一台带横向工作台的普通外圆磨床。只不过它的尺寸非常大，所以，这台机床与布朗 & 夏普公司的第一台万能磨床相比，二者差异之大就好比惠特沃斯1850年设计的车床之于18世纪用的那种脚踏车床。像惠特

图10-6　诺顿发明的重型生产磨床，1900年，现存于福特博物馆

① 虽然新公司是由诺顿公司的个别成员赞助出资的，但1919年以前，这两个公司彼此独立。1919年两家公司才合并，但仍保留了各自的名称。——原文注

沃斯一样，诺顿也意识到绝对的刚性是确保精度的关键因素。该机床规划采用直径为 2 英尺、宽度为 2 英寸的砂轮，这个尺寸在 1900 年前是根本不可能出现的。为了将其性能发挥到极致，工作台具有快速移动的功能，工件每转一圈工作台移动 2 英寸，这样砂轮的整个宽度都持续处于切削状态。磨床上还设计了一个内置的“肥皂水箱”和一个每分钟能循环 50 加仑冷却剂的抽水泵，这说明诺顿也意识到有必要防止在高速切削过程中出现热变形。这台机床代表了一个历史性里程碑，具有重大意义，因为不久后，从这台机床衍生出了各种各样的生产磨床，就是因为这些磨床的出现，“为百万人制造汽车”的梦想才终于成为现实。

第十一章
20 世纪的机床

弗雷德里克·泰勒刚刚接触高速工具钢的时候就曾预言，在车间中引进这种刀具将会是一个漫长的过程。从工程行业的角度来看，我们可以说泰勒的预言成真了，而且他做的这种预测也适用于德·莱乌和查尔斯·诺顿的发明创造。新技术的应用总是存在时间滞后，假如应用新技术还要承担高额的资本支出，这个滞后期将会更长。泰勒的车床刀具、德·莱乌的铣刀和诺顿的砂轮本身都是很便宜的商品，但是，只有投入大量资金生产出新机床才能将这些新发明的潜力全部发挥出来，所以没有一个实业家愿意眼睁睁看着自己整个机械车间的机床在一夜之间全部废弃掉。然而，新工具的应用要求实业家必须执行如此无情的政策，因为在生产机床车间内，不同的机器在功能上是相互依存的关系，如果只是零零碎碎地引进一两台高性能机器，那样并不能得到太大好处，而且会导致工作越来越多地积压在陈旧缓慢的老机器上。

由于英美两国的社会和经济思想体系之间存在很大差异，因而新机器和新方法的引进速度在美国往往比较快，在英国则最慢。20 世纪的头 30 年里，尽管经历了第一次世界大战的剧变，英国的工程师很擅长定制工程，对美国的生产方法普遍持怀疑态度，这并不是说英国的机床制造商远远落后了。举例来说，1906 年，曼彻斯特的丘吉尔机床公司生产了该公司第一台重型磨床，后续又生产了很多台，其磨床的质量丝毫不逊于美国的同类产品，但这种机床在英国的引进速度相对较慢（图 11-1）。直到 1930 年，英国的普通生产机床车间仍然是一个由皮带轮和轴系组成的茂密丛林，极个别的现代机器与那些陈旧的机器拥挤地堆在一起，如果是在美国，工程师早就把它们扔进废品堆了。这些老旧机床仍然用的是碳钢刀具，因为即使采用高速钢也发挥不出多大优势。笔者本人 1929 年时曾在一个车间做学徒，至今仍记得当时自己带着车床刀具去刀具工匠那里进行回火，和以前一

图 11-1　图中主要有 8 台丘吉尔刚性滚齿机，是丘吉尔齿轮机械公司的多轴联动系统的一部分，用于全自动生产汽车副轴齿轮

代又一代的机械工人没有分别，依然做着同样的工作。在此之前，英国的车间如果引进新机床只有一个原因，那就是为了解决生产过程中遇到的新问题，他们不会因为新机床比现有的速度更快、效率更高就引进新机型。

从 1900 年起，旧世界的各个国家中，德国在机床设计和制造方面开始处于领先地位，而且这个趋势变得越来越明显。回顾 1900 年的巴黎世博会时，法国人 M.G. 理查德（M.G. Richard）得出结论，德国的机床制造业已经超过了法国，尽管德国人从几年前起一直在仿制美国的机床，但现在他们反超了，德国甚至已经开始向美国出口机床和工程理念。曼彻斯特的托马斯·肖（Thomas Shaw）在 1903 年参观完德国工厂后再次感叹道："很遗憾，在英国的土地上竟然找不到如此井然有序、设备齐全的机床工厂。"然而，尽管欧洲国家之间存在竞争、各有特色，但整个旧世界的汽车工业发展都遵循着类似的模式，与新世界的发展模式形成了鲜明的对比。这两种模式分别代表着大西洋两岸不同的思想体系。

除了纯粹的财务方面的原因，我们人类天生就是守旧派，倾向于坚持使用古老的工作方法，因为历代人都已经证明这些方法是可行的，这些因素综合起来导致人们不愿用更好的工具取代现成的。因此，新型工具和生产方法总是率先应用于新兴产业，因为在这些行业中，企业没有在老式工具上投入任何金钱，偏见也更少。正如我们所看到的，现在讲的案例中，这个新型行业就是汽车制造业，美国的各个工厂都争先恐后热切地盼望着用上新工具。

美式批量生产体系成功地应用于自行车制造业后，在 1890 年至 1897 年间，全美自行车的产量从每年 40000 辆增加到 1000000 辆。

所以，从逻辑上讲，将该生产体系扩展到汽车制造领域是必然的。事实证明，自行车制造业所采用的一些技术对汽车行业也非常有价值，尤其是生产硬齿面齿轮[①]和滚珠轴承的技术。当一家美国企业从制造自行车转向制造汽车时，其生产理念并没有改变。新型汽车不可避免的结构更加复杂，因此生产成本也很高，汽车制造商并没有刻意将产品定位为只出售给少数人的小众奢侈品。恰恰相反，他们生活在一个民主社会制度的国家，以没有传统旧社会的阶级等级制度为荣，他们唯一关心的是如何降低生产成本，以便自己生产的汽车能有尽可能广阔的市场前景。换句话说，在美国，“为百万人制造汽车”的梦想从一开始就包含在汽车工业的发展理念中。

而欧洲的汽车工业，特别是英国，诞生于一个与美国完全不同的社会大环境。此时，欧洲仍然保持着阶级分明的传统社会等级制度，穷人和富人之间存在着不可跨越的经济鸿沟，1890 年至 1914 年间是汽车工业的萌芽时期，在这期间，贫富差距之大前所未有。在社会的底层，那些“吃苦耐劳的穷人”的生活比一个世纪前好不了多少，而中产和上层阶级的购买力却空前高涨，类似情况以前不曾有过，以后也不会再见到。这种社会大环境对欧洲的汽车制造商产生了深刻的影响。在他们看来，汽车只是绅士们以前乘坐的马车的新型替代品。欧洲的汽车制造商最关心的是如何提高汽车的质量和性能，以便迎合有钱阶层的高雅品位，相比之下，降低生产成本则是次要考虑。因此，在第一次世界大战前的爱德华时代[②]，欧洲和美国的汽车工业及其产

---

① 参见前面提到过的美国无链自行车。——原文注

② 1901 年至 1910 年英国国王爱德华七世在位时期，有时甚至延续至 1914 年，介于维多利亚时代和第一次世界大战之间。

品呈现出相互矛盾的特征，这种鲜明的对比揭示了背后的不同制造理念。在汽车设计方面，最早领先于世界同行的首先是德国，然后是法国，最后是英国，欧洲的车间使用的机床和加工工艺按照美国标准来看都是过时的，但他们却生产出了豪华无比的汽车。与此同时，在大西洋的另一边，美国的工程师们正在使用最先进的机械加工技术生产汽车，其粗糙简单的风格在欧洲人看来是无法接受的。代表这两种截然不同理念的极端典型就是劳斯莱斯“银魅”和福特的 T 型汽车，一个是保守工程工艺的完美典范，另一个是当时世界上最先进的机床的产物。

由于立法方面的限制，英国的汽车工业起步较晚，最早于 1894 年在考文垂兴起，因此考文垂是英国汽车工业的发源地，后来伯明翰也有了相关企业。在此之前，考文垂远近闻名的织带加工业日渐衰退，庆幸的是，1859 年和 1869 年此地分别又发展起了缝纫机和自行车制造业，这才抵消了当地日暮西山的织带业引发的经济衰退。据声称，第一台用于研磨自行车轴承硬化钢珠的机器就是在考文垂制造的，但实际上，第一台磨球机的专利是曼彻斯特的海勒姆·巴克（Hiram Barker）和弗朗西斯·霍尔特（Francis Holt）在 1853 年申请的，用于生产机车瓣阀用的硬球。英国早期的机床行业是伴随着英格兰北部纺织业的兴起并行发展起来的，现在，中部地区自行车和汽车制造业的崛起又再次推动着机床工业大踏步向前发展。我们可以从赫伯特 & 哈伯德公司（1889 年在考文垂开办的一家小工厂）的运营情况看出这种趋势，该工厂为自行车和丝带制造业生产机器。由于汽车工业的出现，这个企业发展势头越发向好，后更名为阿尔弗雷德·赫伯特有限公司，该公司后来逐渐壮大成为世界上最大、最著名的机床生产商之一。

机床行业的同步并行发展使英国的汽车制造商克服了早期遇到的重重障碍，迅速超越了其他欧洲竞争对手。英国本土制造的第一批汽车都是模仿欧洲大陆车型生产的劣质复制品，第一位设计并制造出纯粹英国国产汽车的工程师是弗雷德里克·兰彻斯特，他的事迹充分证明了英国在这个行业不仅起步晚，其发展还因为机械加工方法相对保守而受到阻碍。兰彻斯特遇到的困难不亚于瓦特建造其第一台蒸汽机时遇到的障碍，如果换作其他人，若没有这般才艺，则稍有不慎就可能失败。兰彻斯特在设计好汽车图纸后，还必须设计生产汽车的机床、夹具，并做出相关生产计划。为了切削用于最终传动单元的“沙漏”蜗轮蜗杆装置，兰彻斯特设计了一种专用滚齿机，这种机床我们在前一章中提到过。在长达 25 年的时间跨度内，兰彻斯特汽车所用的蜗轮传动装置全部是这台机床生产的，现在被保存在伯明翰工业博物馆内。兰彻斯特还率先在行星齿轮箱和后轴中使用了滚珠轴承，由于没有滚珠轴承制造商愿意给他生产这些轴承，他自己发明了一种生产方法，并用自己的双手亲自加工出第一批产品。硬化钢滚轴，或 5 个或 6 个排列在一起，在中心之间一起研磨，误差范围在 0.0002 英寸内，然后用比较薄的柔性砂轮将各个滚轴分开。当时英国现有的各种螺纹规格都不适合兰彻斯特的用途：惠特沃斯系列的螺纹过于粗糙，尽管自行车制造业使用的是细牙螺纹，但也没有固定的标准，每个制造商都是按照自己的想法进行生产。因此，兰彻斯特设计了自己独创的一定规格的螺纹，他称之为“M”系列螺纹。兰彻斯特的这个系列与 R.E.B. 克朗普顿（R.E.B. Crompton）8 年后（1908 年前后）设计的英国标准细牙螺纹（简称“B.S.F.”）系列几乎没有什么不同，甚至在某些方面比后者更好，但直到第一次世界大战后才得到广泛应用。

1903 年，为了生产他设计的 10 马力汽车，兰彻斯特在整个过程中采用了美国的互换性生产体系。在这之前，英国从未将互换性生产系统用于制造如此大型、结构复杂、涉及一千多个零件的组装产品。但是，兰彻斯特选择性地拒绝使用美国互换性生产系统采用的尺寸正负公差双向体系，在这一点上，他再次显示了自己的聪明智慧，兰彻斯特使用的是自己 1895 年在伯明翰实验室独创的单向公差体系。所给出的每个尺寸都代表了最小间隙的理想配合，并设有一个单一的公差数字，内部尺寸用正号表示，外部尺寸为负号。无论是哪种情况，该公差数字都代表允许的最大加工误差，对于加工零件来说，表示的是可容忍的最大磨损程度。事实证明，兰彻斯特的单向公差使用起来简单得多，检查匹配尺寸的兼容性也更容易，因此，兰彻斯特的机床车间里完全不存在干涉配合的麻烦。

与兰彻斯特面临的困难相比，美国汽车行业的先驱任务相对简单。互换性生产系统在美国已经应用多年，他们不但继承了这个优良的传统，而且有现成的新技术可用，比如泰勒、德·莱乌和诺顿等人的发明能随时派上用场。兰彻斯特坚持使用可互换的零部件主要是为了方便购买他公司汽车的车主，因为当时的英国没有多少汽车修理厂有合格的装配工人。对他的美国同行来说，为客户谋取便利只是互换性生产系统的一个有价值的副产品，美国工厂使用互换性生产系统的首要目标是降低生产成本。在追求这个目标的过程中，多种形式的磨床发挥了决定性的作用，所达成的目标甚至超过了查尔斯·诺顿当初的预测。

1900 年后，机车制造和其他工程部门都先后引入了生产性研磨技术，相当于在旧方法的基础上做了改进，但对于新兴的汽车工业来说，研磨剂是成功的必要因素。据估计，一辆现代意义上的汽车在其制造过程中至少经过三百多道不同的磨削工序，因此，关于磨床或任何其他类型的机床业经历的惊人发展，本书虽然做了尽可能广泛的调查，但也只能是浮光掠影地了解一点皮毛。伍德伯里（Woodbury）教授曾非常正确地指出：

> 真应该写一本书专门论述机床和汽车工业。在所有的工业分支中，没有哪个行业像汽车制造业这样，其各个方面都得益于机床技术的发展，也没有哪个行业像汽车制造业这样对规模小得多的机床行业产生如此重大的影响。1900 年后，汽车制造业不仅成为机床行业最大的单一客户，机床总产量的 25%~30% 都流向了汽车工业，实际上，正是因为汽车工业的发展，机床的产量才逐年提高。

1903 年，查尔斯·诺顿生产了一台特殊的曲轴磨床，该磨床使用的是一个宽砂轮，只需单次全面进给切削就可以把轴颈缩小到成品直径。以前需要 5 个小时的车削、锉削和抛光的作业，这台磨床在 15 分钟内就能完成。起初，美国汽车制造商都是将他们公司的曲轴送到诺顿公司进行研磨，但从 1905 年起，诺顿公司和 A.B. 兰迪斯工具公司都开始销售这种特殊机床。美国机车公司是第一个购买曲轴磨床的工厂，其他制造商很快也争先恐后相继买入，亨利·福特（Henry Ford）为他新建的“T 型汽车”工厂订购了至少 35 台这种磨床（图 11-2）。

图 11-2　兰迪斯公司发明的曲轴磨床，1905 年

1911 年至 1912 年间，诺顿和 A.B 兰迪斯这两家公司又开始生产销售凸轮轴磨床，这些机床比曲轴磨床更快地进入了各个汽车生产厂的车间。在此之前，硬化钢制凸轮必须在装有特殊手工操作附具的普通外圆磨床上单独研磨，成品凸轮然后穿过一根光轴，一般情况下都是通过锥形钉子将其固定在正确的位置上。现在，设计者可以明确指定用硬化合金钢制成的一体式凸轮轴。

内燃机核心构成部分气缸和活塞的生产过程中，磨床起着至关重要的作用。事实证明，大型蒸汽机和燃气机汽缸的内部磨削还是相对简单的，但汽车多缸气缸体的小薄壁孔磨削起来比较难。在汽车工业刚起步的最初几年，这个问题一直没有得到有效解决，传统的做法是通过三个操作步骤来加工汽缸孔：镗孔、铰孔和手工研磨。但效果远远不能令人满意。铁铸件中不可避免的硬点和软点会导致镗床的切削工具在孔的一个部分发生偏移，转而在另一个部分钻孔。当时使用的昂贵铰刀也未能消除这些缺陷，因为铰刀也很容易偏移，这样，想在最后的研磨操作阶段加工出精细的表面就有点勉为其难了。1905 年，美国人詹姆斯·希尔德（James Heald，1864—1931 年）发明了行星式磨床（图 11-3），彻底解决了这一难题。之所以这样命名，是因为在小砂轮高速旋转的同时，其主轴也以稍慢的速度画圆。砂轮的行星运动是通过将砂轮主轴装在一个偏心轴套中获得的，而偏心轴套又偏心安装在机床的主传动轴上。通过调整这两个偏心轴，砂轮的行星运动可以从零到预设的最大直径进行最精细、精确的分度。然而，只需使用更大尺寸的砂轮，就可以将机床的范围扩大到超过这种分度调整所提供的范围。

图 11-3　希尔德发明的行星式气缸磨床，1905 年

在实践中，希尔德的发明真是实至名归，所宣传的功能样样齐全。砂轮对工件施加的压力很轻，不会受到硬点或软点的影响。希尔德 1905 年的行星磨床原型充分证明了它可以将工件从粗镗状态加工

出绝对笔直、平行的成品气缸，误差在 0.00025 英寸以内。当今使用的这种特殊功能磨床在原理上与希尔德的第一台机器没有本质区别，后来开发的同类机床中，唯一值得一提的是在 20 世纪 20 年代发明的汽缸珩磨机，这种机器可以对工件进行超精细加工，在此之前，超精细加工只能通过手工研磨操作，非常耗时费力。汽缸珩磨机垂直主轴上的磨头由磨料扇形段组成，当它在气缸内同时做旋转和往复运动时，可以通过机械或液压手段向外推送。相当于是第一章中描述过的列奥纳多·达·芬奇的预言发明设计的现代版本，在原理上与其遥远的先祖没有区别。

除非在活塞上安装等同精度的活塞环，否则精密研磨的气缸孔没有什么价值。借助一个特殊的心轴，活塞环的磨损面可以在普通的外圆磨床上做最后的精加工，但其顶部和底部的表面也必须进行研磨，这样才能确保它精确适配活塞的环形槽。1902 年，德国的 J.E. 雷内克生产了一台机床专门磨削蒸汽机和燃气发动机的大活塞环的侧面，两年后，希尔德设计了一台加工汽车零件的小机床。这两台机床的砂轮都是安装在一个垂直轴上，活塞环被一个磁性卡盘固定在工作台上，旋转工作台的同时使砂轮的外圆周承受压力。事实证明，该机器还可用于磨削止推垫圈和类似的精密零件，而磁力夹头后来也得到广泛使用，当需要加工难以用机械方法固定的零件时，它可以极大地节省时间和劳动力（图 11-4）。

詹姆斯·希尔德在巴博斯十字路口建立了他的希尔德机床公司，紧邻诺顿研磨公司在马萨诸塞州伍斯特市郊的工厂。两家公司彼此相邻真是再合适不过了，因为在所有伟大的工程师中，正是詹姆斯·希尔德和查尔斯·诺顿的出现才使“为百万人制造汽车”的梦想成为现

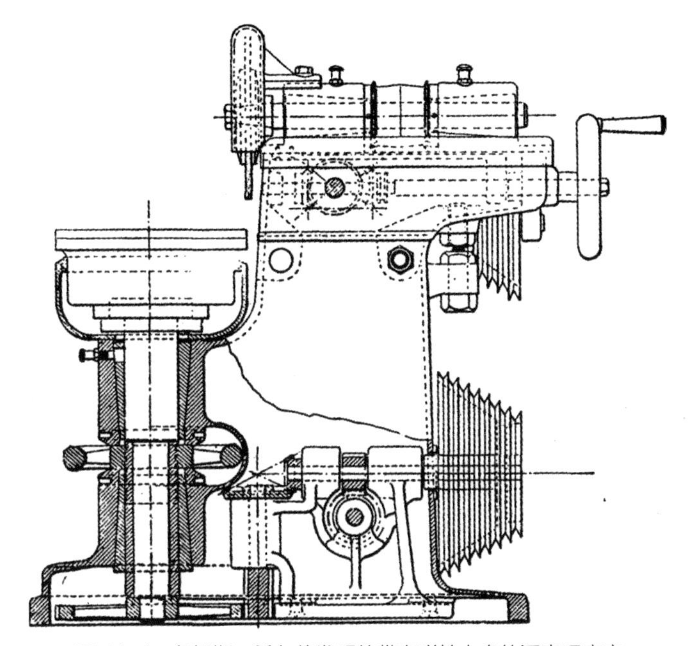

图 11-4　詹姆斯·希尔德发明的带有磁性卡盘的活塞环磨床

实。现代高速内燃机之所以能大获成功，希尔德的机床必不可少，二者的关系就和威尔金森的镗杆之于蒸汽机的成功是一样的。但是，人们都记住了瓦特的名字而忘记了威尔金森的名字，同样道理，现在畅销的各种汽车发展史相关书籍中，我们也很难找到希尔德或诺顿的名字。就像所有伟大的机床制造商一样，他们的名声从未穿透机械车间的四面高墙成为家喻户晓的人物。

到 1914 年的时候，底特律的福特工厂每年可生产 100 多万辆 T 型汽车。此时，这个制造业的奇迹已经成为美国机床专业技术和美国式互换性生产系统的终极体现。弗雷德里克·泰勒在 1911 年出版的《科学管理原则》(*Principles of Scientific Management*) 一书中将这种生产系统编纂成法典，并把它简化为冷冰冰的科学术语。福特的工厂成功地将专业技术融入整个生产过程中，以至于熟练工匠一听到福特的名字就感到厌恶至极。但是亨利·福特并不需要工匠。福特的两个弟子写道：

> 至于那些机械师，以前那些全能的工匠们，丢掉幻想吧！反正福特公司不需要有经验的工人，经验在这儿是没有用的。这家公司希望雇佣的只是一些机床操作员，他们更喜欢没经验的人，没经验学起来更容易……操作工人所要做的只是一遍又一遍地重复完成交代给他们的任务，从起床铃响到熄灯铃结束，周而复始……①

这是一种悲观的生活方式，但绝不是最近才出现的。一百年前，伊莱·惠特尼也说过同样的话，只不过措辞没有这么尖锐。这种工作方式带来的财务业绩震惊了全世界的经济学家。福特汽车的价格越来越低，到 1913 年时已经降到 600 美元。这个数字是任何其他汽车制造商都无法与之竞争的，尽管“T 型车”的外观和特征使它成为无数笑话的笑柄，但事实证明，这个型号的汽车经久耐用。然而，在大幅降低汽车价格后的第二年，福特将员工的最低工资提高了一倍多，高达每天 5 美元。亨利·福特的许多竞争对手都坚信他已经疯了，结果却失望地发现他的生意越发蒸蒸日上。高工资不仅有助于改善工作条件；从福特哲学的角度来看，更重要的一点是，通过提高工资，福特把自己的工人变成了购买自家汽车的潜在顾客。

---

① 参见阿诺德和福罗特，《福特方法和福特车间》，引用自伯林盖姆，亨利·福特，第 74 页。——原文注

福特的革命性商业理论得以付诸实践主要归功于诺顿和希尔德等人发明的机床，然而，尽管他的生产方法取得了辉煌的成就，但之后至少十年的时间里，欧洲的工厂并未效仿他的做法。有人认为是第一次世界大战造成了这种科技鸿沟，这种观点明显有误导性。确实，一战几乎使欧洲的汽车生产工业陷于停顿状态，偏离了技术发展的正常轨道。但也可以这么说，如果没有这场战争，过去的贫富两极分化可能会持续更长时间。事实上，20 世纪 20 年代初，欧洲在战后经历了短暂的繁荣之后很快进入了金融大萧条期，迫使欧洲的实业家们不得不面对这样一个事实：他们过去一直生活在一个虚幻的世界中，欧洲再也不可能恢复到一战前的经济状况。汽车制造商们意识到，他们曾经认为汽车只是用来给富裕阶层服务的交通工具，现在这种观念不适用了，他们必须接受福特公司的“为百万人制造汽车”的企业文化，否则就会走向穷途末路。理念的转变给欧洲的工业结构带来了根本性的变化。如果只是为少数有钱人制造汽车，简单的通用机床加上技术娴熟的工人做装配就足以满足他们的生产需求。因此，许多资金非常有限的小型工程公司在战前或战后不久都开始转型生产汽车，尤其是在英国，这种情况很普遍。但是，大萧条将实力较弱和规模较小的公司逼到了绝境，那些侥幸存活下来的企业中，许多公司通过合并整合了有限的资源。就这样，在 20 世纪 30 年代，欧洲逐渐出现了一些规模更大实力雄厚的集团，这些企业拥有足够的资本给新工厂配备上美国互换性生产体系所采用的全部机械设备，亨利・福特就是他们对标的对象。

汽车工业的重组代表了战后英国和欧洲工业发展的总体模式。这种发展趋势逐渐缩小了战前新旧世界生产方法之间的显著差距，现在，这种差距已经不复存在。在任意一个典型的现代机床车间中，我们都可以看到来自英国、美国、德国、法国、瑞士或意大利的机床，这就是 20 世纪 30 年代至 60 年代间机床业发生重大变革的证据。

在本书涉及的范围内，20 世纪最显著的一个特征就是德国的机床工业经历了快速扩张的过程，但这里必须提一下，有两种瑞士生产的机床因为其出色的性能在世界各地的工厂车间都能见到，即瑞士型自动车床或螺杆机和日内瓦公司的坐标镗床。

瑞士机床工业兴起的根源是为了满足手表和精密仪器制造商的需求。我们在这里关注的两种机床都是在此背景下生产的，事实证明，它们的性能非常好，所以后来这两种机床又生产了重型负荷的机型，用于一般工程用途。瑞士型自动螺丝车床是独立发展起来的，其演进过程不同于斯宾塞发明的美国型自动螺丝车床。“瑞士型”的前身是雅各布·施韦策（Jacob Schweizer）于 1872 年在比恩市制造的一台机床。第一台美国型自动车床是由转塔车床改造而来的，直到今天，他的各种衍生版本仍具有明显的转塔车床特征，但施韦策的机床是一个绝对原创的新概念。整个机械装置安装在一张宽大的长方形工作台上，其空心主轴箱带有一个夹紧棒料的装置，棒料穿过一个稳定支架，两套相对的刀具安装在一个共用的十字滑块上，棒料用其中一个刀具加工。但施韦策这个发明最重要的特征是，安装在工作台右侧的主轴箱可以在其主轴轴线的方向自由滑动，以便提供横向进给运动并将工件输送给刀具。这一重要功能至今仍是瑞士自动车床的一个显著特点。它的多功能性和快速的操作速度是美国型自动车床所无法比拟的，后者采用的固定主轴箱。

施韦策设计的这台车床，拧紧操作是在主轴箱主轴停止后由旋转的螺模头进行，通过停止螺模头主轴并启动主轴箱可退回。这台瑞士机床没有用斯宾塞设计的大型“脑轮”，其所有运动都由位于工作台两端的两个凸轮轴上的小型凸轮控制，这两个凸轮轴与主轴箱的轴线成直角。

在此，我们不再详细描述这台瑞士自动车床后来的演进过程，随着操作速度的逐步提高，该车床又增加了刀具和主轴，更换凸轮也更方便，甚至可以在不停止主轴箱的情况下进行拧紧操作，这都是后话了。最著名的当代瑞士自动车床彼得曼 P.7 的主轴转速为每分钟 10000 转，钻孔转速超过每分钟 20000 转。

1862 年，奥古斯特·德拉里夫（Auguste de la Rive）在日内瓦创立了日内瓦物理仪器公司，目的是改进并生产用于各种科学测量的极其精确的仪器，包括线性和圆形分度器、测微显微镜和比较仪。该公司在这一领域可以说是名噪天下，同时也成了瑞士钟表制造商的向导、导师和朋友。1912 年，制表师们向该公司求助，请教如何更精确地在表板上钻细孔。这家公司给出的解决方案是一个小型“定点机”，综合了几个不同的高精度测量设备。这个机器不是用来钻孔的，而是安装了一个中心冲头来标记待钻孔的中心，还安装了一台显微镜来检查这个点位。该机器的全称是“极坐标定点机”，本质上是一种科学仪器，但它一问世就大获成功，后来又生产了一个更大的可钻孔的机型专门用于钟表制造业。再后来又将该机器按比例放大，作为坐标镗床用于一般工程用途，同时仍然保留了原始仪器的万分之一英寸精度标准。第一批大型机床的操作方法和最初的小机型一样，先“弹出”孔，然后在另一台机器上粗钻孔，最后使用坐标镗床精加工至所需的尺寸。然而，不久之后，更大尺寸的双柱刨床型机床也出现了，省去了使用第二台机器进行重切削的程序。起初，该机床使用带有校正装置的丝杠横向移动或测量精密刻度，校正装置可补偿磨损，但在1934年，该公司又推出了带有液压操作工作台和光学刻度读数系统的液压坐标镗床。如今，日内瓦公司生产的坐标镗床已经成为每一个装备精良的机床车间不可或缺的设备。

20世纪30年代，当英国的汽车工业开始重新购买新型设备时，无论是金属切削刀具还是使用金属切削刀具的机床都取得了长足的进步。事实上，20世纪的发展已经成为切削刀具制造商和机床制造商之间的竞赛，就像炮弹和装甲板制造商之间的比赛一样。弗雷德里克·泰勒的工作由其他美国人坚持了下去，最终开发出一种“斯特莱合金”。这是一种成分为钴铬钨的合金，最早出现于1917年，随后又有很大改进。它是通过在熔炉中熔化这三种成分的金属并添加少量碳，然后在石墨模具中铸造而成的。冶炼出的合金硬度和抗拉强度都不如泰勒和怀特开发的高速钢，但它更耐热，在高温下，其切削性能几乎没有任何削弱。

机床业的下一个重要进展来自德国，它在机床设计方面引起的变化比当初高速钢带来的变化更激进。这个进展就是碳化钨刀具的发明。制造方法是将碳化钨粉碎，与钴混合，并在液压下将其铸造成形，然后在炉中烧结。这种材料最初是由埃森的克虏伯公司为德国欧司朗公司生产的，用于制造灯泡钨丝所需的拉丝模具。传言说，1926年，公司的一名工人在车床上试用了一块这种材料，这才发现了它作为切削刀具的价值。总之，克虏伯最终决定将其作为一种切削刀具进行生产销售。在工厂进行了多次试验后，于1928年3月在莱比锡博览会展示了该刀具，它在机床界引发的轰动堪比1900年巴黎世界博览会上泰勒的高速钢引发的关注。这种材料随后由克虏伯制造，由A.C.威克曼有限公司在英国分销，商品名为“威迪亚”和“维梅特”。在美国用的名称是“卡渤洛伊钴钨硬质合金”刀。

碳化钨刀具硬度很高，当时用的砂轮都切削不透，但1934年，诺顿公司生产了一种能够切透这种刀具的小型金刚石结合剂砂轮，后来出现的其他碳化物工具，如钼碳化钛或钽碳化钨，也当然不是问题。虽然这些碳化物非常坚硬，但与钨铬钴合金一样，抗拉强度非常低。正是因为这个原因，加上生产成本太高，新刀具是以复合形式生产的，小割尖用铜焊接到钢柄上。这种将刀尖焊到刀柄上的做法如今已经被可拆卸的尖端工具所取代。

为了帮助理解冶金技术的进步对机床设计者意味着什么，我们在此只需要引用一些性能方面的数据做对比。像泰勒早期进行的一系列实验一样，使用一个中等质量的铸铁工件，在所有其他因素不变的情况下，测试结果如下：高速钢刀具，每分钟75英尺；钨铬钴合金刀具，每分钟150英尺；碳化钨，每分钟400英尺。

碳化钨刀具的惊人性能不可避免地对机床的发展产生了很大影响，在进一步讨论这个话题之前，我们必须提一下，因为这种刀具的问世，精密镗孔技术也有了很大改进，碳化钨刀具使这种技术得到普及。精镗就是以非常高的速度进行精加工切削，但进给速度很低，这种方法镗出的孔精度和光洁度非常高，没有必要再进行磨削或其他精加工操作。1928年，康涅狄格州布里奇波特的自动机床公司生产了一种新型机床，命名为库尔特金刚石镗床。它使用的金刚石刀具，主轴最高转速为每分钟4000转。该镗床可以非常精确地钻孔，但它的使用仅限于有色金属。德国柏林的恩斯特·克劳泽（Ernst Krause）

成功地证明了因为碳化钨刀具的出现，这种技术也可用于在铁圆柱体或其他含铁零件上钻孔。克劳泽于1931年在德国申请了专利，随后又在其他国家申请了专利。他首先生产了一系列用于汽车气缸重镗工序的机床，但后来汽车工业普遍采用了精镗技术，在许多应用中，它现在已经基本取代了行星式磨床。

碳化钨刀具在加工传统材料时不仅能节省时间，而且能快速有效地加工新型钢和铝合金。由于设计者都希望在不牺牲强度的情况下减轻重量，这些材料在汽车和飞机工业中的应用越来越广泛。

硬质合金刀具的特点是，它需要更高的主轴速度，在较高的传动比下转速范围非常接近，并通过确保绝对刚性来消除振动和颤动。如果速度太低，不但无法发挥最佳性能，而且刀刃也会很快变钝；如果出现振动，切削刃会迅速损坏。因为只有在高速转动时才能实现最佳切削性能，所以，采用硬质合金刀具的机床比同样尺寸的高速钢机床需要多3~4倍的额定马力。为了确保稳定性和刚性，当前用的机床的重量很可能比其前身增加了75%。然而，不懂的人可能从这个数字简单地推断出只是单纯地给机床提高质量，让切削力度更强。事实并非如此。硬质合金刀具给机床设计者造成了一些难题，但正是在这个历史性的时刻，汽车工业开始偿还它亏欠机床行业的技术债务，而且支付的利息非常可观。机床设计者在解决技术难题时充分借鉴并采纳了汽车设计和生产过程中的一些特殊用途功能，反过来看，这些特殊功能也是更早时期的机床开发出来的。

这种互补性在机床齿轮箱的设计中得到了很好的体现，机床所需的速度范围比汽车所需的速度范围更宽，也更接近，但高轴速和应力所产生的问题与汽车工程师已经遇到的问题没有什么不同，汽车工程师都顺利解决了。主轴比较长而且没有支撑，在负载下很容易偏斜和振动，所以汽车上用的硬化镍铬钢齿轮现在也被用于机床上。这种齿轮的高抗拉强度使它们的齿面宽大大减小，这种情况下可以使用较短的刚性轴，在使用滑动齿轮或离合器的地方用花键连接。为了减少高速和高负荷下的摩擦，必须使用滚珠或滚柱轴承来支撑高应力轴。前面的章节我们介绍过，在20世纪初，弗雷德里克·兰彻斯特率先在汽车上使用滚柱轴承，到1930年的时候，滚珠轴承或滚柱轴承在汽车工业中的使用已经基本普及。但机床设计师并没有及时采用滚珠或滚柱轴承，原因并不是因为观念守旧，而是因为要求太严格，轴承制造商过了很多年才能做出合格的产品。最早在机床上应用这种轴承的很可能是由德国人L. 舒乐（L. Schuler），他于1899年在车床主轴上安装了一个滚珠止推轴承。滚柱轴承的应用很快就普及了，到20世纪20年代，滚珠轴承和滚柱轴承被广泛用于传动装置；但是用此类轴承支撑精密工具的工作主轴就是另外一回事了，即使在20世纪30年代，专业轴承制造商普遍采用的公差标准仍满足不了机床设计者的要求。然而，一种特殊的预加载轴承却达到了机床设计师的标准，这种轴承在滚道中的偏心率小于0.0001英寸，确保机床完全不会振动和颤动。从此之后，精密钻孔轴承座中安装的都是滚珠轴承和滚柱轴承的组合体，用于承载工作主轴的轴颈和推力载荷。

在较重的非自动转塔车床上，使用动力操作的转塔已经成为惯例，这种做法也是操作员发生事故的根源。如果在转塔主轴上使用新型无摩擦轴承，就可以手动把转塔从一个工位旋转到下一个工位，没有任何时间损失，也不会增加操作员的体力消耗，从而避免了此类事故的发生。

新机床让人们再次把关注点集中在润滑问题上，此时，机床设计师再次采用了汽车的做法。早些时候，高速钢已经充分证明，用油罐或最多用油杯润滑的裸露的齿轮和轴承，是处于“全损”的条件下的，因而有很多不足之处。约瑟夫·克莱门特预示的封闭式油浴取代了这种随意的润滑方式，但新的齿轮箱需要更好的润滑，即通过泵循环的过滤油进行压力润滑。机床的其他地方最早是用润滑嘴，后来是用“一次性”润滑系统取代了经常被忽视的注油孔。这些新的润滑方法需要质量稳定和持久的润滑油，机床制造商终于用上了汽车行业用的改良矿物油。

对于新型硬质合金刀具来说，切削速度是非常重要的一个指标，因此，机床设计者必须把变速过程变得尽可能快速、简单，这么做不仅是为了节省时间。经验表明，许多机床操作者不愿意切换速度，就像一个没有经验的司机面对防撞变速箱一样。预选式齿轮变速箱为这个问题提供了一个解决方案。事实证明，它先在汽车上实验后取得了暂时的成功，在机床上则是永久的成功。1929年，德国柏林的F.A.舍尔（F.A. Schell）和英国考文垂的阿尔弗雷德·赫伯特（Alfred Herbert）、劳埃德（Lloyd）分别申请了机床预选齿轮变速箱的专利。后者在1934年作为赫伯特“预选”主轴箱上市，这也是今天市场上出售的赫伯特转塔车床的一个显著特征。在表盘上选择所需的速度，并按下一个中央按钮进行变速。由于进行速度变化的摩擦离合器设计的有“防滑差速器”，可以在机床处于完全切削状态时改变其速度，而且非常平稳，在工件上检测不到变化点。

关于新机床的精确度和简易速度控制问题，另一种解决方法是通过我们的老朋友无级变速齿轮，它甚至可以在转速范围内消除最小齿条行程。这些解决方案中最巧妙、最受欢迎的是“正无级变速传动装置”（又称“P.I.V. 齿轮”）。其实，这只是把 V 形皮带在膨胀的 V 形皮带轮中运行这种老方法翻新了一下，只不过 P.I.V. 齿轮没有用皮带，而是采用了一种特殊的链条，其单独的链环包含横向调节板。这些板可以自行调整，刚好与伸缩 V 形皮带轮锥体上的径向凹槽啮合。这种简单紧凑的变速装置调速范围为从 1 级到 6 级，最高可以传输 30 马力的功率。它在机床上有多种应用，尤其适合坐标镗床和齿轮滚齿机。其起源有些争议，有些人说是美国发明的，有些人说是德国。认为是德国的观点是有可信度的，因为这种传动装置是由巴特洪堡的维尔纳·赖默思公司制造并推广的。事实上，P.I.V. 齿轮是由英国伦敦的工程师 G.J. 阿博特（G.J. Abbot）发明的，他于 1924 年在德国申请了该发明的专利。

硬质合金刀具的切削力非常强大，反过来也给机床设计者造成了一个新的严峻问题——那就是如何处理切屑。过去，车工们还会相互攀比，看谁加工出的切屑最长，这样的日子已经一去不复返了。在进行高强度切削作业时，极高温下从硬质合金刀具刀刃处剥落下来的弯曲重型切屑可能造成操作员受伤，这也是机床导轨损坏的潜在原因之一。后来发明了切屑破碎机，在切屑离开刀具时就将其粉碎。还必须特别注意切削刀具的前角及其与工件的角度，以确保切屑以均匀的软木塞螺旋形式流出，尽可能地使其流出方向与工件轴线成直角关系。最重要的是，这种机床的床身和导轨必须有足够的刚度可承受重负荷切削作业，同时不让产生的有害切屑沉积在机床上，使其顺利地落入床身下面的垃圾箱中。任何形式的平板床身都不能满足这两点要求，解决方案是在床身上设计一个带有非常深的倒 V 形截面导轨，在托架的滑块上安装上盖子就可以完全避免切屑的损坏。除了这个设计上的变化，机床还引入了一种新方法，即用机器代替手工刮擦来把导轨和滑道嵌入床身。后来还开发了各种硬化导轨的方法，在高精度的导轨磨床上对其硬化表面进行精加工。这项技术由 R. 舒尔赫博士（Dr. R. Schonherr）于 20 世纪 20 年代末在德国首创的，第一台滑道磨床是德国的比勒特 & 克伦兹公司生产的。很快，这种机床就在欧洲大陆和英国广泛用于精加工，最初是加工铸铁，后来是淬火导轨，但在美国，直到淬火导轨引入后，磨床变得不可或缺时，这种技术才被得到普及。

随着砂轮和磨床的进一步发展，之前使用的金属切削刀具类型也发生了革命性的变化。1914 年至 1915 年间，英国的詹姆斯·盖斯特（James Guest）和美国的乔治·奥尔登（George Alden）继往开来，将查尔斯·诺顿的研究工作推向了更深的层次，他们研究的方向是如何以科学为基础选择砂轮、速度和进给方式。换句话说，通过区分并研究所涉及的诸多可变因素，他们对砂轮的研究工作犹如泰勒在单刃刀具方面的实验。诺顿曾坚信大直径而且厚的砂轮有很大价值，格斯特的研究结果证实了诺顿的想法是对的，他也强调了冷却剂在研磨中的重要性，冷却剂不仅可以增强切削力度，还可以提高成品的光洁度。这些研究成果很快就对磨床的设计产生了积极正面的影响，但直到最近 20 年，得益于现代科学研究和控制方法，砂轮的设计才有了重大改进。只要控制好生产过程，就可以生产出具有更多切削刃的晶粒，而且，具有这种结构的晶粒，刀刃一旦变钝就会断裂，在此过程中还会形成新的切削刃。此外，这些改进的晶体可以在预定的晶粒尺寸范围内生产。用这种装置再加上改进过的混合和黏结成形方法可生产出各种各样的砂轮，以适应现代机械车间各种不同需求。当代的砂轮比以前的更安全、更平衡，与中世纪铸剑者用的砂岩砂轮或磨镰刀用的砂轮已经是天壤之别。

继诺顿和希尔德之后，磨削技术最重要的一个发展里程碑就是无心磨床的出现（图 11-5）。无心磨床一问世立刻受到汽车行业的热烈欢迎，因为在生产活塞销、转向销以及其他类似的需要在硬化后做精确磨削的圆柱形零件时，使用无心磨床可以节省大量时间。这台机床的工作原理非常古老。最早使用这种方法的人用一块木头把一个圆柱形物体顶在磨石的表面上，使其通过砂轮的作用旋转。19 世纪的许多工程师也是基于这一原理制作了很多类似的机械，大卫·威尔金森是其中之一，但这些机器使用的是固定托架来支撑砂轮，达不到如此高的精度。

图 11-5　海姆发明的内圆无心磨床，1935 年

美国人 L.R. 海姆（L.R. Heim）在他 1915 年申请的专利中为无心磨床的工作原理增加了精确性。海姆用一个表面是黏合硫化橡胶的电动调节轮代替了固定托架，同时他废弃了以前磨床的工作台，而是使用一个窄工件架或上面倾斜的工作刀片将工件支撑在两个砂轮的平行轴上方一点的位置，并通过这个倾斜的托板上部将其按压在调节轮的表面。调节轮以比磨轮低的速度沿相反方向旋转，实际磨削速度是两个速度之差。和滚齿机一样，无心磨床看似简单，但事实并非如此，因为在实践中，其精度取决于砂轮、工件、调节轮和工作刀片之间精确的角度关系。而工作刀片的位置及其顶部的倾斜角度尤为关键。只要这些位置关系精准无误，磨床就能以 0.0002 英寸的精度高速运转。

辛辛那提铣床公司采用了海姆的发明，并于 1922 年生产了第一台生产型无心磨床（图 11-6）。汽车工业对其强大的性能极其满意，很快自动化无心磨床也开发出来了。1925 年的时候，无心磨床就可以每小时精磨 350 个汽车阀门杆。稍微倾斜调节轮的表面可以把一个普通的圆柱形部件进给入磨床，如活塞销或滚子轴承，但是如果是有头的零部件，比如阀门，必须采用全面进给（刀）法，然后收回调节轮和托板，释放工件。虽然在自动无心磨床执行这个操作步骤速度很快，但还不足以满足大规模生产的需求，批量生产对节省时间的追求是无止境的。因此，在 1932 年和 1935 年之间，辛辛那提铣床公司又开发了一种凸轮型调节轮。采用这种新型设计的磨床，凸轮旋转一次就能加工完成一个部件。当代表凸轮基部的圆周部分与砂轮的表面相对时，加工完成的零件被释放，另一个工件从进料盒中弹出，通过上升的凸轮轮廓顶在砂轮上。

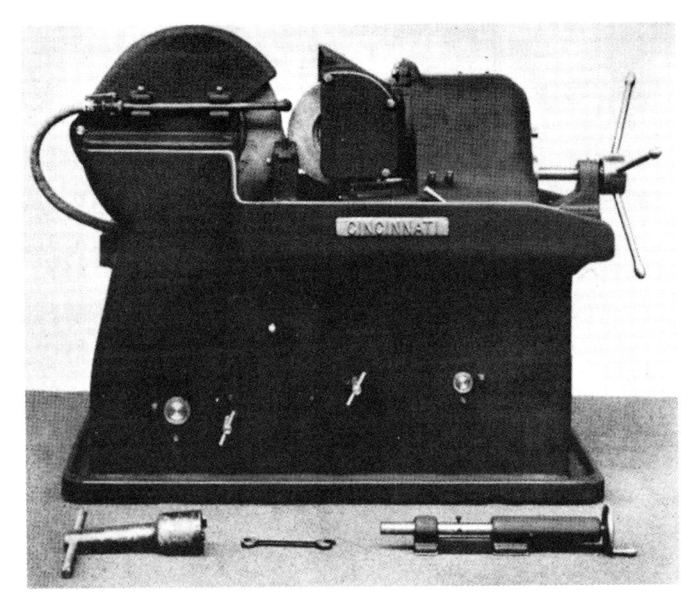

图 11-6 第一台生产型辛辛那提铣床公司的无心磨床，1922 年（L.R. 海姆的专利）

1933 年，希尔德机床公司推出了一种无心内圆磨床，成功解决了传统内圆磨床存在的卡盘问题，事实证明，使用这种磨床加工小型轴承和衬套效率更高。使用无心内圆磨床时，工件位于 3 个辊之间，即大直径调节辊、上方的小压力辊和下方的小支撑辊。到 20 世纪 30 年代，无心磨床和其他老式精密磨床一样，都安装了自动尺寸控制装置。

无心磨床家族的最新成员是螺纹磨床，它使用挤压成形的砂轮来生产无头淬硬钢定位螺钉，如调节汽车发动机摇臂的挺杆间隙的螺钉。最早生产这种类型的磨床的是兰迪斯机床公司，于 1947 年生产了第一台，但相关专利却是伯明翰一位名叫 A. 斯克里夫纳（A.Scrivener）的英国人于 1944 年在美国申请的。

另一种不需要对工件进行轴心定位或固定在工作台上的现代机床是立式主轴研磨机，主要用于在平面或外圆柱面上进行非常精细准确的精加工。工件在两个黏合的磨盘之间通过，但为了达到最精细的光洁度，通常是把铸铁磨片与悬浮在润滑剂中的非常精细且质量均匀的磨粒一起使用。用后者在制作量规时可以达到 0.00001 英寸的精度。使用砂带的研磨机现在已经广泛用于对内燃机的曲轴轴颈和凸轮进行精加工。

总之，现代生产型磨床实现了查尔斯·诺顿的所有预言。正如他所预测的那样，生产型磨床已经取代了许多以前在老式机床上进行的操作，速度更快，精度也更高。举例说明，一台现代平面磨床可以在 3 小时内完成过去需要 40 小时才能完成的刨削作业。这种机床不仅减少了最后的精加工阶段必须手工刮削的劳动，而且，在多数情况下，完全省去了在另一台机器上进行初步粗切的麻烦。现代金属成形技术在锻造和铸造过程中提高了精度，因此，越来越多的零件可以从毛坯状态直接进行精磨。

20 世纪 30 年代，汽车工业的发展进一步引发了市场对更坚固、噪音更小的齿轮需求，所以，精密磨齿机的使用范围大幅提高，这种齿轮磨床使用成形砂轮在齿轮硬化后再对其进行精密磨削。我们应该还记得，是 E.R. 费洛斯在 20 世纪初开创了这一工艺，当时他用这种方法精修他的插齿刀。与此同时，伊利诺伊州的密歇根工具公司率先采用剃齿工艺对未硬化的齿轮进行精加工。第一台剃齿机使用的是齿条式铣刀，但现代剃齿机是旋转式的，使用的螺旋齿形刀具，轮齿是锯齿状，与坯料呈交错轴关系。这种刀具切出的是精细的毛发状刨花，锯齿加工后非常光滑，精度也很高。当今的发展趋势是用剃齿取代硬齿面齿轮的磨削。多亏了现代冶金学的发展，我们现在已经能生产出可精确预测其硬化过程发生的变形量的新材料。因此，可以将剃齿刀的齿轮设计成在软状态下不准确但淬火硬化后刚好正确的形状。现在生产的剃齿机就已经将这种剃齿技术应用于花键轴和锯齿轴。

汽车工业需要具有多种形式的内齿、花键或锯齿的零部件，于是又催生出了一个全新的加工工艺，与其说是新工艺的诞生，倒不如说是一门老手艺的重生，这个加工过程就是英国机床制造业先驱所称的“冲杆工艺”，该工艺最早是由约瑟夫·惠特沃斯开创的，切削内部键槽时比开槽机的效率更高。霍尔扎菲尔曾细致清楚地描述过这个惠特沃斯首创的工艺[①]。他写道：

> 刀具是一根圆柱形的钢棒，在钢棒上打出大约十个或十几个矩形榫眼，这些榫眼等距离地排成一条直线。每个榫眼都装有一个小钢刀，钢刀的侧面在工程师的刨床上精确地加工出来的。第一个钢刀经过锐化，几乎不超过圆柱形钢棒的表面，第二个比第一个突出一点，以此类推，最后一个钢刀的突出部分等于键槽的整个深度。使用的时候，首先将圆柱形钢棒放入砂轮的孔中，应该刚好合适，借助于合适的螺旋压力机的稳定运动，将钢棒逐渐穿过砂轮或滑轮的孔……这众多刀具又做了工作细分，工件加工得很好，而且几乎没有损坏刀具，钢刀之间的距离非常接近，在前面的钢刀还未通过凹槽时，后面的刀具已经进入了同一个挖槽。

① 查尔斯·霍尔扎菲尔，《车削与机械控制》，第二卷，第 990 页。——原文注

尽管这种键槽切削方法速度很快，但使用的刀具专业度相当高，所以也难怪直到大规模生产的时代这种技术才开始盛行。该技术似乎早已被世人遗忘，1873年，美国的安森·P.斯蒂芬斯（Anson P.Stephens）重新发明了该技术。斯蒂芬斯的冲杆工艺与惠特沃斯的相同，但是他没有使用普通的立式螺旋压力机，从物理学角度看，他用的齿轮齿条式机床在夹持、推动和引导刀具的方式上更先进。不幸的是，斯蒂芬斯称这种工具为拉刀，给这种工艺命名为拉削。这样的命名方式非常令人困惑不解，因为在传统的英语用法中，拉刀是一种用于加工锥形孔的旋转刀具，而冲杆刀具做的是往复运动，并非旋转运动，因此，它唯一不能做的事情就是切削锥形孔。但是，虽然斯蒂芬斯用词不当，但拉刀这个词已经成为工程师常用词汇的一部分，所以本书中我们必须接受这种用法。

斯蒂芬斯的装置显然未能普及，因为约书亚·罗斯（约1890年）描述的唯一拉削工艺是一个切削开口销槽的奇怪原始装置。槽的区域已经预先钻出，在立式压力机的作用下将一系列矩形组合切削刀具按尺寸升序推入槽内，这样槽就切削出来了。罗斯把这些刀具组合为“一套拉刀”。在它们的上表面和下表面上分别有凸点和凹口，这样，当把它们叠放在压力机下时，刚好彼此嵌入，不留缝隙。这项技术可能起源于罗宾斯 & 劳伦斯公司的理查德·劳伦斯，他在1853年曾将锯齿状的球推入加热的枪管中以测量其大小。

很明显，只要拉刀是被推力作用穿过工件上的孔，这种技术就会严重受限于拉刀在压力下的机械强度。但是如果是牵引拉刀，而不是推它，从而使刀具处于张力状态，这种工艺的应用范围会更加广泛。可以使用更长、更精细的拉削刀具进行多种操作、连续地粗切削、精剃齿和精切削，这一切都可在工具车间中完成。结果，复杂的内部加工操作在拉床上一次就能全部快速搞定。

最早采用牵引拉削的先驱是约翰·N. 拉普安特（John N. Lapointe），他是康涅狄格州哈特福德市普拉特 & 惠特尼机械厂的一名工长，于 1898 年获得了第一台使用螺杆螺母运转方式的卧式牵引拉削机床的专利。1902 年，约翰·拉普安特在马萨诸塞州波士顿的大西洋大道创办了自己的企业——拉普安特机床公司，专门生产拉刀和拉床。斯普林菲尔德的美国劳斯莱斯公司是最早购买他的拉床的客户之一，这些机器很快就证明了自己在汽车工业中的巨大价值。1903 年，约翰·拉普安特在马萨诸塞州的哈德逊开办了一家更大的工厂，但在 1914 年，他把自己的股份卖给了 J.J. 普林迪维尔（J.J. Prindiville），并在康涅狄格州的新伦敦成立了第二家公司。与此同时，他的儿子弗兰克·拉普安特（Frank Lapointe）离开了父亲的公司，也创办了自己的企业，即密歇根州安阿伯市的美国拉刀拉床公司。因此，主导拉削行业的三大公司其实是来自同一个家族（图 11-7）。

图 11-7　拉普安特设计的螺纹进给拉床，1903 年

1918 年用于拉刀生产的特殊成形磨床问世了，该磨床提高了拉削加工的精度。1921 年，美国奥盖尔公司生产了第一台液压拉床。有一段时间，螺旋拉床的拥护者和液压拉床的拥护者之间存在争论，因为尽管液压拉床在操作上更快更平稳，但它们是水力发电类型，依赖液压总管和蓄能器。后来，现代油压系统出现了，该系统有一个紧凑的“电源组”，这才结束了这场争论。

1934 年开始，车间相继引入外拉削或表面拉削。[①] 今天，精加工气缸盖或气缸体的表面可以用装有碳化钨齿的巨型拉刀，一次操作就可完成，速度很快。最新的发展动态是螺旋拉刀，它可以用这种方法切削内螺旋齿轮等零件，还有一种带自动分度的转塔拉床，可用来进行多种操作。约翰 · 拉普安特的拉床迅速成为现代机械制造车间的必备工具，就像当年查尔斯 · 诺顿发明的磨床一样受欢迎。

因为液压驱动在拉床上的应用大获成功，这种驱动方式很快也被应用到磨床上，避免振动对磨床也很重要。当今的磨床几乎全是液压操作，其实液压系统的开发起源于磨床，因为此类紧凑型液压设备的生产高度依赖于非常小的加工公差，只有通过高精度外圆磨削才能生产出来（图 11-8）。

20 世纪机床工程的一个显著特征是动力控制系统在机床上的快速普及，液压、气动、电气、电子等系统或者单独使用（图 11-9），或两种以上结合起来用于为机床提供动力，只有极个别功能简单的小型通用机床除外。由电磁控制阀和微型开关控制的液压或气动驱动千斤顶之类的装置代表了人手的延伸，比直线机械系统更灵敏、精确、

---

① 表面拉削的专利始于 1882 年，但本书用的这个日期指的是成功用于商业制造和应用的日期。——原文注

图 11-8　现代辛辛那提铣床公司的韦瑟利连杆拉床

快速，而且更安全，直线机械系统不但让早期的机床设计者绞尽脑汁，而且还经常让操作员累得筋疲力尽。机床设计者的目标一直是操作员能轻松、毫不费力地对大而复杂的机床实现集中控制，利用这种控制系统，再加上现代变速器给予主轴和进给运动独立电动机驱动，设计师的目标就实现了。另外，这种控制系统使得机床的完全自动化也更容易实现了。现代技术的一个很好例证就是用压缩空气或电动机械的方法对卡盘或工件夹具进行动力操作。这种装置是自动化机床的基本特征，用在操作员控制的机床上不但可以节省时间，还消除了发生潜在事故的风险。

图 11-9　数控辛辛那提铣床公司的液压铣床

现代机床虽然工作原理保持不变，但其光滑的外表和早期那种砂轮和主轴都裸露在外的远古机床差别很大。这种差异有点类似于汽车工业在同一时期所经历的转变，但其实这样类比是错误的，因为汽车的“新外观”在很大程度上只是设计师给汽车做的时髦造型，而机床设计风格的变化严格来说仍然是为功能服务的。其外观的改变都是基于这样一个事实，即使用电力控制的情况下，机床的所有活动部件都可以完整地封闭、遮盖起来。这样不但可以保护操作员在机械加工过程中免受直接人工操作所带来的危险，同时也保持机床免受切屑或磨屑的影响。

现代动力控制方法可用于在整个机器操作序列中自动操纵工件，这种技术现在一般被称为自动化。自动化的最早表现形式为：一台巨大的专用机床先后完成几个不同的操作步骤，工件通过某种自动手段从一个加工阶段转移到下一个阶段——液压传动臂是当时最受欢迎的自动装置。只有在大规模生产的前提下才有必要安装自动化设备，即使如此，早期在自动化方向做的一些尝试也缺乏足够的灵活性。福特公司早期在底特律的工厂就表现出了这种高度专业化的缺陷。有一个老掉牙的笑话：福特的客户可以选择任何车身颜色，只要它是黑色的！但这个笑话背后隐藏着一个醍醐灌顶的事实，福特只有一种颜色的车漆。众所周知，亨利·福特在“T 型车”过时后还一直抓着不放，持续生产这种型号的车，背后真正的原因是他不愿意废弃这个生产 T 型车的过度专业化工厂。然而，没有一个制造商能忽视其客户不断变化的需求，也没有一个制造商能够在其机床的整个生命周期内使其产品的技术发展保持原地不动。因此，设计师在设计用于现代大规模生产的机床时必须尽力将最大的产出性能与对外观变化的适应性结合起来，兼顾这两个属性也不是很容易的事。

为了使大规模生产过程更加灵活，设计师做了很多种尝试，采用联动系统就是其中之一。该系统没有采用单一的高度专业化的自动线，而是将一系列的标准生产机床通过一个传输系统实现自动化控制，并连接在一起，工件通过液压传输臂在工作台和传输机之间移动。这并不意味着联动系统将完全取代自动线。至于采用哪种系统，生产工程师必须根据工件的形状和尺寸以及将对其进行的操作类型作决定。

航空工业也是机床行业的消费者，现在已经上升到仅次于汽车工业的地位，但这个行业的需求并不相同。飞机制造商的机械车间中，第一原则是批量生产，而不是大规模生产，所需零件的数量与汽车制造商相比低很多。现代高速飞机的大多数部件是由高强度的钢或铝合金制成的，为了满足这种零件的形状和规格要求，必须按照极其精确的标准在机床上进行一系列复杂的操作。这种情况下，将传统的大规模生产技术应用于飞机零件的少量加工是不可能的。另一种较为极端的选择是使用简单的通用机床来生产飞机零件，但是这样做还需要配备额外的夹具和固定装置，又多出一笔开支，同时还必须雇佣许多高技能、高薪水的机械师去完成，时间成本也很高。机床设计师为了解决这类生产问题想出了一个解决方案：广泛采用复制原则。

使用样板或母零件的轮廓来控制机床切削刀具的运动这个概念古已有之。据考证，最早可以追溯到 16 世纪雅克・贝松在他的装饰性车床上使用的样板，前面的章节我们也提到，1818 年，托马斯・布兰查德在其枪托加工车床上成功地使用了这种样板工艺。然而，这些应用都是木材的加工。直接通过机械手段将同样的原理应用于重型金属切削机是不可行的，因为必须跟随样板或母零件移动的指示笔会受到较重的负荷。现代动力控制系统消除了这一难题。在今天的仿形车床或复制机上，测针施加的压力不超过指尖的强度，但是，通过液压、电气手段或二者组合使用，测针在母零件轮廓上的运动可以准确地控制机床的运动。该工艺并不会降低实际加工时间，但总体上看可节约时间 50% 以上，原因是操作者没必要再频繁地停止机器去检查工件的尺寸精度，进行试切，再次检查，并反复参考图纸。

机床演进到这一阶段时，一个全新的工程分支在过去的几年中被逐渐引入，那就是我们称之为控制论的一门新学科。之所以被命名为控制论是因为它通过电子手段利用了生理机能和机器控制系统之间的相似性。从功能上讲，自动控制的机器控制系统由三个要素组成：一个感受器、一个比较器和一个效应器。感受器监测机器控制的位置，并将其以电子信号的形式传送给比较器。顾名思义，比较器的功能是评估这些信号，将它们与所需的坐标进行比较，并在机床上启动适当的响应机制。这个过程是通过将电子信号传输给效应器来完成的。效应器通过晶体管放大器将这些信号转换为适合驱动电机的直流电压，从而驱动机床的滑动运动。所需的坐标可以预先设置在比较器单元的刻度盘上，也可以通过打孔带输入。

在合适的情况下，该系统的简化版可用于直接仿形，即使用示踪头在样板上移动或用光电读头在所需剖面图上移动。但是对于某些复杂的操作，使用打孔带控制系统具有很大的优势，打孔带控制系统采用的电子刻度接收器单元安装在机床合适的位置上。机器操作的最佳顺序可以事先计划好，并转录到母带上，母带的拷贝可以在现代打孔带的穿孔机上迅速制作出来。另一种方法是向机械车间发放施工图。这些必须经过技术水平较高操作员的研究，决定好操作顺序，制作夹具，并根据接下来的连续操作设置好机器。在此过程中，机床将在很长的时间里处于空闲状态。迄今为止，由于电子设备的成本较高，打孔带控制的广泛应用受到了一定程度的限制，但是，尽管有不少障碍，事实证明打孔带控制方法也极具价值，特别是在飞机制造业，高度复杂的部件必须以很高的精度进行小批量的加工。同时，打孔带控制在航空业具有额外的优势，它可以应用于诸如卧式镗床之类的机床，鉴于卧式镗床可执行的工作的性质，物理仿形方法用这种机床根本行不通。

为了在老式卧式镗床上精确加工齿轮箱外壳的轴承箱，必须对它们进行直线钻孔。这个过程需要小心翼翼地设置好夹具，用来支撑镗杆。然而，在现代的镗床上，主轴和工作台的相对位置是精确电气协调的，因此不再需要“直线”镗孔，当然之前那些为直线镗孔做的各种准备工作也就没必要了。取而代之的是，当齿轮箱壳体的一端钻孔完毕并覆盖表面后，工作台可以转位 180°，另一端再以同样的精度加工，使得相对的镗孔几乎一致，误差范围在 0.0001 英寸以内。此外，这种机床具有复合转台，该转台输送工件时其相对于主轴轴线的角度关系可以调节。这种机床适合使用打孔带控制，而它的前身却不行。使用这种打孔带控制的机床，可将一个实心硬铝块在不同角度平面的十个面上加工成飞机辅助齿轮箱。机床操作包括钻孔、镗孔、冲杆和攻丝；打孔、开槽、开沟和底切、倒角和倒圆。整个过程设计到工作台和主轴头的 130 多次自动协调设置，但工件只设置两次。电动工具锁定和工具弹出按钮也简化了工具的更换。

“将技能融入机器中”，这个发展历程讲述到我们目前所处的时代就该暂时告一段落了，我们本书的各个章节中都是围绕着这个进程展开的。它唤起了一个美好的愿景，不是关于某一台机床的愿景，而是整个机床车间在计算机冷酷的计算合成大脑的控制下的愿景，这是亨利・莫兹利做梦都不敢想象的成就，也是一个值得让社会学家和哲学家激烈争辩的成就。

就机床本身而言，进步的道路永无止境。比碳化物刀具的切削性能更好的陶瓷刀具已经出现了，而且，多年来，人们一直在进行电火花加工的试验，这种加工方法将来或将取代传统的单刃、多刃刀具或砂轮切削金属的方法。另一方面，对重型机械加工的需求在未来可能会减少。先用一套机床把金属加工成一定的形状，然后再安装另一套机床把这些金属的大部分切削掉，这样做显然非常不划算，容易造成资源浪费。精度更高的金属成形方法降低了对许多部件进行大量加工程序的必要性，其中包括当前发展迅猛的冷挤压技术。此外，还有一些机床不在本书的涵盖范围之内，因为这些机床不是用于金属切削，而是用于金属成形的。与螺纹切削相对的螺纹滚压就是此类机床加工工艺一个最古老的例子，以同样的方式形成曲线样条的机床也已经存在。在其他条件相同的情况下，由于成形工艺更容易使金属的分子结构致密化，因此一体成形的部件通常比由金属切削方法生产的同类部件更结实耐用。

按照我们现代工业社会的标准看，机床工业只是世界上的一个小工业分支，但它也起着至关重要的作用。不管是好是坏，它使我们今天生活的世界成为可能，从这个意义上说，它是未来的引领者。200多年前，詹姆斯·瓦特发现，如果机床制造者不能为某项发明提供生产工具，那么无论多么伟大的发明也没有实用价值。今天的带控钻镗床和约翰·威尔金森的镗床相比早已是天壤之别，但瓦特陈述的道理没有改变。机床制造者的技能和资源也没有。自亨利·莫兹利时代以来，机床制造者一直在苦苦探索如何更好地将技能融入机器中，他们取得了显著的成果，但这并没有削弱他们自己的技术水平。反之亦然。机床业是一个手工行业，而且很可能未来将一直如此。不久前，有人建议机床制造商专注于解决自身存在的发展瓶颈，用大规模生产线重组自己的生产方法。市场对机床制造商提出了更多样化、更专业的要求，客户不在乎他们的机床需要花多少钱，他们更在意的是机床的速度和操作的经济性能为自己节省多少钱。

由于机床制造是一个工艺行业，它的经济回报通常低于它所服务的行业所获得的回报。但对于像莫兹利、克莱门特、罗伯茨或内史密斯这样把机械工程视为一种职业的人来说，他们得到的是不同的回报。已故英国最伟大的机床制造商之一阿尔弗雷德·赫伯特爵士在总结他漫长一生的从业经验时这样写道：

> 对于机械爱好者来说，几乎没有什么其他工程分支能比这（机床工程）更有吸引力了。尽管金钱方面的回报不够丰厚，但不断克服难度越来越高的技术难题给这个行业带来了一种让人兴奋的元素，甚至有点像体育赛事，就是这股劲头在激励着机床制造商，让他们永远不会倒下去。

罗伯特·路易斯·史蒂文森（Robert Louis Stevenson）曾恰如其分地写道：

> 满怀希望的旅程比抵达目的地更美好，真正的回报是劳动。

伟大的工程师先驱们肯定双手赞成他的观点。

参考文献

[1] Abell, S.G., with Leggatt, John, and Ogden, W. G., *A Bibliography of the Art of Turning and Lathe Machine Tool History*, London, New York: the Society of Ornamental Turners, 1956.

[2] Baillie, G.H., Clutton, C., and Ilbert, C. A., *Britten's Old Clocks and Watches and their Makers*, London: Spon, 1956.

[3] Benson, W.A.S., "The Early Machine Tools of Henry Maudslay", London: *Engineering*, Jan./Feb. 1901. Bergeron, L. E. (Salivet, Louis George), Manuel du tourneur, 2 vols., Paris, 1792-96.

[4] Berthoud, Ferdinand, *Essai sur l'horlogerie*, Paris, 1763.

[5] Besson, Jacques, *Theatrum Machinarum*, Lyon, 1578.

[6] Buchanan, Robertson, *Practical Essays on Millwork* (3rd ed.), ed. Rennie, George. London: John Veale, 1841.

[7] Bulleid, A., and Gray, H., *The Glastonbury Lake Village*, Glastonbury Antiquarian Society, 1911.

[8] Burlingame, Roger, *Machines That Built America*, New York: Harcourt, Brace, 1953.

[9] Burlingame, Roger, *Henry Ford*, London: Hutchinson, 1957.

[10] *Churchill Machine Tool Company, The Story of*, Manchester: C.M.T. Co., 1956.

[11] Davies, W. O., *Gears for Small Mechanisms*, London: N.A.G. Press, 1953.

[12] Derry, T. K., and Williams, T. I., *A Short History of Technology*, Oxford: Clarendon Press, 1960.

[13] Dickinson, H.W., *John Wilkinson, Ironmaster*, Ulverston: Hume Kitchin, 1914.

[14] Dickinson, H.W., and Jenkins, Rhys, *James Watt and the Steam Engine*, Oxford: Clarendon Press, 1927.

[15] Dickinson, H.W., "Joseph Bramah and his Inventions", London: *Newcomen Society Transactions*, vol. XXII, 1941–2.

[16] Dickinson, H.W., "The Origin and Manufacture of Wood Screws", London: *Newcomen Society Transactions*, vol. XXII, 1941–2.

[17] Dickinson, H.W., "Richard Roberts, His Life and Inventions", London: *Newcomen Society Transactions*, vol. XXV, 1945–47.

[18] Edwards, E.Percy, "Broaching Machines, Tools and Practice", London: *Proceedings of the Institution of Production Engineers*, 1946.

[19] Ffoulkes, Charles, *The Gun Founders of England*, Cambridge: the University Press, 1937.

[20] Forward, E.A., "The Early History of the Cylinder Boring Machine", London: *Newcomen Society Transactions*, vol. V, 1924–25.

[21] French, Sir James Weir, *Machine Tools*, 2 vols., London, 1911.

[22] Gale, W.K.V., "Some Workshop Tools from Soho Foundry", London: *Newcomen Society Transactions*, vol. XXIII, 1942–43.

[23] Gill, J.P., *Tool Steels*, Cleveland, Ohio: American Society of Metals, 1944.

[24] Habakkuk, H.J., ***American and British Technology in the Nineteenth Century***, Cambridge: the University Press, 1962.

[25] Hadfield, Sir Robert A., Bart., ***Faraday and his Metallurgical Researches***, London: Chapman & Hall, 1931.

[26] Hancock, H.B., and Wilkinson, N.B., "Joshua Gilpin, an American Manufacturer in England and Wales" , London: ***Newcomen Society Transactions***, vol. XXXII, 1959–60.

[27] Henry Maudslay and Maudslay, Sons & Field, ***a Commemorative Booklet***, London: the Maudslay Society, 1949.

[28] Hogg, O.F.G., "The Development of Engineering at the Royal Arsenal" , London: Newcomen Society Transactions, vol. XXXII, 1959–60.

[29] Holtzapffel, Charles, ***Turning and Mechanical Manipulation***, vol. II, London: Holtzapffel & Co., 1875.

[30] Hulme, E. W., "The Pedigree and Career of Benjamin Huntsman" , London: *Newcomen Society Transactions*, vol. XXIV, 1943–45.

[31] Kingsford, P. W., F. W. ***Lanchester, the Life of an Engineer***, London: Arnold, 1960.

[32] Lanchester, G. H., "F. W. Lanchester, LL.D., F.R.S., His Life and Work" , London: *Newcomen Society Transactions*, vol. XXX, 1957–58.

[33] Lloyd, A. H., "A History of Machine Tool Development" , ***Heaton Works Journal***, 1951.

[34] MacCurdy, Edward (ed.), ***The Notebooks of Leonardo da Vinci*** (5th imp.), London: Jonathan Cape, 1948.

[35] Machine Tools, ***Illustrated Catalogue of the Collection in the Science Museum***, London: H.M.S.O., 1920.

[36] ***Machine Tool Industry, The***, A Report by the Sub-Committee of the Machine Tool Advisory Council, London: H.M.S.O., 1960.

[37] Matschoss, C., ***Great Engineers***, London: Bell, 1939.

[38] Nasmyth, J., ***Autobiography***, ed. S. Smiles, London: John Murray, 1882.

[39] Nicolson, J. T., and Dempster, ***Lathe Design for High and Low Speed Steels***, London: Longmans, 1908.

[40] Osborne, F. M., ***The Story of the Mushets***, London: Nelson, 1952.

[41] Pater, Walter, ***The Renaissance***, London: Macmillan, 1915.

[42] Petree, J. F., "Maudslay, Sons & Field as General Engineers", London: *Newcomen Society Transactions*, vol. XV, 1934-35.

[43] Pressnell, L.S.(ed.), ***Studies in the Industrial Revolution***, London: Athlone Press, 1960.

[44] Raistrick, A., ***A Dynasty of Ironfounders***, London: Longmans, 1953.

[45] Ramsden, J., ***Description of our Engine for Dividing Straight Lines***, London,1777.

[46] Roe, Joseph W., ***English and American Tool Builders***, New York: McGrawHill, 1916 (repr. 1926).

[47] Roe, Joseph W., "Interchangeable Manufacture", London: *Newcomen Society Transactions*, vol. XVII, 1936-37.

[48] Rose, Joshua, ***Modern Machine Shop Practice***, 2 vols. , London: J. S. Virtue,n.d. (c. 1890).

[49] Scott, E. Kilburn (ed.), ***Matthew Murray, Pioneer Engineer***, Leeds: Edwin Jowett, 1928.

[50] Smiles, S., ***Lives of Boulton and Watt***, London: John Murray, 1865.

[51] Smiles, S., ***Lives of the Engineers***, vol. II, London: John Murray, 1862.

[52] Smiles, S., ***Industrial Biography***, London: John Murray, 1882.

[53] "Soho Foundry", London: ***The Engineer***, Sept.-Oct. 1901.

[54] Taylor, F. W., "On the Art of Cutting Metals", New York: ***Proceedings of the American Society of Mechanical Engineers***, 1906.

[55] Thiout, Antoine, ***Traité d'horologerie méchanique et pratique***, Paris, 1741.

[56] White, George, "A History of Early Needle Making", London: ***Newcomen Society Transactions***, vol. XXI, 1940-41.

[57] Williams, Alfred, ***Life in a Railway Factory, London***, Duckworth, 1915.

[58] Wittmann, Karl, ***Die Entwicklung der Drehbank, Berlin***, 1941 (consulted inoriginal typescript translation).

[59] Woodbury, Robert S., ***History of the Gear-cutting Machine***, Cambridge, Mass.: the Technology Press, 1958.

[60] Woodbury, Robert S., ***History of the Grinding Machine***, Cambridge, Mass.: the Technology Press, 1959.

[61] Woodbury, Robert S., ***History of the Milling Machine***, Cambridge, Mass.: the Technology Press, 1960.

[62] Woodbury, Robert S., ***History of the Lathe***, Cleveland, Ohio: ***the Society for the History of Technology***, 1961.

[63] Woodbury, Robert S., "The Legend of Eli Whitney", ***Technology and Culture***, Vol. I, No., 3, Wayne State University Press, 1960.

[64] Young, J. R., "Recent Developments in the Application of Machine Tools", Glasgow: ***Proceedings of the Institution of Engineers and Shipbuilders of Scotland***, 1954.

索 引

B

C

D

F

G

H

J

K

L

M

N

P

Q

S

T

W